教育部 财政部职业院校教师素质提高计划成果系列丛书
职教师资本科化学工程与工艺专业核心课程系列教材

化 工 清 洁 生 产

李 祝 高林霞 胡立新 主编

科学出版社
北 京

内 容 简 介

本教材以化工清洁生产为核心，共分五个模块，每个模块含有四个单元。第一模块是清洁生产概述，主要介绍化工行业的环境污染、清洁生产的基本概念以及清洁生产理论基础绿色化学与清洁生产的关系；第二模块是清洁的原料与能源，以案例法分析讲解了清洁的原料与能源；第三模块是清洁的生产过程，介绍无废少废的工艺、高效的设备、无毒无害的中间产品以及物料的再循环；第四模块是清洁的产品，介绍产品生命周期、产品生态设计、产品的环境影响；第五模块是清洁生产审核，讲述清洁生产审核思路、流程、技巧及快速生产审核内容。

本教材可供化工、环境、工程技术等关注可持续发展的各类专业学生使用，同时可供相关学科领域以及社会企业读者阅读参考。

图书在版编目（CIP）数据

化工清洁生产/李祝，高林霞，胡立新主编. —北京：科学出版社，2016.10
职教师资本科化学工程与工艺专业核心课程系列教材
ISBN 978-7-03-050245-2

Ⅰ.①化… Ⅱ.①李… ②高… ③胡… Ⅲ.①化工生产-无污染工艺-中等专业学校-教材 Ⅳ.①X78

中国版本图书馆 CIP 数据核字（2016）第 244412 号

责任编辑：闫 陶 杜 权/责任校对：董 丽
责任印制：彭 超/封面设计：苏 波

科 学 出 版 社 出版

北京东黄城根北街 16 号
邮政编码：100717
http://www.sciencep.com

武汉首壹印务有限公司印刷
科学出版社发行 各地新华书店经销

*

开本：787×1092 1/16
2016 年 10 月第 一 版 印张：17 1/4
2016 年 10 月第一次印刷 字数：440 000

定价：40.00 元
（如有印装质量问题，我社负责调换）

教育部、财政部职业院校教师素质
提高计划成果系列丛书

项目牵头单位:湖北工业大学

项 目 负 责 人:胡立新

项目专家指导委员会

主　　任:刘来泉

副主任:王宪成　郭春鸣

成　　员:(按姓氏笔画排列)

刁哲军	王继平	王乐夫	邓泽民	石伟平	卢双盈
汤生玲	米　靖	刘正安	刘君义	孟庆国	沈　希
李仲阳	李栋学	李梦卿	吴全全	张元利	张建荣
周泽扬	姜大源	郭杰忠	夏金星	徐　流	徐　朔
曹　晔	崔世钢	韩亚兰			

丛书编委会

出 版 说 明

《国家中长期教育改革和发展规划纲要(2010—2020年)》颁布实施以来,我国职业教育进入到加快构建现代职业教育体系、全面提高技能型人才培养质量的新阶段。加快发展现代职业教育,实现职业教育改革发展新跨越,对职业学校"双师型6"教师队伍建设提出了更高的要求。为此,教育部明确提出,要以推动教师专业化为引领,以加强"双师型"教师队伍建设为重点,以创新制度和机制为动力,以完善培养培训体系为保障,以实施素质提高计划为抓手,统筹规划,突出重点,改革创新,狠抓落实,切实提升职业院校教师队伍整体素质和建设水平,加快建成一支师德高尚、素质优良、技艺精湛、结构合理、专兼结合的高素质专业化的"双师型"教师队伍,为建设具有中国特色、世界水平的现代职业教育体系提供强有力的师资保障。

目前,我国共有60余所高校正在开展职教师资培养,但由于教师培养标准的缺失和培养课程资源的匮乏,制约了"双师型"教师培养质量的提高。为完善教师培养标准和课程体系,教育部、财政部在"职业院校教师素质提高计划"框架内专门设置了职教师资培养资源开发项目,中央财政划拨1.5亿元,系统开发用于本科专业职教师资培养标准、培养方案、核心课程和特色教材等系列资源。其中,包括88个专业项目,12个资格考试制度开发等公共项目。该项目由42家开设职业技术师范专业的高等学校牵头,组织近千家科研院所、职业学校、行业企业共同研发,一大批专家学者、优秀校长、一线教师、企业工程技术人员参与其中。

经过三年的努力,培养资源开发项目取得了丰硕成果。一是开发了中等职业学校88个专业(类)职教师资本科培养资源项目,内容包括专业教师标准、专业教师培养标准、评价方案,以及一系列专业课程大纲、主干课程教材及数字化资源;二是取得了6项公共基础研究成果,内容包括职教师资培养模式、国际职教师资培养、教育理论课程、质量保障体系、教学资源中心建设和学习平台开发等;三是完成了18个专业大类职教师资资格标准及认证考试标准开发。上述成果,共计800多本正式出版物。总体来说,培养资源开发项目实现了高效益:形成了一大批资源,填补了相关标准和资源的空白;凝聚了一支研发队伍,强化了教师培养的"校—企—校"协同;引领了一批高校的教学改革,带动了"双师型"教师的专业化培养。职教师资培养资源开发项目是支撑专业化培养的一项系统化、基础性工程,是加强职教教师培养培训一体化建设的关键环节,也是对职教师资培养培训基地教师专业化培养实践、教师教育研究能力的系统检阅。

自2013年项目立项开题以来,各项目承担单位、项目负责人及全体开发人员做了大量深入细致的工作，结合职教教师培养实践，研发出很多填补空白、体现科学性和前瞻性的成果，有力推进了"双师型"教师专门化培养向更深层次发展。同时，专家指导委员会的各位专家以及项目管理办公室的各位同志，克服了许多困难，按照两部对项目开发工作的总体要求，为实施项目管理、研发、检查等投入了大量时间和心血，也为各个项目提供了专业的咨询和指导，有力地保障了项目实施和成果质量。在此，我们一并表示衷心的感谢。

编写委员会

2016 年 3 月

丛 书 序

"十二五"期间,中华人民共和国财政部安排专项资金,支持全国重点建设职教师资培养培训基地等有关机构申报职教师资本科专业培养标准、培养方案、核心课程和特色教材开发项目,开展职教师资培训项目建设,提升职教师资基地的培养培训能力,完善职教师资培养培训体系。湖北工业大学作为牵头单位,与山西大学、西北农林科技大学、湖北轻工职业技术学院、湖北宜化集团一起,获批承担化学工程与工艺专业职教师资培养资源开发项目。

这套丛书,称为职教师资本科化学工程与工艺专业核心课程系列教材,是该专业培养资源开发项目的核心成果之一。

职业技术师范专业,顾名思义,需要兼顾"职业""师范"和"专业"三者的内涵。简单地说,职教师资化学工程与工艺本科专业是培养中职或高职学校的化工及相关专业教师的,学生毕业时,需要获得教师职业资格和化工专业职业技能证书,成为一名准职业学校专业教师。

丛书现包括五本教材,分别是《典型化学品生产》《化工分离技术》《化工设计》《化工清洁生产》和《职教师资化工专业教学理论与实践》。作者中既有长期从事本专业教学实践及研究的教授、博士、高级讲师,也有近年来崭露头角的青年才俊。除高校教师外,有十余所中职、高职的教师参与了教材的编写工作。

这套教材的编写,力图突出职业教育特点,以技能教育作为主线,以"理实一体化"作为基本思路,以工作过程导向作为原则,将项目教学法、案例分析法等教学方法贯穿教学过程,并大量吸收了中职和高职学校成功的教学案例,改变了现有本科专业教材中重理论教学、轻技能培养的教学体系。这也是与前期研究成果相互印证的。

丛书的编写,得到兄弟高校和大量中职高职学校的无私支持,其中有许多作者克服困难,参与教学视频拍摄和编写会议讨论,并反复修改文稿,使人感动。这里尤其要感谢对口指导我们进行研究的专家组的倾情指导,可以说,如果没有他们的正确指导,我们很难交出这份合格答卷。

期待着本套系列教材的出版有助于国内应用技术型高校的教师和学生的培养,有助于职业教育的思想在更多的专业教育中得到接受和应用。我们希望在一个不太长的时期里,有更多的读者熟悉这套丛书,也期待大家对该套丛书的不足处给予批评和指正。

胡立新

2015 年 12 月于湖北武汉

前　言

　　化学工业是社会发展的重要推手,提供了丰富的物质产品给人类消费和享受。但是众所周知,化学工业是产生"废气、废水、废渣"的"三废"大户,对环境和资源造成了极大的压力,给人类的生存和发展造成了危害。为了人民的身心健康,为了社会和经济的可持续发展以及子孙后代的可持续生存,必须采用各种措施减少工业污染、降低污染产生的危害。随着社会的发展和人们环境意识的提高,化工污染防治逐步从过去末端治理方式向清洁生产方式转变。清洁生产是一种新的创造性思想,该思想将整体预防的环境战略持续应用于生产过程、产品和服务中,以增加生态效率和减少人类及环境的风险。相对于先污染后治理的传统思维,与环境友好、以低废或无废为特征的清洁生产成为当前各国为实现可持续发展而关注的焦点。

　　本书是在教育部财政部职教师资本科专业培养标准、培养方案、核心课程和特色教材开发项目的资助下,按照化工类专业培养目标和专业特点而编写的。本教材可作为本科化学工程与工艺专业教学用书,也可以作为从事化工生产的工程技术人员的参考书。本书以化工清洁生产为核心,从化工行业的污染出发,针对清洁生产概述、清洁的原料与能源、清洁的生产过程、清洁的产品和清洁生产审核等五个模块做较系统、全面的阐述。本书编委多年担任清洁生产相关教学任务,并承担多项清洁生产创新工艺的研究项目,在编撰过程中结合教学和科研实践的经验总结,增加了案例分析,更注重知识的传递和实用性,使学生真正能学以致用。

　　本书是集体智慧的结晶,主要由湖北工业大学李祝、高林霞、胡立新担任主编,由张会琴、汪淑廉、皮科武、黄磊、万端极分专题进行编写,同时邀请华中师范大学杨娇艳老师参与案例教学法汇编和统稿。另外在本书的编写过程中参考了大量的相关书籍和资料,其中主要的参考文献附于书后,在此对这些著作的作者表示诚挚的感谢。

　　化工清洁生产近年发展迅速,加之编者水平和能力有限,虽已尽全力,但书中难免有疏漏和不妥之处,敬请广大读者批评指正。

编　者

2015 年 12 月

目 录

第一模块　清洁生产概述

模块重点

本章重点是清洁生产的基本知识,包括清洁生产的概念、目标和原则、清洁生产理论基础以及绿色化学与清洁生产之间的关系。

模块目标

通过本模块的学习,使受训者对化工行业的环境污染的严重性有一定的认识,并能深刻体会清洁生产的宗旨——节能、降耗、减污和增效,掌握清洁生产相关的基本概念和理论基础。

模块框架

单元序列	名　称	内　容
单元一	化工行业的环境污染	主要介绍化工行业的主要污染物类型、化工污染的特点及化工污染的控制措施
单元二	清洁生产概论	重点介绍清洁生产的发展历程,末端治理存在的弊端;清洁生产的各种定义、主要内容、目标和基本原则;总结清洁生产的意义和特点
单元三	清洁生产理论基础	本单元重点介绍清洁生产的三个理论基础:包括系统控制理论、可持续发展理论、环境承载力理论
单元四	绿色化学与清洁生产	本单元重点介绍绿色化学的概念、原理、实现途径,以及与清洁生产之间的关系

单元一 化工行业的环境污染

[单元目标]

1. 了解化工行业的环境污染的严重性。
2. 掌握化工行业污染对环境的危害。
3. 化工行业污染治理的措施。

[单元重点难点]

1. 化工行业的污染物、污染特点。
2. 化工行业污染治理的控制措施。

随着社会生产力的高度发展和经济改革的逐步深入,环境问题越来越引起人们的重视,已成为全球注目的热点问题。而现代环境问题归根结底绝大多数是由化学物质造成的,因此环境问题的重点是化工环境问题。1992 年,联合国环境与发展大会以后,实行持续发展战略,促进经济与环境协调发展已成为世界各国的共识。实践证明,以大量消耗资源、粗放型经营为特征的传统经济发展模式,经济效益低,排污量大,使环境不断恶化,人类的健康受到影响,而要维持经济持续稳定发展也难上加难。在经济持续、快速、健康发展的同时,创造一个清洁、安静、优美、舒适的生活环境和工作环境,是历史赋予我们的艰巨任务,要完成这一任务,必须实事求是地按照客观规律,深刻理解人口、资源、发展、环境的辩证关系,彻底地、广泛地研究人类经济活动和社会行为对环境变化过程的影响,处理好正反两方面的关系。为此我们对化工环境污染、环境保护措施、污染环境治理技术等进行深入探讨,寻找良性、科学的途径,从根本上解决环境问题,创造未来美好的环境。

造成环境污染的污染物发生源称为污染源,与化工相关的污染物称为化工污染源。它通常指向环境排放有害物质或对环境产生有害物质的场所、设备和装置。按污染物来源,可分为天然污染源和人为污染源。天然污染源是指自然界自行向环境排放有害物质或造成有害影响的场所,如正在活动的火山、腐败的动植物。人为污染源是指人类社会活动所形成的污染源,后者是主要的防治对象。只有管理好污染源,才能达到环境效果和经济效果的统一。

一、人为污染源分类方法

人为污染源有以下几种分类方法:

(1) 按排放污染的种类,可分为有机污染源、无机污染源、热污染源、噪声污染源、放射性污染源、病原体及混合污染源。

(2) 按污染的主要对象,可分为大气污染源、水体污染源、土壤污染源。

(3) 按排放污染物空间分布方式,分为点污染源、线污染源、面污染源。

(4) 按人类活动功能,可分为工业污染源、农业污染源、交通污染源和生活污染源。

最常用的分类法是第四种,不管是来自工业、农业、交通还是生活的污染源,主要是由于化工产品直接或间接产生的。因此,我们主要研究化工产品带来的污染。

工业污染源有以下几种。

(1) 燃料燃烧:燃煤可产生 C、N、S、Fe、Si、Hg、Pb 等。

(2) 工业用水:循环水、溶剂水等。

(3) 工业生产工艺:工艺落后,设计不合理等。

农业污染源有以下几种。

(1) 药污染。

(2) 化肥污染。

(3) 增效剂及各类农业助剂污染。

交通污染源有以下几种。

(1) 各类用油剂:汽油、柴油、煤油及各类润滑油等。

(2) 燃烧废气:一氧化碳、二氧化氮、二氧化硫、铅化物、苯等。

生活污染源有燃煤、燃气、洗涤用品等。

二、化工生产污染物

产生化工污染物的原因和污染物进入环境的途径多种多样,化工污染物主要来自以下两方面。

(一) 化工生产的原料、半成品及成品

(1) 化学反应不完全。在化工生产过程中,原料的转化率不可能百分之百,虽有一部分带入最终产品或被回收利用,但始终有一部分要被排放掉,如果该化工原料是有害物质,就会给环境造成污染。

(2) 原料不纯。化工原料本身也不可能很纯净,会有某些杂质,这些杂质不参与化学反应,常作为废物排放掉,给环境造成污染。

(3) 跑、冒、滴、漏。由生产设备落后、技术性问题造成设备密封不严,或生产中操作不规范,管理不严,在整个过程中有意无意地造成化工产品的泄漏,习惯称为跑、冒、滴、漏现象。这一现象不但会增加产品成本,造成经济损失,还会造成环境污染。

(二) 化工生产过程中排放的废弃物

1. 燃料燃烧

化工生产过程中需要一定的温度和压力,必须由外界提供,因而要燃烧大量的燃料。燃烧过程不可避免地排放大量的烟气和废渣,烟气和废渣中会有大量有害物质,对环境造成污染(表 1-1)。

表 1-1　燃烧重油各种污染物的单位排放量

污染物	排放量/(kg/m³油)		污染物	排放量/(kg/m³油)	
	大用户	小用户		大用户	小用户
乙醛	0.049	0.164	二氧化硫	12.874×5%	12.874×5%
一氧化碳	0.003 3	0.164	三氧化硫	0.196 8×5%	0.164×5%
烃类	0.262 4	0.164	烟尘	0.656	0.984
氮类化合物	8.528	5.904			

2. 冷却水

在化工生产过程中除了需要大量的热量外,有时也需采用冷却水带走反应放出的热量。冷却水除了自身添加防腐剂、杀藻剂等化学物质外,在冷却过程中,会直接或间接被化工产品污染,因此排放掉的冷却水一旦进入自然界,就会给水源、土壤等造成一定的污染。

3. 副反应

化工生产中,在主反应进行的同时,往往因为条件制约或变化,伴随着许多副反应;有些副反应可被合理利用,有些副反应的产物因成分复杂,回收利用有一定困难,往往作为废物排弃或堆放,给环境带来污染。

4. 其他

除以上各种情况之外,还因工艺选用,给反应体系添加许多不参加反应的物质,如溶剂、催化剂、助剂等,这些物质的重新利用往往很难十分圆满,同样给环境造成污染。

归纳起来,化工主要污染物有以下几种。

(1) 化工废气中的主要污染物。无机化工废气主要来自制酸、制碱及化肥(氮、磷肥)等无机化工企业。主要污染物有二氧化硫与硫酸雾,二氧化氮与硝酸雾,氟与氟化氢,氯与氯化氢,还有硫化氢、氨气。有机化工废气主要来自石油化工、煤化工(焦化、煤气化)有机原料合成工业等。废气中的主要污染物包括甲烷、乙烯、丙烯、氯乙烯、氯丁二烯、苯、苯并芘、甲醛、乙醇、丙酮、甲硫醇、四氟化硅等。表 1-2 列出化工废气中污染物的主要来源。

表 1-2　化工废气中污染物的主要来源

污染物质	主要来源
二氧化硫及硫酸雾	硝酸厂、染料厂及石油化工厂等
二氧化氮及硝酸雾	硫酸厂、染料厂、合成纤维厂及炸药制造厂等
氯及氯化氢	氯碱、石油化工厂、农药厂、漂白粉生产
氟、氟化氢及四氟化硅	黄磷厂、磷肥厂、氟塑料厂等
氨	合成氨厂、氮肥厂、石油化工厂
硫化氢	炼油厂、化工脱硫、人造纤维、橡胶工业等

续表

污染物质	主要来源
乙烯、丙烯、丁二烯	石油裂解、聚烯烃厂、合成橡胶厂等
甲醛及其他含氟有机物	石油化工厂
甲硫醇	染料厂、石油化工厂
苯烃及其他有机溶剂	石油化工厂、焦化厂、化学试剂厂
苯并[α]芘	焦化厂

（2）化工废水中主要污染物。化工废水一般含悬浮物少，但大多含有酸、碱、有毒物质、有机物以及易燃易爆物等。在我国 20 世纪 50 年代化学工业发展初期，化工废水中污染物主要是酸、碱及无机污染物，随着石油化工、煤化工、农药及染料等化学工业的兴起，废水中有毒物及有机物的污染日趋严重。化工废水中的主要污染物有以下几种：

无机酸，盐酸、硝酸、硫酸、磷酸等；

无机碱，纯碱、烧碱、硫化碱、消石灰等；

氰化物，氢氰酸、氰化钾、氰化钠；

重金属，汞、铅、钴、镉、铬、铜等；

有机酸，甲酸、乙酸、对苯二甲酸等；

苯及其衍生物，苯、甲苯、苯胺、硝基苯、氯苯、苯酚、甲酚、六氯苯、DDT 等；

含氧有机物，甲醇、乙醇、乙硫醇、丁硫醇、乙醛、丙烯醛、丙酮等。

（3）工业废渣中主要污染物。化工废渣来源十分广泛，行业不同，所含污染物种类和含量各不相同。

（4）盐泥。来源于氯碱工业。在以食盐为主要原料，用电解法制取氯、氢及烧碱过程中，排出泥浆中的主要成分是 $Mg(OH)_2$、$CaCO_3$、$BaSO_4$ 等。我国现有少数企业采用水银电解法制碱。每吨烧碱产盐泥 50～60 kg，其中含汞 0.15～0.2 kg，成为汞污染的重要来源。

（5）电石渣。来源于电石法生产聚氯乙烯与乙酸乙烯。它是电石（CaC_2）和水反应生成乙炔时形成的副产物（浅灰色沉淀物）。每生产 1 t 聚氯乙烯排出 2 t 多电石渣。电石渣的主要成分是氢氧化钙，同时还有微量有毒物质 PH_3、AsH_3、H_2S 等。由于电石渣排量大，含碱量高，又含有硫、砷等有毒物质，随意堆置既占地又污染周围环境（大气、水体和土壤）。

（6）磷渣。磷渣是黄磷生产过程中产生的胶凝物质，故又称磷泥。每生产 1 t 黄磷产生磷泥 0.5 t，含磷 40％～60％。此外，还含有 20％固体杂质（炭粉，SiO_2）及少量氟。磷泥与空气接触可自燃生成 P_2O_5 的烟，磷泥难以处理，它是我国黄磷生产中一大难题。

（7）炼油及石油化工废渣。主要来自精制、炼制和生产过程中产生的废滤渣、废树脂及反应不完全所生成的副产品。这类废渣常含大量油类物质并含有游离酸、磺酸、硫化物、聚烃类，或含有过剩的硫化钠、环烷酸钠、酚类化合物。

除上面列举的化工废渣之外，还有黄铁矿渣、油页岩灰渣、铬渣、纯碱渣、废催化剂、酸碱污染及各种废水处理过程产生的大量污泥，含有各种各样复杂污染物成分的化工废弃物。

三、化工污染的特点

（一）化学工业的特点

（1）行业、厂点多。有酸碱工业、化肥工业、石油化学工业、煤炭化学工业、塑料工业、橡胶工业、医药工业、染料工业、农药工业、炸药工业、化学试剂工业等，化学工业部门不但行业多，厂点也多，分布在各个城市。

（2）产品品种多。CA登记的化学品达500万种，经常使用的有4.5万种，每年新合成物有上千种，投入市场500种，而这些最终都要进入人们的生活环境。

（3）原料路线和生产方法多种多样，一种产品可以采用不同的原料、不同的生产方法、不同的合成路线。

（二）污染的特点

造成化工污染的途径多种多样，概括起来主要有三方面：水污染、大气污染、固体废弃物污染，它们有各自的特点。

1. 水污染特点

（1）有害性。化工废水中含有大量有害物质，如氰、砷、汞、酚、镉、铅等，达到一定浓度，会毒害生物，使水源具有毒性。

（2）耗氧性。化工废水有时含有醇、醛、酮、醚、酯、有机酸及环氧化物等，进入水源后，进行化学氧化和生物氧化，需要大量氧气，即化学需氧量（COD，表示由于水中的污染物进行化学氧化，而需要消耗的氧量）与生物需氧量（BOD，是指许多有机物在水体中成为微生物的营养源，被消化分解时所消耗的氧量）都很高，消耗的氧气影响水中的生物的正常需氧。

（3）酸、碱性。pH不稳定，有时酸，有时碱，破坏了正常生态环境的pH。

（4）富营养性。化工废水中含N、P、K等生物所需的营养成分，使水中藻类微生物大量繁殖，在水面上漂浮成片的"水花""红潮"，使氧在水中的溶解量减少，造成水中的生物（藻类）因缺氧而死亡，发生腐烂，使水质恶化变质。

（5）油覆盖层。石油废水含有大量有机物质，覆盖在水面上，形成覆盖层导致鱼类或食鱼鸟类等生物死亡。

（6）高温。温度高，使水域环境温度升高，溶氧量降低，破坏了水生生物的生存条件。

水污染示意图如图1-1所示。

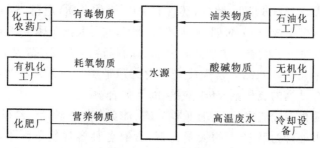

图1-1　水污染示意图

2．大气污染的特点

空气提供人们所需的氧气,人断水可坚持 5 天,但断绝氧气 5 min 就坚持不了,因此氧气对生命活动起着决定作用,恶化空气、淡化氧气,后果十分严重。在化工生产过程中排放的气体通常是易燃、易爆、有毒、有味、有刺激作用的物质,因此,大气污染具有以下特点:

(1)易燃、易爆性。化工废气含有许多低分子烃、醇、酸等易燃性气体。浓度达到一定程度就会引起爆炸。

(2)有毒性、刺激性、腐蚀性。废气中排放的气体种类很多,其中有 SO_2、HCl、NO_x、Cl_2、H_2S 等,对人体都有一定程度的毒害作用;可形成酸雾,对设备、建筑物形成腐蚀作用,破坏力极大;这些气体分散在空气中,严重污染了空气,人体的皮肤、呼吸道受到很大的刺激,对农作物的正常生长也有一定的破坏作用。

除此之外,空气中还含有大量的固体粉尘。如水泥厂、洗衣粉厂、冶金厂、矿厂、煤厂、焦化厂等的废气中的固体粉尘,弥漫在空气中对人体健康带来很大的危害。

3．固体废弃物的特点

废弃物是工矿企业在生产过程中所排出的丢弃物质,以固体形式存在的,称为固体废弃物,也称废渣。工业废渣按其来源不同可分为冶金、采矿、燃料、化工废渣等。

化工废渣是由化学工业生产中排出的工业废渣,包括硫酸矿渣、电石渣、碱渣、塑料废渣等。其中以硫酸矿渣数量较大,每生产 1 t 硫酸,要排出 1.1 t 废渣。工业废渣形成之后,一般堆放在空闲的场所,但在堆放过程中,废渣在风力作用下四处流散,给土壤及农作物造成危害,并且由于许多化工废渣不做任何处理,直接倒入江河、湖泊,严重污染了水体。另外在堆放过程中,其中许多有机物质被空气氧化分解产生许多有害气体排放到大气中,污染大气。因此,废渣对环境的污染主要表现在对土壤的污染、对水域的污染和对大气的污染三方面,见图 1-2。

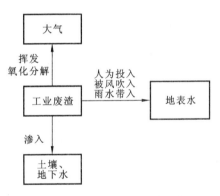

图 1-2　废渣对水域的污染途径

四、化工污染的控制措施

一般认为有效地控制污染源,主要有以下几个方面。

(一) 力争合乎环境质量要求

根据大分散、小集中的方针,在生产厂矿区域综合体中寻求和维持各生产部门之间污染物的动态平衡,使区内污染源的三废排放最后不超过区域环境容量标准。

环境容量是指环境在生态或人体健康值以下所能容纳的污染物总量,不同的地理环境和各个环境要素对污染物的承受能力是有差别的,并且随着时间不同而变化,各个环境要素的环境容量,以水体为例,可由式(1-1)估算:

$$W_v = V(S_w - B_w) + C_w \qquad (1-1)$$

式中:W_v为某环境单元中水体的环境容量;V为地表水的体积;S_w为地表水中某污染物的地方性环境标准;B_w为地表水中某污染物的环境本底值;C_w为地表水的同化能力。

整个环境单元的容量用式(1-2)表示:

$$E_v = A_v + W_v + S_v + B_v \qquad (1-2)$$

式中,E_v为某一环境单元的平均环境容量;A_v、W_v、S_v、B_v分别为大气、水体、土壤、生物的平均容量。

工业布局的一般要求如下:

(1)化工企业不能过于集中,应远离稠密的居民区;

(2)在城市水源的上游地带,要避免建设排放大量有害废气的工厂;

(3)在城市的主导风向上风区,不宜建设排放有害气体和大量粉尘的工厂;

(4)厂址地形要开阔,烟气易于扩散,充分利用自然净化条件,在河道、盆地、山间盆地、峡谷地带,不宜布置消耗大量的燃料、严重污染大气的工厂。

(二)控制生产工艺的污染

1.对产生严重污染的原料路线、生产方法进行改造

(1)实现工艺改革,采用无害或少害的原料路线,并相应地改变工艺生产方法是很主要的,对于采用剧毒物的生产工艺,这种改革更是刻不容缓。

以汞来说,汞及其化合物是剧毒,但在化工生产中的应用颇为广泛。

以乙炔制乙醛,乙炔氯化氢合成氯乙烯都采用汞催化,现以乙烯为原料氧化制取,无需汞。汞曾用作蒽醌磺化反应的定位剂(图1-3),现采用碘催化(图1-4),蒽醌直接氯化制四氯蒽醌。

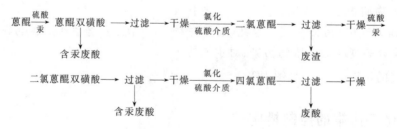

图1-3 生产四氯蒽醌老工艺路线

图1-4 生产四氯蒽醌新工艺路线

（2）尽量减少大量采用酸、碱溶剂及各类易挥发物质和副产物多的工艺。如用次氯酸酸化法生产环氧乙烷，排放大量石灰浆和含有机氧化物的废水；用乙烯与硫酸反应合成乙醇，产生严重酸雾。现采用乙烯直接氧化制环氧乙烷，乙烯水合制乙醇。

染料、颜料、农药的制备更是如此。如酞菁素艳蓝 IF_3G（硝酸盐）的生产以往用二氯苯为溶剂，现用固相反应即可完成。

2. 寻找造成污染的产品的取代品

有些化工产品在生产和使用过程中剧毒有害，污染环境，需要通过寻找代用品解决。农药生产在这方面的例子很显著。

如无机砷、有机汞，现已禁止生产，积极研制出无汞杀菌剂。如多菌灵[N-(2-苯并咪唑基)-氨基甲酸甲酯]便是用非汞合成路线生产，见图1-5。

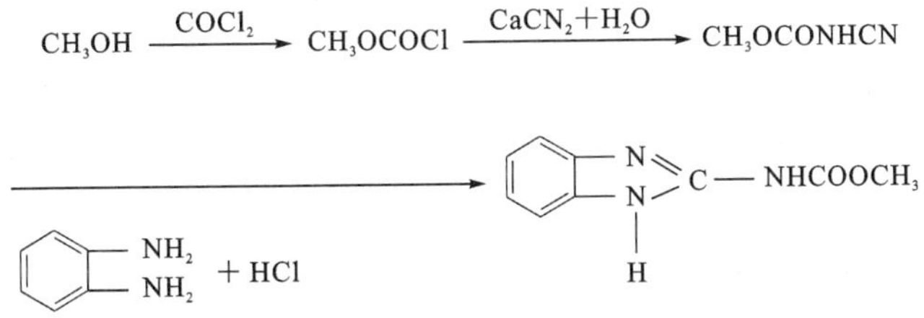

图 1-5　多菌灵非汞合成路线

还有有机氯制剂如滴滴涕、六六六、艾氏剂、狄氏剂等，不易分解，能在土壤、作物中进行积累，污染事例很多。我国已研制出杀虫脒代替六六六。

染料生产产品品种问题尤为突出。如联苯胺类偶氮染料有致癌性，而改变成非平面型立体异构，降低氯化深度则无致癌性，见图1-6。

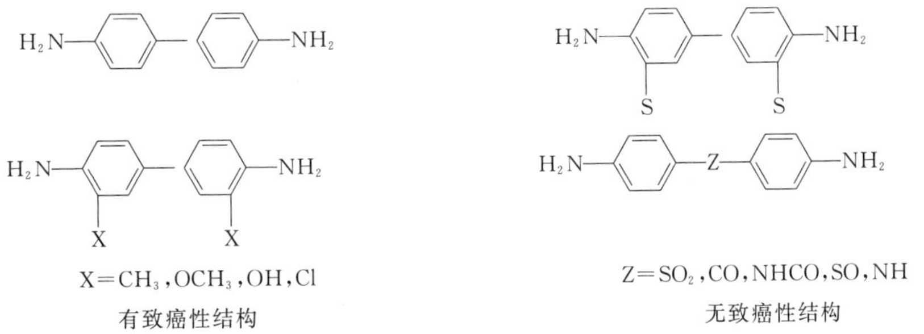

图 1-6　染料生产中有/无致癌性结构

有些非本身原因，而是为了避免采用有毒原料：如三聚氰胺-甲醛树脂需采用氰氨化钙为原料，以氰氨化钙制得双氰胺，再在常压下制得三聚氰胺，目前采用尿素-甲醛树脂代替三聚氰胺-甲醛树脂。

3. 改革设备，改进操作

为了减少和消除污染，需要对污染环境的生产设备进行改造，选用合适的设备。

以邻二甲苯或萘为原料的苯酐生产，从反应器出来的产物是气相的，需要从其中将苯酐冷凝沉降下来,以往采用箱式薄壁冷凝器,反应产物从箱内通过时,向箱外空气散失热量进行自然冷却,使苯酐冷凝下来。由于冷却不充分、不均匀,设备的捕集措施不够,有的苯酐和顺丁烯二酸酐未能冷凝下来,随废气排放出去,造成污染。现采用热熔冷凝器代替老式的薄壁冷凝器。

冷却、洗涤方面:采用直接接触式设备,会产生大量废气,现改用间接冷却的办法。除去氯气中水蒸气,以前用喷淋的办法和氯气直接接触,产生大量含氯废水,而采用列管冷却器不与冷却水直接接触,减少了污染。

成型、包装方面:以前许多工厂采用人工包装,包装地区烟雾粉尘弥漫影响了人体健康,现采用密闭包装,并对包装时排出的气体加以处理,使环境质量得到改善。例如,对于易形成污染的粉尘,现研制新的造粒装置,用颗粒剂代替粉剂,保护了环境。

由简易化向自动化流水线转变:人工操作向自动化转变,减少化工产品与人的接触。

4. 反应过程封闭循环

化工生产过程排出的污染物料,应该尽可能地予以封闭循环,这种物料大多夹杂原料和中间产物,经过一定处理步骤之后重新回到系统进行循环,既减少了污染物的排出,又降低了原料的消耗。排料封闭循环是把三废消灭在工艺过程中的一个主要措施。例如,用氨碱法生产纯碱时,食盐原料利用率低,大量盐类未反应便被排出造成污染,新流程如图 1-7 所示。

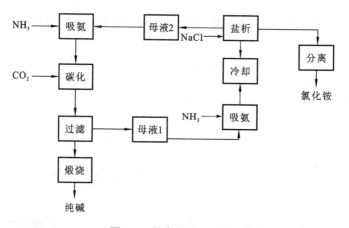

图 1-7 联合制碱法流程

5. 减少系统泄漏

跑、冒、滴、漏往往是造成工厂环境污染的一个重要原因。石油化工厂的泄漏不可轻视。液态烃裂解制烯烃和高压聚乙烯生产中,乙烯泄漏量可达产量的千分之几,为减少泄漏污染和产品损失,提高设备的严密性,用法兰接头代替螺纹接头和采用双层密封。材质选用耐腐蚀材料和涂料,安装自动报警和检测泄漏装置,防止泄漏产生。

采样点上积存物料的排放可造成泄漏,要运用密封采样点。化验采集的样品及检修设备时残留在设备体内的物料应注意收集。

（三）控制燃料污染

化工生产中需要热源,燃料燃烧可以说是环境中主要的一种污染源。燃料废气中有烟尘、SO_2、NO_x 和 CO,灰渣的排放也危害环境。在大多数情况下,燃料的耗量大于工艺物料,因此要严格控制。

1. 采用清洁、无污染燃料

燃料的燃烧难易程度和洁净程度顺序见表1-3。

表 1-3　燃料的燃烧难易程度和洁净程度顺序表(不考虑含硫量)

序号	燃料	序号	燃料	序号	燃料
1	天然气	6	煤油	11	低挥发分烟煤
2	液化石油气	7	轻质燃料油	12	重油
3	炉煤气	8	无烟煤	13	高挥发分烟煤
4	焦炉煤气	9	焦炭	14	煤焦油
5	高炉煤气	10	褐煤		

2. 消烟除尘

由于资源条件和技术发展的限制,目前不可能完全使用洁净燃料。在现有情况下,消烟除尘十分重要,即使是同样的燃料,产生烟尘的情况也可以因燃烧方法而异。如有的运行正常,有的不正常,不正常则有烟黑产生。为了防止烟黑生成,对于液体燃烧尽量创造条件使其雾化。雾化好,空气和油滴的混合好,燃烧速度加快,防止裂化和富碳烟黑的生成。对于固体燃料(如煤)更是如此,为了使煤燃烧完全,必须合理地组织燃烧过程,设置合适的炉膛,配备便利的给煤设施,从而减少烟气的灰尘。

3. 燃料预处理

防止 SO_2 污染是与消烟除尘同等重要的问题。大气中 SO_2 主要来自燃料燃烧。1 t 煤含硫 $5\sim50$ kg,1 t 油含硫 $5\sim30$ kg。常见燃料的脱硫方法有以下几种。

(1)重油脱硫,包括加氢脱硫、水蒸气代氢催化脱硫和利用某些重金属及其化合物能与硫生成稳定的硫化物的性能脱硫,用它们作为脱硫剂从油中将硫分离出来。此外还利用脉冲波、声波、超声波、激光等能源生成 H_2S 脱硫。对于高含硫渣油通常先气化再脱硫。

(2)煤气脱硫,方法很多,常见的有碱液法,采用 Na_2CO_3 为脱硫剂,原理如下

吸收:$Na_2CO_3 + H_2S \longrightarrow NaHS + NaHCO_3$

再生:$NaHCO_3 + NaHS \longrightarrow Na_2CO_3 + H_2S$

(3)煤脱硫,煤的脱硫比较复杂,一般在燃烧过程除硫或加工成煤气除硫。

(4)排烟脱硫、脱硝。

(5)改革供热分式,发展余热利用。节能和控制燃料污染密切相连,我国目前单位能量耗燃料较高。能耗越高,造成的污染越大,无论是从环境保护还是经济效益来说,降低能耗颇重要。改革供热方式,发展余热利用迫在眉睫。

改革供热方式是指改分散供热为集中供热。发展余热利用是通过有效地将废水、废气、废渣的余热加以再次使用,达到节约能源,减少污染的目的。

（四）控制排水

随意排放水,一方面浪费了宝贵的水资源,另一方面大量带有污染物的废水使环境污染日益严重。废水量越大,污染面越广,污染处理越难,在处理中又会再次造成污染。长此以往工业区的工业用水量就会超过天然水源的自然补给能力。

对于显著污染的废水,除压缩其排放量以外,还要考虑排放办法。

（1）废水排放尽可能均化,或按比例排放。不要把高浓度、高污染的水集中排放,给水处理造成压力,提高处理投资。

（2）清水、污水分流,减少处理量。即把冷却水和高度污染水分开,清、污分流也有利于循环水,减少废水处理。

（3）改进工艺,力求减少用水量,如利用空冷、增湿空冷或联合空冷来代替水冷,采用干洗、风洗代替水洗等。

（4）污水处理后尽量循环再用、节约水资源。

（五）回收和综合利用

从必须排放的废弃物中回收有用的物料,开展综合利用,是控制污染的一个积极措施。在某种意义上讲废与不废是相对的。煤焦油、石油炼厂气在没有利用之前,也曾被视为废物,如今已成为极宝贵的合成原料。

废酸、废碱的再利用。化工制药行业排出的酸含铁量较高,可供钢厂酸洗钢材用。染料化工排出的废酸,浓度高的用于生产磷肥,浓度低的供造纸厂处理黑液用。化工厂排出的高浓度含酚、含氰废水,其中酚可回收,氰化物可用于生产黄血盐。

氨碱法生产纯碱产生的废料氯化钙可生产碳酸钙、钙铵复合肥料。因此污染物的回收和综合利用是降低污染、变废为宝的十分有效的措施。

单元二　清洁生产概论

[单元目标]

1. 了解清洁生产的诞生及传统末端治理的弊端。

2. 掌握清洁生产相关的基本知识。

3. 掌握清洁生产的八字宗旨。

[单元重点难点]

1. 清洁生产的概念、主要内容、目标和基本原则。

2. 清洁生产与末端治理的异同点。

清洁生产是联合国环境规划署提出的环境保护由末端治理转向生产的全过程控制的全新污染预防策略。它以节能、降耗、减污、增效为目标即八字宗旨,以技术管理为手段,通过对生产过程的排污审计,筛选并实施污染预防措施,以削减工业生产对人类健康与生态环境的影响,达到预防工业污染、提高经济效益双重目的的综合性措施。

一、清洁生产的诞生

传统环保战略过重地依靠末端治理,从清洁生产最早的称呼是污染预防即可看出,清洁生产思想的诞生本身就是对传统环保战略的批判和挑战。

(一)环境保护运动的发展

环境问题的产生和发展与人类社会的加速发展有着密切的联系。

20万年前——古代文明时期,人类是被动地适应环境,不存在对环境的改造,因此不存在环境问题;2万年前——农业文明时期,人类开始了农业生产活动,有了对环境的初步改造,此时的环境问题主要是一些生态方面的问题,如水土流失、土地沙化等,而且是零星的、局部的;200年前——工业革命时期,大规模的工业生产,促使人类对环境进行大规模的破坏,此时环境被动地适应人类,环境问题已经上升为从根本上影响人类社会生存和发展的重大问题,区域性的环境问题日益突出。

进入20世纪以来,环境问题呈现出地域上的扩张和程度上的恶化趋势,已逐渐由区域性问题演变为全球性问题,例如臭氧层的破坏、全球气温变暖、酸雨区扩展等。

总之,工业革命标志着人类的进步,但是在给人类带来巨大财富的同时,也在高速消耗着地球上的资源,在向大自然无止境地排放着危害人类健康和破坏生态环境的各类污染物。随着生产规模的不断扩大,工业污染、资源锐减、生态环境破坏日趋严重。20世纪中期出现的"八大公害事件"就是有力的证据。从20世纪70年代开始,人类就广泛驻足由于工业发展带来的一系列环境问题,并采取了一些治理措施。经过20多年的发展,人们发现虽然投入了大量的人力、物力、财力,但是治理效果并不理想,20年来的"十大公害事件",又一次给人类敲响了警钟。

随着环境问题的日趋严重,特别是西方国家公害事件的不断发生,环境问题频频困扰人类。20世纪50年代末,美国海洋生物学家卡森在潜心研究美国使用杀虫剂所产生的危害之后,于1962年发表了环境保护科普著作《寂静的春天》。在该书中作者明确提出了环境污染和环境保护的思想,并将环境污染的矛头指向了人类久而习惯的征服自然的观念,指向了由这一观念派生出来的现代知识体系、工业体系以及科学与企业的联盟。该书的出版引发了一场美国国内关于环境污染的全民大讨论,唤醒了民众的环境意识,环境保护运动得到迅速发展,并扩展至全世界。1970年4月22日,美国举行了规模宏大的环境保护运动,全美有2000多万人、约1万所中小学、2000所高校参加了这次活动,美国国会特意休会一天,让议员回到各自代表的地区参加宣讲活动。该运动促使各国政府相继建立环境保护机构,开始确立环境保护目标。环境保护的科研机构、相关专业、企业环境保护机构都相继产生,人类治理环境污染由此拉开序幕。

增加环境保护投资、建设污染控制和处理设施、制定污染物排放标准、实行环境立法等都是各国政府的最初做法,而且在一定的历史时期和范围内取得了显著的成绩。

[背景知识]

《寂静的春天》作者蕾切尔·卡森出生于宾夕法尼亚州,1932年在约翰·霍普金斯大学获动物学硕士学位。卡森在《寂静的春天》一书中,详细表述了环境保护的重要性。她通过环境理论及自己多年从事科研的大量数据,揭示了工业生产、日常生活排放的大量污水、烟雾以及化学有毒物对环境和人类生存造成的巨大危害,尤其当时广泛使用的农药。该书出版后,因为话题敏感——农药危害人类环境的预言,触及了许多人的切身利益,立刻成为那个时代一部争议激烈的书。卡森本人也不断遭到攻击与嘲弄。这些人或群体中,有相关农药企业,也有那个时代的科学家,甚至一些媒体。他们中,有些人是为了维持企业既得的巨额利润,更多的人还是对农药对环境危害的严重性认识不足。但这些攻击与嘲弄是无情的,致命的。人们说卡森"歇斯底里,是极端主义者",将她藐视为"自然的女祭司"。面对这些人身攻击,卡森克制、容忍。但理论上的指责更致命,当时的一种观点认为:"此争论赖以支撑的症结问题是,卡森坚持认为自然平衡是人类生存的主要力量;而当代化学家、生物学家和科学家坚信人类正牢牢地控制着大自然。"此时的卡森是孤独的,但她很顽强,并善于倾听。为了确保自己的调查和论证真实、正确,她对自己书中的每一次调查、每一个观点以及写作的每一个段落都认真地逐一复查核对,反复推敲,用无可辩驳的理论证明自己。后来的研究表明,卡森的警告"有不及而无过之"。她告诉世界:"人们恰恰很难辨认自己创造出来的魔鬼"。她说:"'控制自然'这个词是一个妄自尊大的想象产物"。她也多次在公众场合进行演讲、解说,甚至在美国国会与资本财团公开辩论。为此,时任总统肯尼迪专门指派工作组展开调查。最终,在政府层面,调查报告确认了关于杀虫剂潜在危害的警告。卡森所唤起的意识和关怀,催生了1970年美国国家环境保护局的设立,从而也在1972年全面禁止DDT的生产和使用。其后世界各国纷纷效法,目前几乎全世界已经没有DDT的生产工厂了。"人类正在毁灭于自己热爱的事物",卡森这样警示着狂热的人们。正是这本不寻常的书,唤起了人们的环境意识,促使环境保护问题提到了各国政府面前,各种环境保护组织纷纷成立,从而促使联合国于1972年6月12日在斯德哥尔摩召开了人类环境大会,并由各国签署了《联合国人类环境宣言》,开始了环境保护事业。

(二)末端治理存在的问题

通过多年的实践发现,仅着眼于控制排污口(末端),使排放的污染物通过治理达标排放的办法,虽然在一定时期内或在局部地区起到一定的作用,但并未从根本上解决工业污染问题。其原因表现在以下几方面。

(1)治理费用高,达到要求难。随着生产的发展和产品品种的不断增加以及人们环境意识的提高,对工业生产所排污染物的种类检测越来越多,规定控制的污染物(特别是有毒有害污染物)的排放标准也越来越严格,从而对污染治理与控制的要求也越来越高。为达到排放的标准,企业要花费大量的资金。大大提高了治理成本,同时运行管理费用也相应增加。即使如此,一些要求还是难以达到,所以偷排、漏排等现象严重。

据美国国家环境保护局统计,美国用于空气、水和土壤等环境介质污染控制的总费用

（包括投资费用和运行费用），1972 年为 260 亿美元，占国民总收入 GNI 的 1%，1987 年猛增至 850 亿美元，80 年代末达到 1 200 亿美元，占 GNI 的 2.8%。例如，杜邦公司每磅废物的处理费用以每年 20%～30% 的速率增加，焚烧一桶危险废物可能要花费 300～1 500 美元。即使如此之高的经济代价仍未能达到预期的污染控制目标。末端治理在经济上已不堪重负。

我国近几年用于三废处理的费用虽然仅占国内生产总值（GDP）的 0.6%～0.7%，但已使大部分城市和企业不堪重负。以上海地区为例，目前建设一座服务人口数量 30 万～40 万，处理能力 10 万 t 的污水处理厂需要投资 2 亿元人民币以上，每年的运行费用也要花费 1 000 万元。对于企业而言，普遍情况是污染物的处理与其经济收益相矛盾，因而企业治理污染的积极性普遍不高，需要政府和社会的强制性监督。

（2）彻底消除污染难。末端治理污染的办法一般是先通过必要的预处理，再进行生物化学处理后排放。但有些污染物是不可生物降解的污染物，传统的处理方法只能是稀释排放，这样不仅污染环境，甚至有的如果处理不当还会造成二次污染；有些污染物的治理只是将污染物转移，如废气变废水、废水变废渣、废渣堆放填埋，进而污染土壤和地下水，形成恶性循环，破坏生态环境。

（3）企业治理污染的积极性和主动性不高。只着眼于末端治理污染的办法，不仅需要高的投资，而且使一些有再利用价值的资源（包含未参与反应过程的原料）得不到有效的回收利用而流失，致使企业原材料消耗增加，产品成本增加，经济效益下降，从而影响企业治理污染的积极性和主动性。例如，城市垃圾中的玻璃、废纸、废塑料、废金属等固体废弃物，都具有重复利用价值；又如，工业生产过程产生的众多固体废物则更具有回收利用价值。但就是因为缺少有效的分拣和收集措施，缺少综合利用的途径和方法，致使上述可资源化的污染物难以回收再利用。

（4）在污染物排放标准上只注意浓度控制而忽视了总量控制。现行各类政策和法规大多只是规定污染物的排放浓度标准，对超标排放的企业单位进行限制和惩罚。这种做法忽视了环境容量，没有认识到环境质量是由污染物总量与环境容量决定的这一事实；没有将污染物的控制和削减与当地环境目标相联系。虽然区域内各企业均达到排放标准的要求，但污染物总量却超出区域环境容量的限值，因此环境污染的问题并未彻底解决。

实践证明，在污染前采取防治对策比在污染后采取措施治理更为节省，而且效果显著，即预防优于治理。日本环境厅于 1991 年报告，就整个日本的硫氧化物造成的大气污染而言，排放后不采取对策所产生的费用是预防这种危害所需费用的 10 倍。

发达国家通过治理污染的实践，逐步认识到防治工业污染不能只依靠治理排污口（末端）的污染，而要从根本上解决工业污染问题，必须以预防为主，将污染物消除在生产过程中，实行工业生产全过程控制。20 世纪 70 年代末以来，不少发达国家的政府和各大企业集团（公司）都纷纷研究开发和采用清洁工艺（少废、无废技术），开辟污染预防的新途径，把推行清洁生产作为经济和环境协调发展的一项战略措施。

（三）清洁生产的诞生及国内外的发展

清洁生产的提出，最早可追溯到 1976 年 11 月欧共体在巴黎举行的无废工艺和无废生产的国际研讨会。"无废工艺和无废生产"是清洁生产早期的一种说法。该会议提出，协调社会和自然的相互关系应主要着眼于消除造成污染的根源，而不仅仅是消除污染引起的后果。

1977 年 4 月，欧共体委员会就制定关于"清洁工艺"的政策。1984 年、1987 年又制定了欧共体促进开发"清洁生产"的两个法规，明确对清洁工艺生产工业示范工程提供财政支持。1984 年、1985 年、1987 年欧共体环境事务委员会三次拨款支持建立清洁生产示范工程。

1989 年，联合国环境规划署工业与环境规划活动中心根据联合国环境规划署理事会会议决议，制订组织一次世界范围内的清洁生产高级研讨会。

1992 年，联合国环境与发展大会通过了《21 世纪议程》，明确指出清洁生产是实现可持续发展的先决条件，也是工业界达到改善环境和保持竞争力和利润的核心手段。号召工业界提高能效、开发清洁生产技术，更新、替代对环境有害的产品和原材料，实现环境和资源的保护和有效管理。

1998 年 10 月，在韩国汉城（现称首尔）举行了第五次国际清洁生产高级研讨会，旨在提供关于如何改善其进展监测指标的建议，以及建立更好的清洁生产地区性举措，许多国家和大型跨国公司参与和签署了《清洁生产国际宣言》。

2000 年 10 月，联合国环境署在加拿大蒙特利尔市召开了第六次国际清洁生产高级研讨会，会议指出：政府应将清洁生产纳入所有公共政策的主体中，企业应将清洁生产纳入日常经营战略中，并指明清洁生产是可持续发展战略引导下的一场新的工业革命。

2002 年 4 月，联合国环境署在捷克布拉格召开了第七次清洁生产国际高级研讨会，会议主要议题：进一步强化政府政策，坚持清洁生产制度建设、在环境管理好国家经济发展政策与计划中使清洁生产成为主流、促进清洁生产的活动范围扩大到可持续消费领域、推行生命周期启动计划等。

2004 年 11 月，联合国环境署在墨西哥蒙特雷市召开了第八次国际清洁生产高级研讨会，会议主题是"环境与基本需求"和"全球挑战与商业"。

通过联合国环境署一次次的国际清洁生产高级研讨会，可以看出清洁生产不断在深化，人们对清洁生产的认识也在不断深入。因此，世界各地的清洁生产也在如火如荼地发展。

1. 美国

20 世纪 60 年代，美国在化工行业开展污染预防审计，发明了 4 个阶段、20 多个步骤的污染预防审计工作方法，从原料采购—生产过程—废物排放进行审计，这是清洁生产的起源。

1984 年，国会通过《污染保护与回收法——有害和固体废物修正案》，提出"废物最小化"政策。

1990 年，国会通过《污染预防法》，确定"污染预防"是美国的国策。《污染预防法》包括以下声明：①只要在可行的情况下，就应在源头防治或减少污染，这将是美国一项国策；②只要在可行的情况下，不能防治的污染应当对环境安全的方式加以回收利用；③只要在可行的情况下，不能防治或回收利用的污染物应当以对环境安全的方式处理；④处置或以其他方式向环境排放污染物只应作为最后选择并以对环境安全的方式进行。

1991 年,美国国家环境保护局(EPA)公布"污染预防战略",采取的具体计划与行动包括:①成立污染预防办公室,以协调污染预防活动;②建立美国污染预防研究所;③建立污染预防信息交换中心;④编辑出版污染预防指南和制药、机械维修、洗印等污染预防手册;⑤广泛启动清洁生产示范项目,鼓励中小企业以创新的方式开展污染预防,及时交流、推广污染预防工作中取得的经验。

2. 加拿大

加拿大成立全国污染预防办公室,制定法律法规,拨款、贷款、税收,制定目标计划;非政府组织和行业协会发挥了积极作用,并建立了信息交流系统。

3. 欧洲

瑞典在 1987 年最早开展"废物最小化评估"活动。荷兰、丹麦等国:清洁生产评估活动、"财政资助与补贴"等供给政策、清洁生产审计手册的应用、推广。经济合作与发展组织(OECD)在许多国家采取不同措施鼓励采用清洁生产技术,并开始把环境战略转向针对产品而不是处理工艺,引进生命周期分析,以确定在产品生命周期(包括制造、运输、使用和处置)中的哪一个阶段有可能削减或替代原材料投入和最有效并以最低费用消除污染物和废物。

4. 国内清洁生产发展动态

我国清洁生产的形成和发展概括为三个阶段:

1)第一阶段(1983～1992 年)——清洁生产引进消化阶段

20 世纪 80 年代,我国政府确定环境保护是我国一项基本国策,并提出"预防为主,防治结合"、"谁污染谁治理"等一系列环境保护原则,制定和修改《环境保护法》,确定新建企业和现有工业企业的技术改造,应当采用资源利用率高、污染物排放量少的设备和工艺,采用经济合理的废弃物综合利用技术和污染物处理技术。由国家环保局组织工业企业开发无废、少废工艺,在一些企业中进行试点等。1983 年,第二次全国环境保护会议,明确提出经济、社会、环境效益"三统一"的指导方针;在第一次全国工业污染防治工作会议和第二次全国环境保护会议中阐述工业污染防治中的一些预防思路与提法。

1989 年,联合国环境规划署提出推行清洁生产的行动计划后,清洁生产的理念和方法开始引入我国。

1992 年 8 月,国务院制定了《环境与发展十大对策》,提出"新建、改建、扩建"项目时,技术起点要高,尽量采用能耗物耗小、污染物排放量少的清洁生产工艺,清洁生产成为解决我国环境与发展问题的对策之一。

1992 年,发布《中国清洁生产行动计划(草案)》。这是我国国家环境保护局第一次国际清洁生产研讨会。

2)第二阶段(1993～2003 年)——清洁生产立法阶段

1993 年 10 月,国家环境保护局、国家经济贸易委员会在上海召开了第二次全国工业污染防治工作会议,确定了清洁生产在我国环境保护事业中的战略地位,在我国范围内逐步推行清洁生产。与此同时,国家制定修改了部分法律、法规,对全过程控制和清洁生产做了较为明确的规定。工业污染防治从末端治理向源头和生产全过程控制转变。

1994 年 3 月,国务院通过《中国 21 世纪议程——中国 21 世纪人口、环境与发展白皮书》,设立"开展清洁生产和生产绿色产品"方案领域,清洁生产成为中国可持续发展战略的重要组成部分。1994 年,国家经济贸易委员会与环保局利用世界银行技术援助,进行"推行中国清洁生产"项目研究,选定 25 家企业进行清洁生产示范(B-4 项目)。1994 年 12 月成立第一批国家、行业、地方清洁生产中心。

1996 年,《国务院关于环境环保若干问题的决定》明确规定所有新、扩、改项目采用能耗物耗小、污染物少的清洁生产工艺。

1997 年 4 月,国家环境保护局发布《关于推行清洁生产的若干意见》,要求地方环保部门将清洁生产纳入已有的环境管理政策中。

1998 年,国务院(253)号令《建设项目环境保护管理条例》明确规定工业项目应当采用清洁生产工艺。

1999 年 5 月,国家经济贸易委员会发布了《关于实施清洁生产示范试点的通知》,选择北京、上海等 10 个试点城市和石化、冶金等 5 个试点行业开展清洁生产示范和试点。这使清洁生产得到进一步发展。表现为:清洁生产已经从企业层次进一步扩展到行业;从企业的节能、降耗、减污,上升到更大范围的产业生态化。在清洁生产的组织方面,通过政府的主导作用,使清洁生产得到社会的认可和接受。1999 年,全国人大环境与资源保护委员会将《清洁生产法》的制定列入立法计划。

2000 年,国家经济贸易委员会公布《国家重点行业清洁生产技术导向目录(第一批)》(5 个行业 57 项技术)。

2002 年 6 月,全国人大常委会公布了《中华人民共和国清洁生产促进法》,标志着我国清洁生产进入法制化、规范化的发展轨道。

2003 年 1 月 1 日,开始施行《中华人民共和国清洁生产促进法》。

3) 第三阶段(2003 年至今)——清洁生产循序推进阶段

随着《中华人民共和国清洁生产促进法》的公布实施,清洁生产成为我国发展循环经济、实现可持续发展的核心内容,正引导着产业结构、产品结构、能源结构向环境友好方向发展,不仅使企业节能、降耗、减污、增效,而且大大增强了我国产品的国际竞争力,提高了我国的国际形象。

2003 年,国家环境保护总局"关于贯彻落实《清洁生产促进法》的若干意见";国务院办公厅转发 11 部《关于加快推行清洁生产的意见》,全面部署。2003 年,国家发展和改革委员会公布《国家重点行业清洁生产技术导向目录(第二批)》(5 个行业 56 项技术)。

2004 年,国家发展和改革委员会、国家环境保护总局颁布了《清洁生产审核暂行办法》(第 16 号令)。《清洁生产审核暂行办法》明确了企业实施清洁生产审核的义务,对应实施强制性清洁生产审核的企业,规定了清洁生产审核的时限,审核结果的上报以及企业不履行清洁生产审核义务应承担的法律责任;明确了政府部门推行清洁生产审核的监督管理和服务的职责,提出了建立健全清洁生产审核服务体系、规范清洁生产审核行为的要求;明确了清洁生产审核的内容、程序和方法,指导和帮助企业按照相关的程序和方法正确开展清洁生产审核。

2005 年,国务院印发《节能减排综合性工作方案》,提出全面推行清洁生产,促进节能减排。2005 年,国家环境保护总局制定《重点企业清洁生产审核程序的规定》(环发[2005]151 号),至 2006 年,18 个清洁生产标准、10 个行业清洁生产评价指标体系出台,第三批重点行业清洁生产技术导向目录公布。

2007 年 5 月,《国务院节能减排综合性工作方案》强制实行清洁生产审核。2007 年 8 月,《循环经济法》提交给全国人大常委会第二十九次会议一审。2007 年 10 月,修订后的《节约能源法》公布。节能减排三大体系文件都有清洁生产的相关内容要求。

2008 年 7 月,国家环境保护部印发了《关于进一步加强重点企业清洁生产审核工作的通知》(环发[2008]60 号)。

2009 年 1 月,《中华人民共和国循环经济促进法》实施。

2010 年 4 月,国家环境保护部印发了《关于深入推进重点企业清洁生产的通知》(环发[2010]54 号)。

2012 年 2 月 29 日,《中华人民共和国清洁生产促进法》进行修正,7 月 1 日正式施行。

截至 2009 年 3 月 8 日已公布:三批次清洁生产技术导向目录,42 个行业的清洁生产标准和 23 个行业的清洁生产评价指标体系。另外,自 1996 年以来已有多个省市颁布推行清洁生产的政策和地方法规,如《山东省清洁生产审核暂行办法》、《山东省清洁生产咨询服务机构管理暂行规定》等。到 2007 年,除了西藏自治区和海南省以外,全国其他所有省、自治区、直辖市和计划单列市均出台了有关清洁生产审核的地方性配套文件,共计 203 份。

[背景知识]

《中华人民共和国清洁生产促进法》(以下简称《清洁生产促进法》)于 2002 年 6 月 29 日经第九届全国人民代表大会常务委员会会议通过。该法以对清洁生产进行引导、鼓励和支持保障的法律规范为主要内容,不侧重直接行政控制和制裁,故称之为"促进法"。清洁生产在我国还是一个新生事物,是我国可持续发展的必由之路,通过制定法律,使政府推行清洁生产责任法制化,使鼓励清洁生产的政策措施法制化,使人们明确实施清洁生产的意义、责任和好处,促进清洁生产的推广和实施。

2003 年 1 月 1 日起正式实施的《清洁生产促进法》,是我国第一部以污染预防为主要内容,以清洁生产为主要手段,以节省资源、保护环境、促进社会经济可持续发展为根本目的的专门法律;该法包括总则、清洁生产的推行、清洁生产的实施、鼓励措施法律责任和附则共 6 章、42 条条款。概括来看,它为促进清洁生产构建了以企业为主体,包括政府指导和社会参与,由强制、激励、支持等多种作用机制组成的清洁生产实施推进体系。

二、清洁生产的基本概念

(一)清洁生产的朴素定义

一些国家在提出转变传统的生产发展模式和污染控制战略时,曾采用了不同的提法。中国称之为"无废少废工艺";欧洲国家称之为"少废无废工艺""无废生产";日本多称之为"无公害工艺";美国称之为"废物最少化""污染预防""减废技术"。此外,还有"绿色工艺""生态工艺""环境无害工艺""环境相容工艺""预测和预防战略""避免污染战略""环境工艺""过程与环境一体化工艺""再循环工艺""源削减"等提法。这些不同的提法实际上描述了清洁生产概念的不同方面,它们的共同点是偏重于企业层次。

从企业自身出发,寻找减少损失的途径和方法,概括起来主要包括以下几种。

(1)减少用水量。减少水的消耗量既是减少供水费用,同时也是减少废水产生量,降低企业废水治理投资费用。

(2)回收、利用和再生副产品。如润滑油、添加剂、催化剂、酸和其他排放到环境中的有用物质。

(3)变废为宝。工业废弃物如废渣,关键是要找到这些废物在其他行业中的商业用途。

清洁生产的本质就是从生产工艺中最大限度地减少原料或产品的损失(在工厂通常是指节省原材料和回收产品),追求的最终目标是削减污染和增加工厂经济效益。但是,此定义不具有学术思想,片面理解为清洁生产就是用现代化的资金密集技术替代旧的工艺技术。

(二)清洁生产的科学定义

1. 联合国环境规划署的定义

联合国环境规划署综合各种说法,采用了"清洁生产"这一术语来表征从原料、生产工艺到产品使用全过程的广义的污染防治途径。1989年,联合国环境规划署提出了清洁生产的最初定义:清洁生产是一种将综合预防的环境战略持续地应用于生产过程和产品中,以减少对人类和环境的风险性。清洁生产不包括末端治理技术,如空气污染控制、废水处理、固体废弃物焚烧或填埋。清洁生产通过应用专门技术,改进工艺技术和改变管理态度来实现。

但在该定义中并未涉及服务,因此,1996年,联合国环境规划署又对该定义进一步完善,完善后的定义为:清洁生产是一种新的创造性思想,该思想将整体预防的环境战略持续应用于生产过程、产品和服务中,以增加生态效率和减少对人类及环境的风险。

对生产过程要求节约原材料和能源、淘汰有毒原材料、减少降低所有废弃物的数量和毒性。

对产品要求减少从原料提炼到产品最终处置的全生命周期的不利影响。

对服务:要求将环境因素纳入产品设计和产品所提供的服务中。

关于生态效率的概念是由弗兰克·博斯哈特提出的。他是"世界可持续发展商业理事会"创始者之一。1992年,在巴西里约热内卢召开了联合国环境与发展大会,在会议报告中,将生态效率定义为:提供有价格竞争优势的、满足人类需求和保证生活质量的产品或服务,同时能逐步降低产品或服务生命周期的生态影响和资源强度,其降低程度要与估算的地球承载力相一致。

生态效率是一个技术与管理的概念,其关注的是最大限度地提高能源和物料投入的生产力,以降低单位产品的资源消费和污染物排放。这个概念可从以下两个方面来解释:

(1)生态效率作为一种管理工具,以实现污染预防和废物最小化,并且提高效率、降低费用和提高竞争优势。这就是环境和发展的"双赢"途径。支持这种观点的人认为经济产出可能在资源投入恒定或减少基础上增加。

（2）生态效率作为一种调整企业活动方向的措施,从而导致其商业文化、组织和日常行为的改变。支持这种观点的经济学家认为,经济产出应该保持恒定或下降,而资源投入应该大大减少。因此,从这个意义上来说,工业生态不过是生态效率在工业体系中的一个运用策略。

2. 美国国家环境保护局的定义

"废物最少化"和"污染预防"是美国国家环境保护局提出的。"废物最少化"是美国污染预防的初期表述,现已用"污染预防"一词代替。美国对"污染预防"的定义为:在可能的最大限度内减少生产场地所产生的废物量,包括通过源削减、提高能源效率、在生产中重复使用投入的原料以及降低水消耗量来合理利用资源。

污染预防定义中不包括以下几个方面:

（1）废物的厂外再生利用、废物处理、废物的浓缩或稀释。

（2）减少废物体积。

（3）有害性、有毒性成分从一种环境介质转移到另一种环境介质。

源削减是在进行再生利用、处理和处置以前,减少流入或释放到环境中的任何有害物质、污染物或污染成分的数量,减少与这些有害物质、污染物或组分相关的对公共健康与环境的危害。

常用的两种源削减方法是改变产品结构和改进工艺。其内容包括:①设备与技术更新;②工艺与流程更新;③产品的重组与设计更新;④原材料的替代;⑤科学管理（包括维护、培训或仓储控制）。

3.《中华人民共和国清洁生产促进法》（以下简称《清洁生产促进法》）中的定义

不断采取改进设计、使用清洁的能源和原料、采用先进的工艺技术与设备、改善管理、综合利用等措施,从源头削减污染,提高资源利用效率,减少或者避免生产、服务和产品使用过程中污染物的产生和排放,以减轻或者消除对人类健康和环境的危害。

从上述定义可以看出,清洁生产是一种通过产品设计、能源和原料选择、工艺改革、生产过程管理和物料内部循环利用等环节,使企业生产最终产生的污染物达到最少的工业生产方法。

它包括生产过程少污染无污染,也包括产品本身的"绿色",还包括这种产品废弃之后的可回收和处理过程的无污染。

清洁生产的英文名为 cleaner production,意为"更清洁的生产",这意味着清洁生产是一个相对概念,清洁的技术工艺、清洁的产品、清洁的能源、清洁的原料都是同传统的技术工艺、产品、能源和原料比较而言的。因此推行清洁生产是一个不断持续的过程,随着社会经济的发展和科学技术的进步,需要适时地提出更新的目标,达到更高的水平。

清洁生产是一种全新的发展战略,它借助于各种相关理论和技术,在产品的整个生命周期的各个环节采取"预防"措施,通过将生产技术、生产过程、经营管理及产品等方面与物流、能量、信息等要素有机结合起来;并优化运行方式,从而实现最小的环境影响、最少的资源和能源使用、最佳的管理模式以及最优化的经济增长水平。更重要的是,环境作为经济的载体,良好的环境可更好地支撑经济的发展,并为社会经济活动提供所需的资源和能源,从而实现经济的可持续发展。

三、清洁生产的主要内容

清洁生产的主要内容可归纳为"三清一控制"四个方面。

(一) 清洁的原料和能源

清洁的原料与能源,是指产品生产中能被充分利用而极少产生废物和污染的原材料和能源。选择清洁的原料与能源,是清洁生产的一个重要条件。

清洁的原料与能源的第一个要求是,能在生产中被充分利用。生产所用的大量原材料中,通常只有部分物质是生产中需用的,其余部分成为杂质,在生产的物质转换中,常作为废物而弃掉,原材料未能被充分利用。能源则不仅存在杂质含量多少的问题,而且还存在转换比率和废物排放量大小的问题。如果选用较纯的原材料与较清洁的能源,则杂质少、转换率高、废物排放少,资源利用率也就越高。

清洁的原料与能源的第二个要求是,不含有毒性物质。不少原料内含有一些有毒物质,或者能源在使用中、使用后产生有毒气体,它们在生产过程和产品使用中常产生毒害和污染。清洁生产应当通过技术分析,淘汰有毒的原材料和能源,采用无毒或低毒的原料与能源。

目前,在清洁生产原料和能源方面的措施主要有:清洁利用矿物燃料;加速以节能为重点的技术进步和技术改进,提高能源利用率;加速开发水能资源,优先发展水力发电;积极发展核能发电;开发利用太阳能、风能、地热能、海洋能、生物质能等可再生的新能源;选用高纯、无毒原材料。

(二) 清洁的生产过程

清洁的生产过程指尽量少用、不用有毒、有害的原料,选择无毒、无害的中间产品,减少生产过程的各种危险性因素,采用少废、无废的工艺和高效的设备,做到物料的再循环,简便、可靠的操作和控制,完善的管理等。

清洁生产过程包括:①尽量少用、不用有毒有害的原料以及稀缺原料;②保证中间产品的无毒、无害;③减少生产过程中的各种危险性因素,如高温、高压、低温、低压、易燃、易爆、强噪声、强振动等;④选用少废、无废的工艺和高效的设备;⑤进行厂内外物料的再循环;⑥采用可靠、简便的生产操作和控制方法,完善生产管理等。

(三) 清洁的产品

清洁的产品,就是有利于资源的有效利用,在生产、使用和处置的全过程中不产生有害影响的产品。清洁产品又称绿色产品、环境友好产品、可持续产品等。清洁的产品是清洁生产的基本内容之一,清洁的产品要有利于资源的有效利用。

清洁的产品包括:①产品设计应考虑节约原材料和能源,少用昂贵和稀缺的原料;②产品在使用过程中以及使用后不含危害人体健康和破坏生态环境的因素;③产品的包装合理;④产品使用后易于回收、重复使用和再生;⑤ 使用寿命和使用功能合理。

（四）贯穿于清洁生产中的全过程控制

贯穿于清洁生产中的全过程控制包括两方面的内容，即生产原料或物料转化的全过程控制和生产组织的全过程控制。

生产原料或物料转化的全过程控制，也常称为产品的生命周期的全过程控制。它是指从原材料的加工、提炼到产出产品、产品的使用直到报废处置的各个环节所采取的必要的污染预防控制措施。

生产组织的全过程控制，也就是工业生产的全过程控制。它是指从产品的开发、规划、设计、建设到运营管理，所采取的防治污染发生的必要措施。

四、清洁生产的目标和基本原则

（一）清洁生产的目标

清洁生产的主要目标在于：实现生产全过程污染的优化控制、节能降耗技术的开发、协调污染排放与环境的相容、绿色产品的研制与生产。总之，清洁生产的目标就是减少污染物的产生，只有减少污染物的产生才能实现污染预防。

清洁生产内部涉及人类社会生产和消费两大领域，是生态和经济两大系统的结合点，它谋求达到以下两个目标：

（1）通过资源的综合利用，短缺资源的高效利用或代用，二次资源的利用及节能、降耗节水、合理利用自然资源，减缓资源的耗竭。

（2）减少废物和污染物的生成和排放，促进工业产品的生产、消费过程与环境相容、降低整个工业活动对人类和环境的风险。

这两个目标的实现将体现工业生产的经济效益、社会效益和环境效益的统一，保证国民经济的持续发展。

（二）清洁生产的基本原则

根据清洁生产的生态原理及其概念，在实行清洁生产时，应考虑遵循以下基本原则。

（1）系统性。系统性要求我们不是孤立地看待问题，而要把考察对象置于一定的系统之中，分析它在系统中的层次、地位、作用和联系。例如，考察一个工序，首先应认清该工序在整个流程中的地位和作用，与邻近工序和后续工序的联系。开发一个流程，就要看到它在工业生产网络中的地位、原料来源、废料处置与其他生产的协调等。评价它的活动，不但要看其经济效益，还要兼顾其生态后果。设计一个产品，则应从生产—消费—复用全过程加以考察，除了制定它的生产工艺，还要安排它使用报废后的去向。遵循系统性的原则，就可以打破"隔行如隔山"的心理障碍，把貌似不相干的事物联系在一起，把一些各自为政的环节统一起来。

（2）综合性。工业上所用的原料几乎都是综合性的，如煤、石油、矿石、木材等，它们都不是单一的组成，而是具有多组分的复杂系统，所以利用的方式不是"单打一"，而必须加以综合利用。有色冶金工业接近1/3的产值是由伴生元素提供的，而几乎全部的银、铋、铟、镉、钼族元素,20％的金,30％的硫,也都是在加工综合矿的过程中提取的。

（3）物流的闭合性。物流的闭合性是无废生产和传统工业生产的原则区别。当前最现实的是要将工厂的供水、用水、净水统一起来,实现用水的闭合循环,达到无废水排放。闭合性原则的最终目标是有意识地在整个技术圈内组织和调节物质循环。

（4）生态无害化。清洁生产同时应该是无害工艺,不污染空气、水体和地表土壤,不危害操作人员和居民的健康,不损害风景区、休憩区的美学价值。这个原则的实现有赖于有效的环境监测和环境管理。

（5）生产组织的合理性。旨在合理利用原料,优化产品的设计和结构,降低能耗和原料,减少劳动力用量,利用新能源和新材料等。例如,黄铁矿烧渣用于水泥生产,虽然实现了硫酸生产的清洁生产,但是这种解决方法却不能认为是合理的,因为这样做损失了其中的有色金属、贵金属和铁,合理的利用应先设法提取这些有用组分,如采用高温氯化提取等,然后再制水泥。

五、清洁生产的意义和特点

（一）清洁生产的意义

人类在创造世界、改造世界的过程中,就要向大自然进行索取,在利润诱惑下,资源过度开发、消耗,环境被污染和生态平衡破坏,已触及世界每一个角落,人们开始反思并重新审视已走过的路,认识到建立新的生产方式和消费方式,清洁生产是必然的选择。

1. 清洁生产是实现可持续发展战略的重要措施

可持续发展的两个基本要求——资源的永续利用和环境容量的持续承受能力都可通过实施清洁生产来实现。清洁生产可以促进社会经济的发展,通过节能、降耗、节省防治污染的投入降低生产成本,改善产品质量,促进环境和经济效益的统一。清洁生产可以最大限度地使能源得到充分利用,以最少的环境代价和能源、资源的消耗获得最大的经济发展效益。

2. 清洁生产可减少末端治理费用,降低生产成本

目前,我国经济发展是以大量消耗资源粗放经营为特征的传统发展模式,工业污染控制以末端治理为手段。末端治理作为目前国内外控制污染最重要的手段,对保护环境起到了极为重要的作用。然而,随着工业化发展速度的加快,末端治理这一污染控制模式已不能满足新型工业化生产的需要。首先,末端治理设施投资大、运行费用高,造成工业生产成本升高,经济效益下降;其次,末端治理存在污染物转移等问题,不能彻底解决环境污染;最后,末端治理未涉及资源的有效利用,不能制止自然资源的浪费。

清洁生产彻底改变了过去被动的、滞后的污染控制手段,强调在污染产生之前就予以削减,它通过生产全过程控制,减少甚至消除污染物的产生和排放,这样不仅能减少末端治理设施的建设投资,同时也减少了治污设施的运行费用,从而大大降低了工业生产成本。

3. 清洁生产能给企业带来巨大的经济效益、社会效益和环境效益

首先,清洁生产的本质在于实行污染预防和全过程控制,是污染预防和控制的最佳方式。清洁生产是从产品设计、替代有毒有害原材料,优化生产工艺和技术设备、物料循环和废物综合利用多个环节入手,通过不断加强科学管理和科技进步,达到节能、降耗、减污、增效的目的,在提高资源利用率的同时,减少污染物的排放量,实现经济效益和环境效益的统一。

其次,清洁生产与企业的经营方向是完全一致的,实行清洁生产可以促进企业的发展,提高企业的积极性,不仅可以使企业取得显著的环境效益,还会给企业带来诸多其他方面的效益。

(1)促进科学管理的提高。科学管理是新型工业化取得良好经济效益的有效保证,而清洁生产则是提高新型工业化科学管理水平的有效手段。因为清洁生产是一个系统工程,一方面它强调提高企业的管理水平,提高包括管理人员、工程技术人员、操作工人在内的所有员工在经济观念、环境意识、参与管理意识、技术水平、职业道德等方面的素质;另一方面它通过制定科学的奖励机制,把生产过程中的原辅材料、水、电、汽、能源消耗量和费用等定额,按照目前国内外同行业清洁生产所能达到的最高水平进行修订和完善,然后将其转化为目标成本,量化分解到各生产车间、工段、岗位和个人,以达到"节能、降耗、减污、增效"之目的。

(2)提高企业竞争能力。质量好、成本低、服务优是产品竞争的基础。企业的环境好、无污染,使企业具有一个良好的形象,这些都可增加消费者对企业产品的信任度,对产品占领市场无疑会起到重要的作用。特别是在我国加入世界贸易组织(WTO)的新形势下,环境与贸易问题将成为今后国际经济合作中的焦点问题之一。为了维护我国在国际贸易中的合法权利,有效保护我国工业企业的经济利益,尽可能地减少发达国家愈演愈烈的"绿色壁垒"对我国出口贸易的负面影响,避免与环境相关的非关税贸易壁垒,只有提供符合环境标准的清洁产品,才能在国际市场竞争中处于不败之地。因此,只有推行清洁生产,才能使我国的工业企业在激烈的国际市场竞争中处于有利地位。

(3)为企业生存、发展营造环境空间。企业的环保关系着企业的生存和发展,当它成为社会不稳定因素时企业有可能被关闭。当企业实行清洁生产,做到增产、增效、不增污时,就为企业的生存和发展营造了环境空间;同时,废弃物处理、处置设施也会取得相应的余量,从而可减少新增设施的投资和运行费用。

(4)避免或减少污染环境的风险。全员的预防意识、完好的预防设施、严密的制度、严格的管理,可以避免突发性重大污染事故的发生,消除或减少对末端治理的负荷冲击和二次污染。

(5)改善职工的生产、生活环境。可改善职工的操作和生活环境,减轻对职工身心健康的影响。

(6)为取得 ISO14000 认证做好准备。

（二）清洁生产的特点

清洁生产包含从原料选取、加工、提炼、产出、使用到报废处置及产品开发、规划、设计、建设生产到运营管理的全过程所产生污染的控制。执行清洁生产是现代科技和生产力发展的必然结果，是从资源和环境保护角度上要求工业企业一种新的现代化管理的手段，其特点有如下。

（1）这是一项系统工程。推行清洁生产需企业建立一个预防污染、保护资源所必需的组织机构，要明确职责并进行科学的规划，制定发展战略、政策、法规。是包括产品设计、能源与原材料的更新与替代、开发少废无废清洁工艺、排放污染物处置及物料循环等的一项复杂系统工程。

（2）重在预防和有效性。清洁生产是对产品生产过程产生的污染进行综合预防，以预防为主、通过污染物产生源的削减和回收利用，使废物减至最少，以有效地防止污染的产生。

（3）经济性良好。在技术可靠前提下，执行清洁生产、预防污染的方案，进行社会、经济、环境效益分析，使生产体系运行最优化，即产品具备最佳的质量价格。

（4）与企业发展相适应。清洁生产结合企业产品特点和工艺生产要求，使其目标符合企业生产经营发展的需要。环境保护工作要考虑不同经济发展阶段的要求和企业经济的支撑能力，这样清洁生产不仅推进企业生产的发展而且保护了生态环境和自然资源。

单元三 清洁生产理论基础

［单元目标］

1. 了解系统控制理论。
2. 了解可持续发展理论。
3. 环境承载力理论。
4. 理解三种理论之间的关系。

［单元重点难点］

1. 清洁生产的三个理论基础：系统控制理论、可持续发展理论、环境承载力理论。
2. 系统控制理论、可持续发展理论、环境承载力理论和清洁生产之间的关系。

一、系统控制理论

（一）系统的概念和特点

系统是由相互依赖、相互作用的若干组成部分结合而成，具有特定功能的有机体。

一个系统应该具有下述三个特征：①整体性，系统是由各个组成部分结合而成的整体；②关联性，系统的各个元素是按一定方式或要求结合起来的，通过元素之间的联系来完成某些特定的功能；③目的性，一个系统，特别是人造系统都有特定的功能和目的，系统的运转是一种有目的的行为。系统还有其他特性,如系统的动态性、环境适应性、层次性等。

系统的概念是相对的。从某种功能来说一个系统是一个独立的系统,从更为广泛的功能来说,它可以是另一个系统的子系统。

(二)生产系统

1. 生产系统的概念

生产系统是从事产品生产的系统。例如,企业、工厂、车间都可视为一个生产系统。生产系统所需的原材料和能量直接或间接来源于自然环境,生产的产品推向市场(社会系统),生成的废物直接或间接排入自然环境。

2. 生产系统分类

(1)按成因分为自然系统(不受人干预)、人工系统、复合系统(介于自然与人工之间的系统)。

(2)按时间状态分为动态系统、稳定系统。

(3)按与周围环境关系分为开放系统、封闭系统。

同一生产系统可归不同的分类系统,如污染控制系统是复合系统、动态系统、开放系统。

3. 生产系统特征

(1)集合性(层次性)。系统是由两个以上相互独立、相互制约的元素组成,如制造系统是由机器、操作者、工具、材料、图纸等组成。也可认为大系统由小系统组成。

(2)目的性。系统具有特定功能。

(3)相关性。一个要素的变化会影响其他要素。

(4)整体性。系统由独立要素组成,且以统一的整体存在。

(5)适应性。系统存在于环境之中,环境对系统有约束作用,如生产系统的约束主要来自社会系统、自然系统、经济环境等。

(三)生产系统的物质流及物质平衡

1. 生产系统工艺流程

(1)生产系统工艺流程是生产过程(含生产工序)的框图。例如,用硫铁矿生产硫酸的工艺流程为

硫铁矿→破碎和配矿(原料工序)→煅烧(生成 SO_2 的单元操作过程)→炉气净化→SO_2 催化氧化→SO_3 吸收生产硫酸→成品

(2)生产系统设备流程是工艺过程的主要工艺设备框图。

2. 化工生产中原料消耗量与产品量的关系

(1)转化率。参加反应的原料量占投入设备原料量的质量分数。

(2)产率。生成产品消耗的原料量占参加反应的原料量的质量分数。

(3)收率。生成产品消耗的原料量占投入设备原料量的质量分数。

3. 生产系统的物质平衡

生产系统的物质平衡亦即物料衡算是研究系统内进出物料量及组成的变化,能量衡算是进行工艺设计、过程经济评价、节能分析及过程最优化的基础。

物料衡算有两种作用,一是诊断作用,即通过分析判断,提出改进措施;二是设计新的设备或装置。

物料衡算的理论依据:质量守恒定律。

将物质平衡理论应用到生产过程中,得到以下三个结论:①从质量守恒定律的角度看待经济的生产和消费过程;②在经济系统中,生产活动和消费活动是在进行一系列的物理反应和化学反应,遵从质量守恒定律,严格来说,标准的经济学分配理论是关于服务的,而不是关于物质实体的,物质实体只是携带某种服务的载体;③无论商品是被生产还是被消费,实际上只是提供了某些效用、功能和服务,其物质实体仍然存在,最终或者被重新利用,或者被排入自然环境中。

基于以上结论,根据废物有没有循环利用,建立了两种概念模型。

1) 当废物没有循环利用时

令 E 为环境的物质储量,E^* 为环境对经济系统的物质投入,$E^{\wedge}$ 为经济系统向环境排放的污染物,K 为经济系统的物质沉淀(积累),则物质平衡模型可表示为

$$E^* = E^{\wedge} + K$$

如果生产和消费过程中不存在积累,即 $K=0$ 时,$E^* = E^{\wedge}$。

投入的环境物质最终必然以污染物的形势返回环境,如图 1-8 所示。在这个物质流动过程中,环境物质投入的唯一功用就是为人类提供了服务,即图 1-8 中虚线箭头所示。

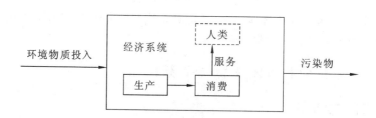

图 1-8　废物没有循环利用时的概念模型

2) 当生产和消费过程中有废弃物的循环利用时

如果现实经济中,生产和消费过程都存在积累,即 $K>0$ 时,$E^* = E^{\wedge} + K$

如图 1-9,循环利用,污染物就有可能返回生产过程,成为原材料的一部分,再次被利用。在这一条件下,图 1-8 可以变为图 1-9。

物质平衡理论说明:排污现象不可避免,外部不经济性是普遍现象。外部性影响资源的最优配置,因此,对资源的最优配置理论"帕累托最优"(最适度)的条件,除了"完全竞争市场""信息充分"等条件外,还应加上"外部性影响为零"。

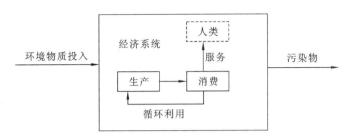

图 1-9　废物有循环利用时的概念模型

4. 生产系统的能量平衡

（1）生产系统的能量平衡。生产系统的能量平衡是指生产系统各子系统利用和损失的能量，又称热平衡。

$$系统总输入热量＝系统总支出热量＋系统储存热量变化值$$

（2）生产系统的能量平衡指标。生产系统的能量平衡指标是指用来衡量系统（子系统、设备或企业）的能耗、用能水平和能源管理程序的指标。可分为以下几类：①单耗，单位产量或产值的某种能耗；②综合能耗，单位产量或产值的综合能耗；③可比能耗，单位标准产品产量的综合能耗；④设备热效率，有效热占供给热的百分率；⑤企业能源利用率，用能设备总有效热占能源供给热的百分率；⑥装置能量利用率，有效热占进入装置全部能量的百分率。

（3）等价热量。等价热量是指为得到一个单位的二次能源或一个单位的耗能工质（如压缩空气、氧气、各种水等）在工业实际中要消耗的一次能源的热量。

（四）生产系统与清洁生产之间的关系

清洁生产是一项综合性的系统工程，无论是从生产企业方面，还是从政府部门方面，或是从社会公众方面，都能体现出清洁生产的战略地位及其极端重要性，从而反映出清洁生产与社会各系统的密切关系。清洁生产的有效实施必须遵循系统原理和系统工程方法，协调处理好各方面关系，使之成为社会各界的共同事业。

（1）作为清洁生产实施主体的生产单元企业，要把清洁生产作为企业系统的头等大事来抓，广泛动员，精心组织，使全厂各部门、各车间、各班组和全体员工都充分认识和支持清洁生产，并从人力、物力、资金、技术上给予保证，使全厂上下形成强大的气氛和合力，保证清洁生产顺利进行。

（2）清洁生产虽然实施在企业，但其有效实施必须建立在企业、政府与公众三者良好的协调关系。特别是政府要在宏观经济发展规划和产业政策中纳入清洁生产的内容，以引导和约束企业；要为企业清洁生产的实施提供组织保证和政策支持以及必要的财力支持和技术指导。同时要进一步加强政府部门、企业和公众的清洁生产意识，提高清洁生产知识和技术水平。

（3）清洁生产实质上是以污染预防为主的环境保护战略，政府环保部门和环保系统应将清洁生产纳为自己重要的工作内容和支持对象，大力鼓励和扶持企业清洁生产，把企业的清洁生产当作自己的事业一样对待,给予政策上、业务上、技术上的支持和指导。

(4)清洁生产是循环经济的基石和纽带,而循环经济涉及社会上众多的相关部门和相关企业。因此,清洁生产应得到社会各部门各企业的广泛协作和支持,通过社会生产过程的物质循环,不仅结成彼此相关的资源综合利用工业链,而且形成社会性的清洁生产大气候,促进循环经济蓬勃开展。

(5)清洁生产是一种新型的生产方式,应用着大量新的科研成果和技术措施。因此,国家的各级科技部门、社会各种形式的科研单位和大专院校,都应以清洁生产为己任,及企业清洁生产之所急,大力研发节能降耗、物料再生、防污减污等新设备、新工艺和新技术,给企业清洁生产以最广泛、最有效的技术支持。

(6)环境保护是全民的事业,清洁生产是保护环境的根本措施,各级宣传部门和教育部门应担当起环境保护宣传教育的责任。宣传部门应采取各种行之有效的办法在全民范围内开展环保和清洁生产的宣传教育,教育部门应在全国大、中、小学校的全体学生中开设环保(含清洁生产)教育课程或讲座,以提高全民的环保意识,了解清洁生产知识,世代相承,形成全民节省资源、预防污染、爱护自然环境的良好习惯和道德风尚,促进人类与环境友好相处,生产与生态和谐发展。

二、可持续发展理论

(一)含义

(1)世界环境与发展委员会(WCEO)提出的含义是既满足当代人需要,又不对后代满足其需要的能力构成危害的发展。

(2)全国资源环境与发展研讨会(1995年,运城)提出的含义,其根本点就是社会经济发展与资源环境相协调,其核心在于生态与经济相协调。

(3)谋求在经济发展、环境保护和生活质量的提高之间实现有机平衡的方法。

(二)内容

在具体内容方面,可持续发展涉及可持续经济、可持续生态和可持续社会三方面的协调统一,要求人类在发展中讲究经济效率、关注生态和谐和追求社会公平,最终达到人类的全面发展。这表明,可持续发展虽然缘起于环境保护问题,但作为一个指导人类走向21世纪的发展理论,它已经超越了单纯的环境保护。它将环境问题与发展问题有机地结合起来,已经成为一个有关社会经济发展的全面性战略。

1. 在经济可持续发展方面

可持续发展鼓励经济增长而不是以环境保护为名取消经济增长,因为经济发展是国家实力和社会财富的基础。可持续发展不仅重视经济增长的数量,更追求经济发展的质量。可持续发展要求改变传统的以"高投入、高消耗、高污染"为特征的生产模式和消费模式,实施清洁生产和文明消费,以提高经济活动中的效益、节约资源和减少废物。从某种角度上,可以说集约型的经济增长方式就是可持续发展在经济方面的体现。

2. 在生态可持续发展方面

可持续发展要求经济建设和社会发展要与自然承载能力相协调。发展的同时必须保护和改善地球生态环境,保证以可持续的方式使用自然资源和环境成本,使人类的发展控制在地球承载能力之内。因此,可持续发展强调了发展是有限制的,没有限制就没有发展的持续。生态可持续发展同样强调环境保护,但不同于以往将环境保护与社会发展对立的做法,可持续发展要求通过转变发展模式,从人类发展的源头、从根本上解决环境问题。

3. 在社会可持续发展方面

可持续发展强调社会公平是环境保护得以实现的机制和目标。可持续发展指出世界各国的发展阶段可以不同,发展的具体目标也各不相同,但发展的本质应包括改善人类生活质量,提高人类健康水平,创造一个保障人们平等、自由、教育、人权和免受暴力的社会环境。这就是说,在人类可持续发展系统中,经济可持续是基础,生态可持续是条件,社会可持续才是目的。21 世纪人类应该共同追求的是以人为本的自然-经济-社会复合系统的持续、稳定、健康发展。

(三)基本原则

可持续发展是一种新的人类生存方式。这种生存方式不但要求体现在以资源利用和环境保护为主的环境生活领域,还要求体现到作为发展源头的经济生活和社会生活中。贯彻可持续发展战略必须遵从以下基本原则。

1. 公平性原则(fairness)

可持续发展强调发展应该追求两方面的公平:一是本代人的公平即代内平等。可持续发展要满足全体人民的基本需求和给全体人民机会以满足他们要求较好生活的愿望。当今世界的现实是一部分人富足,而世界 1/5 的人口处于贫困状态;占全球人口 26％ 的发达国家耗用了占全球 80％ 的能源、钢铁和纸张等。这种贫富悬殊、两极分化的世界不可能实现可持续发展。因此,要给世界以公平的分配和公平的发展权,要把消除贫困作为可持续发展进程特别优先的问题来考虑。二是代际间的公平即世代平等。要认识到人类赖以生存的自然资源是有限的。本代人不能因为自己的发展与需求而损害人类世世代代满足需求的条件——自然资源与环境,要给世世代代以公平利用自然资源的权利。

2. 持续性原则(sustainability)

可持续性原则的核心思想是指人类的经济建设和社会发展不能超越自然资源与生态环境的承载能力。这意味着,可持续发展不仅要求人与人之间的公平,还要顾及人与自然之间的公平。资源和环境是人类生存与发展的基础,离开了资源和环境,就无从谈及人类的生存与发展。可持续发展主张建立在保护地球自然系统基础上的发展,因此发展必须有一定的限制因素。人类发展对自然资源的耗竭速率应充分顾及资源的临界性,应以不损害支持地球生命的大气、水、土壤、生物等自然系统为前提。换句话说,人类需要根据持续性原则调整自己的生活方式、确定自己的消耗标准,而不是过度生产和过度消费。发展一旦破坏了人类生存的物质基础,发展本身也就衰退了。

3. 共同性原则（common）

鉴于世界各国历史、文化和发展水平的差异，可持续发展的具体目标、政策和实施步骤不可能是唯一的。但是，可持续发展作为全球发展的总目标，所体现的公平性原则和持续性原则，则是应该共同遵从的。要实现可持续发展的总目标，就必须采取全球共同的联合行动，认识到我们的家园——地球的整体性和相互依赖性。从根本上说，贯彻可持续发展就是要促进人类之间及人类与自然之间的和谐。如果每个人都能真诚地按"共同性原则"办事，那么人类内部及人与自然之间就能保持互惠共生的关系，从而实现可持续发展。

（四）可持续发展与清洁生产的关系

清洁生产给人们以全新的概念，即把工业生产污染预防纳入可持续发展战略的高度，可持续发展理论成为清洁生产的理论基础，清洁生产是可持续发展理论的实践，实施清洁生产是走向可持续发展的必然选择。

1. 清洁生产促进社会可持续发展

1992年，在巴西召开的环境发展大会，通过《21世纪议程》，制定了可持续发展重大行动计划，将清洁生产作为可持续发展关键因素，得到了共识。清洁生产可大幅度减少资源消耗和废物产生，通过努力还可使破坏了的生态环境得到缓解和恢复，排除匮乏资源困境和污染困扰，走工业可持续发展之路。

2. 清洁生产开创防治污染新阶段

清洁生产改变了传统的被动、滞后的先污染、后治理的污染控制模式，强调在生产过程中提高资源、能源转换率，减少污染物的产生，降低对环境的不利影响。

3. 清洁生产避开了末端治理

目前，我国经济发展是以大量消耗资源粗放经营为特征的传统发展模式，工业污染控制以末端治理为手段，这虽使一些局部环境得到好转，为环境保护起到了积极作用，但一些城市、企业也承受不起为此付出的高昂费用。代之而起的是把废物消灭在生产过程中，使企业由以消耗大量资源和粗放经营为特征的传统发展模式向集约型转化。

总之，推广清洁生产，是实现可持续发展自身要求的技术条件，是我国经济沿着健康、协调道路发展的重要保证，是实现社会主义精神文明、提高民族整体素质的重要组成部分。实现清洁生产不单是一个工业企业的责任，也是国民经济的整体规划和战略部署，需要各行各业共同努力，转变传统的发展观念，改变原有的生产与消费方式，实现一场新的工业革命。

[背景知识]

1992年6月，联合国环境与发展大会在巴西里约热内卢召开，会议通过了《21世纪议程》。《21世纪议程》是一个广泛的行动计划。它提供了一个从20世纪90年代起至21世纪的行动蓝图，内容涉及与全球持续发展有关的所有领域，是人类为了可持续发展而制定的行动纲领。

《21世纪议程》全文分4篇。第一篇包括序言、社会和经济等内容。第二篇主要是促进发展的资源保护和管理。第三篇目的是加强主要团体的作用。第四篇主要针对实施手段而言。其基本思想是,人类正处于历史的关键时刻,我们正面对着国家之间和各国内部长期存在的悬殊现象、不断加剧的贫困、饥饿、疾病和文盲问题以及人类福利所依赖的生态系统的持续恶化。在这种情况下,把环境问题和发展问题综合处理并提高对这些问题的重视,将会使基本需求得到满足、所有人的生活水平得到改善、生态系统得到较好的保护和管理,并给全人类提供一个更安全、更繁荣的未来。

在《21世纪议程》中,各国政府提出了详细的行动蓝图,从而改变世界目前的非持续的经济增长模式,转向从事保护和更新经济增长和发展所依赖的环境资源的活动。行动领域包括保护大气层,阻止砍伐森林、水土流失和沙漠化,防止空气污染和水污染,预防渔业资源的枯竭,改进有毒废弃物的安全管理。另外还提出了引起环境压力的发展模式:发展中国家的贫穷和外债,非持续的生产和消费模式,人口压力和国际经济结构。行动计划提出了加强主要人群在实现可持续发展中所应起的作用——妇女、工会、农民、儿童和青年、土著人、科学界、当地政府、商界、工业界和非政府组织。

三、环境承载力理论

(一)概念

承载力(carrying capacity,CC)是用以限制发展的一个最常用概念。现被用于说明环境或生态系统所能承受发展的特定活动能力的限度。它被定义为"一个生态系统在维持生命机体的再生能力、适应能力和更新能力的前提下,承受有机体数量的限度",承载力意味着我们应该在对环境造成总的冲击与我们所估计的地球环境承受能力之间有足够的安全余地。

确定区域环境的承载力时,必须同时考虑资源、基础设施和生产活动,还要考虑社会对生活质量的偏好。承载力一般应包括四个方面的内容:①生产过程赖以进行的资源;②人们对生活水平的期望,包括物质需求和服务需求;③生产原料和生活用品分配方式及提供服务的基础设施;④环境对生产和消费过程中产生的废物的同化能力。

显然,定义承载力必须依赖于建立某些限制因素与增长因素之间的定量关系,这些关系是很难确定的。在大多数情况下,承载力并不是某一地域的内在的某种数值,环境能承受的冲击在很大程度上取决于环境管理者对环境维护的目标。

环境是人类社会存在和发展的物质载体。它不仅为人类的各种活动提供空间场所,也供给这些活动所需的物质资源和能量。环境承载力最初就是用来概述人类活动所具有的支持能力的。

从环境科学的角度分析,环境问题的产生是由于人类社会经济活动超越了环境的限度而引起的。环境问题出现的原因是多样的,如人口过多对环境的压力加大,生产过程资源利用率低造成资源浪费及污染物的大量产生,毁林开荒引起生态失调等,都可以归结为人类社会经济活动。

北京大学等单位于1991年在湄洲湾环境规划的研究中,科学定义了环境承载力的含义。环境承载力是指在某一时期、某种状态或条件下,某地区的环境所能承受人类活动作用的阈值,其大小可以人类活动作用的方向、强度和规模来加以反映,不同的地区、不同的人类开发活动水平将对该地区的环境产生不同强度的影响。开发强度不够,社会生产力低下,会直接影响人民群众的生活水平;开发强度过大,又会影响、干扰以致破坏人类赖以生存的环境,反过来会制约社会生产力,因此人类要掌握环境系统的运动变化规律,了解发展中经济与环境相互制约的辩证关系,在开发活动中做到发展生产与保护环境相协调,就要做到既高速发展生产又不破坏环境,或是经过人工改造,使环境朝着人类进步的方向发展,促进人类文明的不断提高和自然资源的持续利用。

(二)环境承载力的特点和本质

区域环境是一个开放系统,它与外界不断进行着物质、能源、信息的交换,同时在其内部也始终存在着物质、能量的流动。随着科学技术的发展,人类社会经济活动的规模与强度明显加大,环境系统与外界及环境系统内部的物质、能量、信息的流动会更加强烈。因此应掌握环境承载力的特点。

(1)客观性。在一定的时期内,区域环境系统在结构、功能方面不会发生质的变化。由于环境承载力是环境系统结构特征的反映,因而,在环境系统结构不发生本质变化的前提下,环境承载力在质和量这两种规定性方面是客观的,即是可以把握的。

(2)变动性。环境系统结构变化,一方面与其自身的运动有关;另一方面主要与人类对环境所施加的作用有关。这种变化反映到环境承载力上,就是在质和量这两种规定上的变动。在质的规定性上的变动表现为环境承载力指标体系的改变;在量的规定性上的变动表现为环境承载力指标值大小的改变。

(3)可控性。环境承载力具有变动性,这种变动性在很大程度上是由人类活动加以控制的人类在掌握环境系统运动变化规律和经济-环境辩证关系的基础上,根据生产和生活实际的需要,可以对环境进行有目的的改造,使环境承载力在质和量两方面朝着人类预定的目标变化。

人类改造环境的目的,在很大程度上是为了提高环境承载力。例如,兴修水利是为了减少灾害,实际上就是提高环境承载力。由此,环境承载力的本质首先表现在它并不是固定不变的,而是可以因人类对环境的改造而变化的。

(1)环境承载力是一个客观的量,是环境系统的客观属性,在分析把握环境承载力时不能只从"量"上来入手,还应从"质"的方面来掌握,正是在"质"的规定性方面环境承载力与人类社会经济活动直接相联系。

(2)特定范围的环境,对于特定的人类活动所具有的支持能力有一定的阈值,即环境承载力是一定的。因此可以用环境承载力来衡量环境与人类活动是否协调。有环境科学专家提出,当人类活动强度/环境承载力≤1时,可以认为人类活动与环境是协调的。由此说明,环境承载力概念从本质上反映了环境与人类社会经济之间的辩证关系。

(三)环境承载力的研究范围及量化分析

环境承载力的研究包括三个方面:环境承载力的内容、环境自净能力以及环境本底值。如在城市的环境承载力的研究中就要考虑毗邻地区的土地资源合理开发利用,水资源的合理开发利用,水资源和水环境自净能力的利用,大气环境稀释、自净能力的合理利用,土壤的自净能力;同时还要考虑水体、大气、土壤等污染物的本底值。

由于环境承载力是用以衡量人类社会经济活动与该地区环境条件协调适配程度的,因此应从统计的观点出发,根据一些经验数据和预测数据,利用数理统计知识,找出影响环境承载力的因素(发展变量与限制变量)之间的关系,来对某一时段内的区域环境承载力进行定量分析。

计算区域环境承载力的关键是寻找发展变量与限制变量的关系。发展变量是反映人类活动强度的量;限制变量是反映人类活动起支持或限制作用的变量,是反映环境资源条件的变量。

环境承载力可量化指标包括以下三种。

(1)自然资源类指标。淡水、土地、矿产、生物等均属于此类,可以用种类、数量及开发条件来表征。

(2)社会条件类指标。人口、交通、能源、经济状况、信息等属于此类,它们分别可以从不同的角度来加以表征。

(3)污染承载能力类指标。可以用有关污染物在大气、水体、土壤中的迁移、扩散转化能力(自净能力)以及它们现有的含量(本底值)和敏感限值(即相应的环境标准)来表征。

研究区域环境承载力,可以指导工业的布局,探讨经济发展的潜力及资源的分配,帮助人们建立社会经济持续发展的观念,指导人类从事经济活动。

单元四　绿色化学与清洁生产

[单元目标]

1. 了解绿色化学的原理、研究内容。

2. 掌握绿色化学的主要实现途径。

3. 掌握清洁生产和绿色化学的关系。

[单元重点难点]

1. 绿色化学的原则、研究内容。

2. 绿色化学与清洁生产之间的关系。

目前,绝大多数的化工技术都是20多年前开发的,当时的加工费用主要包括原材料、能耗和劳动费用。近年来,化学工业向大气、水和土壤中排放了大量的有毒有害物质,以1993年为例,美国仅按365种有毒物质排放估算,化学工业的排放量为136万 t。加工费用又增加了废物控制、处理和埋放、环保监测、达标、人身保险、事故责任赔偿等费用。例如,1992年,美国化学工业用于环保的费用为1 150亿美元,而清理已污染地区花去了7 000亿美元;1996年,美国 Du Pont 公司的化学品销售额为180亿美元,环保费用为10亿美元。因此,从环保、经济和社会的要求看,化学工业不能再承担使用和产生有毒有害物质的费用,人们将目光转向了绿色化工技术。绿色化学作为未来化学工业发展的方向和基础,越来越受到各国政府、企业和学术界的关注。

绿色化学又称环境友好化学、环境无害化学、清洁化学。绿色化学是用现代化学的原理和方法来减少或消除对人类和环境有害的原料、催化剂、溶剂、试剂、产物、副产物的使用和产生,使所开发的化学产品和过程更加友好。绿色化学是从源头上阻止污染的化学,是防治污染的最好办法。

绿色化学与传统化学的不同在于前者更多地考虑环境、经济和社会的和谐发展,使环境资源的化学变换体系成为一种更有效的运行模式,对环境支持系统具有更小的破坏作用,进而改善环境质量,促进人类和自然关系的协调。传统化学只对目标产物有兴趣,常用收率和选择性这两个指标来评价化学效率,而对这一化学过程中所产生的其他物质统统视为废物,对环境和资源关注很少。

一、绿色化学的原理:十二条原则

1998 年,Anastas 和 Warner 明确了绿色化学的十二条原则,简称前十二条。

(1) 防止污染优于污染治理。防止废物的产生优于在其生成后再进行处理或者清理。

(2) 原子经济性。合成方法应被设计成能把反应过程中所用的材料尽可能多地转化到最终产物中。

(3) 绿色合成。只要可行,合成方法应被设计成能使用和产生对人类健康和环境无毒性或很低毒性的物质。

(4) 设计安全化学品。化工产品应被设计成既保留功效,又降低毒性。

(5) 采用无毒无害的溶剂和助剂。应尽可能避免使用辅助性物质,如溶剂、分离剂等;须用时应使用无毒的。

(6) 合理使用和节省能源,利用可再生的资源合成化学品。应认识到能源消耗对环境和经济的影响,并应尽量少地使用能源。合成应在常温和常压下进行。

(7) 绿色原料。只要技术和经济上可行,原料或反应底物应是可再生的而不是将耗竭的。

(8) 减少衍生物。应尽可能避免不必要的衍生化(阻断基团、物理和化学过程的暂时的修饰)。

(9) 催化。催化性试剂(有尽可能好的选择性)优于化学计量试剂。

(10) 设计可降解化学品。化工产品应被设计成在完成使命后不在环境中久留并降解为无毒的物质。

(11) 污染的快速检测和控制。分析方法须进一步发展,以便在有害物质的生成前能够进行即时的和在线的跟踪及控制。

(12) 减少或消除制备和使用过程中的事故和隐患。在化学转换过程中,所用的物质和物质的形态应尽可能降低发生化学事故的可能性,包括泄漏、爆炸和火灾。

二、绿色化学的主要研究内容

绿色化学的任务是开发环境友好的化学品和生产过程,绿色化学的最终目标是从源头上防止污染。为了实现这一目标,我们必须重视两个方面的工作:一是开发以"原子经济性"为基本原则的新化学反应过程;二是改进现有的化学工业,减少和消除污染。绿色化学的主要研究内容包括以下几个方面。

（一）新的化学反应过程研究

在原子经济性和可持续发展的基础上,研究合成化学和催化的基础问题,即绿色合成和绿色催化问题。在有机化学品的生产中,有许多新的化学流程正在研究开发。如以新型钛硅分子筛为催化剂,开发烃类氧化反应;用过氧化氢氧化丙烯制环氧丙烷;用过氧化氢氨氧化环己酮合成环己酮肟;用催化剂的晶格氧作烃类的选择性氧化剂。这些新流程的开发是绿色化学领域中的新进展。

（二）传统化学过程的绿色化学改造

这是一个很大的开发领域。如在烯烃的烷基化反应生产乙苯和异丙苯生产过程中需要用酸催化反应,过去用液体酸 HF 催化剂,而现在可以用固体酸分子筛催化合成,并配合固定床烷基化工艺,解决了环境污染问题。

（三）能源中的绿色化学问题和洁净煤化学技术

我国现在的能源结构中,煤是主要能源。由于煤含硫量高和燃烧不完全,造成 SO_2 和大量烟尘排出,使大气污染。我国每年由燃烧排放的 SO_2 近 1 600 万 t,烟尘达 1 300 万 t。由 SO_2 产生的酸雨对生态环境的破坏十分严重。因此,研究和开发洁净煤化学技术是当务之急,这方面要重视研究催化燃烧技术、等离子除硫除尘、生物化学除硫等新技术。严格控制排放标准和监察大气的质量,这是大气净化中的重要任务。

（四）资源再生和循环使用技术研究

自然界的资源有限,因此人类生产的各种化学品能否回收、再生和循环使用也是绿色化学研究的一个重要领域。世界塑料的年产量已达 1 亿 t,大部分是由石油裂解成乙烯或丙烯,经催化聚合而成的。这 1 亿 t 中约有 5% 经使用后当年就作为废弃物排放,如包装袋、地膜、饭盒、汽车垃圾等。我国推广地膜覆盖面积达 7 000 万亩,塑料用量高达 30 万 t,"白色污染"和石油资源浪费十分严重。西欧各国提出 3R 原则:第一是降低(reduce)塑料制品的用量;第二是提高塑料的稳定性,提倡推行塑料制品特别是塑料包装袋的再利用(reuse);第三是重视塑料的再资源化(recycle),回收废塑料、再生或者再生产其他化学品、燃料油或焚烧发电、供气等。同时在矿物资源方面也有 3R 原则的问题。开矿提炼和制造金属材料是大量消耗能源和劳动力的工业,如铝材现已广泛应用于建材、飞机和日用品等方面,而纯铝要电解法制备,是一个大量耗电的工业,应该做好铝废弃物的回收和再生技术研究。

（五）综合利用的绿色生化工程

综合利用绿色生化工程,如用现代生物技术进行煤的脱硫、微生物造纸以及生物质能源等的研究。

三、绿色化学常见的实现途径

（一）采用环境友好型催化剂

早在 20 世纪初，催化现象的客观存在启示人们去认识催化现象及催化剂。1976 年，国际纯粹与应用化学联合会（IUPAC）公布的催化作用的定义是"催化作用是一种化学作用，是靠用极少而本身不被消耗的一种物质叫作催化剂的外加物质改变化学反应速率的现象"。催化作用被发现以后，在现代化学工业、石油化工工业、食品工业以及其他一些行业中，都广泛地使用着各种各样的催化剂。可以说，化学工业上的重大变革、技术进步大多都是由于新的催化材料或新的催化技术而产生的。要发展环境友好的绿色化学，其中新的催化方法是关键。开发无污染物排放的新工艺以及有效的治理废渣、废液、废气污染过程，都需要开发使用新型的无毒、无害催化剂。

催化剂能够改变化学反应速率，但它本身并不进入化学反应的计量，一切催化剂的共性是具有较高的活性，这是改变反应速率的关键特性。这是人们过去选择催化剂首先考虑的最重要的原则，但在绿色化学中，人们把催化剂的活性放在次要地位，首先考虑的原则是催化剂对反应所具有的选样性，即催化剂对反应类型、反应方向和产物的结构所具有的选择性。例如，乙醇可以进行 20～30 个工业反应，得到不同用途的产物，它既可以脱水生成乙烯或乙醚，也可以脱氢生成乙醛，还可以脱氢脱水生成丁二烯。

目前，研究开发、选择使用绿色催化剂比较现实可行的方法，是从现有的经验和布局理论出发、综合各方面因素，去考虑催化剂、助催化剂和载体这三大部分的化学成分及其结构材料的选择。首先，定性地选择合适的催化剂，进而对其进行定量的优化。目前常见的绿色催化工艺有：①固体酸催化剂，利用混合氧化物、杂多酸、超强酸、沸石分子筛、金属磷酸盐、硫酸盐、离子交换树脂等固体酸，代替传统液体酸催化剂，用于烃类裂解、重整、异构等石油炼制以及包括烯烃水合、芳烃烷基化、醇酸酯化等石油化工在内的一系列重要工业领域；②烃类晶格氧催化剂选择氧化，采用晶格氧催化剂工艺代替传统工艺，避免气相氧对烃类分子的深度氧化，提高目的产物的选择性；③酶催化作为生物催化剂的酶，是生物体内一类天然蛋白质，本质上和一般催化剂一样，但其具有高催化效率、高选择性、反应条件温和、无污染等优点；④纳米材料催化剂，其具有独特的晶体结构及表面特性（表面键态与内部不同、表面原子配位不全等），因而纳米材料催化剂的催化活性和选择性都大大优于常规催化剂，甚至原来不能进行的反应也能进行。

（二）采用无毒无害的介质

许多化工生产（反应、分离）过程都需要使用大量的溶剂。由于有机化工产品种类、数量在化工产品中占绝对大量，因此不得不广泛使用大量的有机溶剂。在涂料、漆、塑料、橡胶、化纤、医药、油脂等加工使用过程中也广泛使用大量的有机溶剂。此外，在机械、电子、文具等精密仪器器件的清洗，乃至于服务业如服装干洗过程中都需要大量的各种溶剂。

使用量最大、最常见的溶剂主要有石油醚、苯类芳香烃、醇、酮、卤代烃等。目前，这些有机溶剂绝大部分部是易挥发、有毒、有害的，在使用过程中，相当大一部分经过挥发进入了空气中,在太阳光的照射下,容易在地面附近形成光化学烟雾,导致并加剧人们的肺气肿、支气管炎,甚至诱发癌症病变。此外,这些溶剂还会污染水体,毒害水生动物及影响人类的健康。因此,挥发性有机化合物(VOC)是造成大气环境污染的主要废弃物之一。随着保护环境的呼声日益高涨,各国纷纷制定、采取各种限制和减少挥发性有机溶剂排放的措施,力图减轻对环境的危害。研究开发采用无毒无害的溶剂去取代易挥发性的、有毒有害的溶剂,减少环境污染,也是绿色化工生产中的一项重要内容。目前,无公害溶剂的主要研究方向有水与超临界水、超临界 CO_2 等。

(三)强化绿色化工的过程与设备

化学工业发展的一个鲜明趋势是安全、高效、无污染的生产,其最终目标是将原料全部转化为预定期望的产品,实现整个生产过程的废弃物零排放。为实现这一目标,除了主要从前面所讨论的化学反应工艺路线、原材料选取、催化剂、助剂及溶剂选取等方面去考虑之外,还可通过强化化工生产与设备去达到。

强化绿色化工生产过程可以有许多方法,除了前面提到的超临界流体用助剂外,还有生产工艺过程集成、优化控制、超声波、微波等新技术。

(四)环境友好化工材料的应用

环境友好材料是具有良好使用性能,并对资源和能源消耗少,对生态环境污染小,再生利用率高或可降解循环利用,在制备、使用、废弃直到再循环利用的整个过程中都与环境协调共存的一大类材料。在绿色化工方面,环境友好材料主要体现在:①绿色精细化工产品,如水处理剂、胶黏剂、绿色表面活性剂、聚合物添加剂、燃料添加剂等;②可降解塑料的应用,主要类型有光降解塑料、生物破坏型塑料、生物可降解塑料;③绿色涂料的应用,包括高固含量剂型涂料、水基涂料、液体无溶剂涂料、粉末涂料等;④绿色润滑剂,如植物油、合成脂等。

(五)清洁燃料能源生产

全球由燃烧矿物燃料产生的一氧化碳(CO)、碳氢化合物和氮氧化合物、几乎一半是由汽油机、柴油机排放的。目前,全球每年消费 10×10^8 t 汽油,在使用中挥发物、燃烧产物中大量有毒有害物质对人类生活环境和大气层有很大影响,世界各国炼油工业都把符合绿色环保要求作为迈向 21 世纪的通行证。这就要求对燃料油的各项指标重新进行审议。

21 世纪世界各国都先后进入使用超清洁/超低排放车用汽油/柴油时期。发达国家在 20 世纪后期已经开始使用清洁汽油及低硫柴油。世界燃料委员会 2000 年颁布了《世界燃料规范》,对汽/柴油的分类、质量指标和适用范围做了严格规定,要求世界各国参照执行。1999 年,我国国家环境保护总局公布了《车用汽油有害物质控制标准》,促使石化工业提高汽油质量,提供清洁燃料。21 世纪的超清洁/超低排放车用汽油、柴油的主要质量指标是进一步降低硫、烯烃和芳烃含量,把汽车尾气中的有害物质降低到最低程度。

目前清洁燃料能源生产的主要途径有:①采用清洁燃油,利用重整清洁化技术、催化裂化汽油清洁化技术、异构化汽油技术、烷基化汽油技术、吸附脱硫技术、生物脱硫技术等实现燃油清洁化;②采用天然气、液化石油气、含氧化合物、氢气等作为汽车替代燃料;③燃料电池的应用。

四、绿色化学和清洁生产的关系

绿色生产是清洁生产的重要组成部分,生产过程是一个复杂的物质转化的输入输出系统,输入的是资源和能源;输出的其中一部分转化为产品,而另一部分转化为废物,排入环境。产品在使用后最终也转变成废弃物,置于环境中。为了提高生产过程的效益(高的经济效益和良好的社会效益),生产过程在输出满足要求产品的同时,应具有较低的输入和较高的输出,尽量减少废物,削减或消除污染,使生产过程达到有效地利用输入,且具有优化输出的结果,如图 1-10 所示。

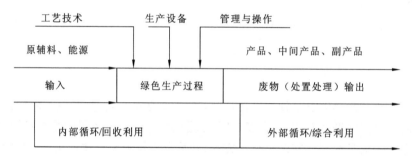

图 1-10　绿色生产过程的基本途径

由此可见,绿色化学与清洁生产的指导思想是一致的,绿色化学是清洁生产的重要组成部分。

第二模块 清洁的原料与能源

模块重点

　　该模块重点是实现清洁生产的两个途径清洁的原料和能源,重点掌握原料的绿色化学评价、实现清洁原料的途径、能源的分类、传统能源的弊端以及新能源种类和优势。

模块目标

　　通过本模块的学习,使受训者掌握实现清洁生产的两个重要途径清洁的原料与能源,并通过多个实际案例的介绍,深刻体会这两个途径的重要性,提高实际清洁生产改造的能力。

模块框架

单元序列	名　称	内　容
单元一	清洁原料的概述	本单元重点介绍清洁的原料评价方法和实现途径
单元二	清洁的原料在化工行业的应用	通过 5 个典型案例清洁原料碳酸二甲酯、有毒原料氢氰酸的替代、CO_2 的综合利用、绿色溶剂——超临界 CO_2、绿色催化剂——分子筛催化剂的介绍,深刻体会清洁原料的重要性
单元三	能源的概述	包括能源的分类、对环境的影响、发展趋势以及传统能源煤炭和石油的现状
单元四	清洁能源在化工行业的应用	重点介绍了生物质资源、太阳能、氢能、风能、清洁燃料和洁净煤技术

单元一 清洁原料的概述

[单元目标]

 1. 掌握清洁原料绿色化学评价的三个方面。

 2. 掌握实现清洁原料的七个途径。

[单元重点难点]

 1. 原料三个方面的绿色化学评价。

 2. 实现清洁原料的七个途径。

 3. 理解清洁原料对于清洁生产的重要性。

一、概述

  化学工业的最大魅力在于化学合成,正是通过化学合成,人类创造出了许多自然界未曾有过的物质,并赋予这些物质以丰富、多样的功能,为人类的生存、生活和发展服务,使世界变得更加绚丽多姿。但在化学合成过程中,所使用原材料的选择是至关重要的,它决定应采用何种反应类型、应选择什么加工工艺等诸多其他的因素。一旦选定了初始原料,许多后续方案便可确定,成为这个初始决定的必然结果。初始原料的选择也决定了其在运输、储存和使用过程中可能对人体健康和环境造成的危害性。因此,原料的选择是十分重要的,要考虑各个方面的影响,如合成过程的效率、对人类健康和环境的影响等。寻找替代且环境友好的原料是绿色化学的研究内容之一。原料在化学品的合成中非常重要,其可以成为影响一个化学品的制造、加工与使用的最大因素之一。如果一个化学品的原料对环境有负面的影响,则该化学品也很可能对环境具有净的负面影响。正是由于这个原因,当对一个化学品或过程进行绿色化学评定时,原料的评价是基本的内容之一。

  原料对一个化学品整体性能的影响程度取决于许多因素,如化学品制造过程的复杂性、制造步骤的多少等。如果化学品的制备是一步的催化变换,则原料的环境性能对产品是很重要的。相反,如果最终产物需要经过很多步合成及复杂的加工与净化过程完成,则原料的重要性在一定程度上被减弱。但无论在何种情况下,对原料的评价均是绿色化学评定一个产品或过程的第一步。

  原料的绿色化学评价一般从以下几个方面进行。

(一)原料的起源

  原料评价的第一个内容是原料的起源,即原料是开采的、炼制的还是合成的。这里要评价的一个问题是,原料的起源会带来什么后果。如果一个化学品来源于一个没用的副产品,而这种副产品正好需要处置,那么这个化学品作为原料来使用,可能具有很好的环境方向的优点。相反,如果一个化学品来源于某一消耗有限自然资源的过程,或来源于一个可导致不可消除的环境破坏的过程,则该化学品作为原料的使用可能导致严重的负面环境影响。正是由于这个原因,人们必须首先考虑原料起源问题。

(二)原料的可更新性

绿色化学评价的另一问题是原料是可更新的,还是耗竭的。当然,只要给定足够的时间,所有的物质均是可更新的。但进行绿色化学评价时,这个时间概念一般指相对人类生命可以接受的时间尺度。因此,通常将石油及其他基于化石燃料的原料看成是枯竭资源,而将基于生物质和农作物残渣的原料看成是可更新的资源。

有时某一原料根据其起源的不同,可认为是可更新资源,也可认为是不可更新资源。在使用 CO_2 作碳资源材料时,若认为 CO_2 来自化石燃料燃烧,则其是耗竭的资源;若认为 CO_2 来自生物质的燃烧时,则其是可更新的资源。在许多情况下,这种争论是没有定论的。

在进行原料分析时,其可获得性是很重要的。一个日益枯竭的原料不仅具有环境方面的问题,还有经济上的弊端。因为一个枯竭的原料将不可避免地引起制造费用与购买价格的升高,因此,如果其他因素均相同,一个可持续获得的原料优于一个日益枯竭的原料。

(三)原料的危害性

绿色化学评价中,每一步的一个中心问题都是要考虑对人类健康与环境的内在危害性。因此,必须对原料进行评价以确定其是否具有长期毒性、致癌性、生态毒性等。一个化学品制造中原料的选择所决定的影响并不只限于原料本身的直接影响。如果所选择的原料要求使用一个毒性很大的试剂来完成合成路径中的下一步化学转换,则这种原料的选择间接地引起了对环境更大的负面影响。有时一个环境无害的、可更新的原料,由于它的使用所要求的下游物质,也可能对人类健康与环境造成危害。因此,在进行绿色化学评价时,不仅要评价所涉及物质的本身,还应考虑其使用可能导致的影响与间接后果。

通过对原料的绿色化学评价,在选择原料时应尽量使用对人体和环境无害的材料,避免使用枯竭或稀有的材料,尽量采用回收再生的原材料,采用易于提取、可循环利用的原材料,使用环境可降解的原材料。

二、实现清洁原料的途径

原辅材料利用的清洁化,是指自然资源利用的最合理化。在选择资源上要坚持无毒无害的原材料,利用可再生资源,大力开发新材料,寻求替代品等。在使用原材料上要坚持节约利用原材料、实施节能降耗措施、现场循环利用物料等原则。这是清洁生产的源头环节,既决定着产品的质量和功能,也影响清洁生产的效果和效率。

(一)采用清洁原料

清洁原料是指产品生产中能被充分利用而极少产生废物和污染的原材料,包括清洁的材料、可更新的材料、含能量较低的材料、可再循环利用的材料。选择清洁原料是清洁生产的一个重要条件。清洁原料的第一个要求是可以在生产中被充分利用。生产产品所用的大量原材料中,通常只有部分物质是生产中需要的,其余部分成为杂质,在生产物质的转换过程中,常作为废物被弃掉,即原材料未能充分利用。如果选用纯度高的原材料,则杂质少,转换率高,废物的排放量相应减少。第二个要求是清洁的原料中不含有毒、有害物质。如果原料内含有有毒、有害物质,在生产过程和产品使用中常产生毒害和环境污染。清洁生产应当通过技术分析,淘汰有毒、有害的原材料,采用无毒或低毒的原料。总之,在清洁原料的使用和选择上,要用无毒材料代替有毒材料,减少有害物料的使用,以及优化原材料的使用,提高原材料的使用效率。

(二)采用可再生、可更新原料

原材料尽可能采用可再生或可更新的原料,如植物原料、纸张、塑料以及钢铁、铝品、玻璃等。应尽量避免使用不可再生或需要很长地质世纪才能再生的原料,如石油、煤炭等矿物燃料以及金属铜、锌、金、银等稀缺材料。

(三)采用低能耗原料

低能耗原料是指生产和获得这种原料不耗能或少耗能的原料。在原料的采用和生产过程中需要的工艺过程越复杂,所需消耗的能源就越多。这种在采掘和生产过程消耗大量能源的原料称为高能耗原料,如铝、铜、碳纤维材料等,都属于高能耗原料。但对铝、碳纤维等高能耗原料的使用又需要综合考虑。铝的冶炼过程需要消耗大量的能源,但由于其重量较轻且不易锈蚀,又便于回收利用,且在运输业、建筑业以及群众生活中被经常使用。碳纤维也属于高能耗材料,但其使用过程中具有良好的强度、硬度及抗老化等优良特性而能节省能源。因此,清洁生产中尽可能选用低能耗原料,但如果某些原材料虽然高耗能获得却在后续使用过程中耗能少又便于使用,仍在选用之列。

(四)采用可再循环原材料

再循环原材料是指那些较易回收再循环利用的原材料,如纸张、塑料、铝、钢及其他金属材料。再循环材料在材质和节能上具有一定的优势,只要运用得当,不但能节约能源消耗,降低生产成本,而且减少废物污染和填埋费用,还能开拓企业新的原材料来源甚至新的来源。

再循环原材料的选择应遵循下列准则:①针对一种产品或部件仅选用几种可再循环材料,以便今后再循环;②如果选择一种材料不可行,就选择某一组相互兼容的材料;③为了进行再循环,应避免使用那些难以分离的材料,如复合材料、叠层材料、填充材料、阻燃材料及玻璃纤维等;④尽可能选用市场上已经存在的可再循环材料;⑥避免再循环产生其他污染,如可能残留的黏合剂和难以处理的废渣,以及其他有碍再循环的细小零部件等。

(五)减少原材料使用量

在不影响产品的技术寿命和产品质量的前提下,产品设计应致力于产品体积的最小化和产品重量的轻型化,以减少原材料消耗;由于产品体积减小和重量减轻,使用的原材料减少,从而节约了宝贵的资源,也相应减少了废物的产生,同时还减少运输和储备的空间,减轻由于运输和储备而带来的环境压力;另外,要采取有效的技术措施和管理办法,大力减少废品损失,从而降低材料消耗和生产成本,减少废物对环境的污染。

（六）原材料有效利用和替代

原材料是工艺方案的出发点,它的合理选择是有效利用资源、减少废物产生的关键因素。因此,要做到原材料的有效利用,首先要做好原材料的选择和替代,它包括以无毒、无害和少害原料替代有害原料;改变原料配比或降低其使用量;保证或提高原料的质量、进行原料的加工以减少产品的无用成分;采用二次资源或废物作原料替代稀有短缺资源的使用等。其次,要改革工艺与设备。包括利用最新科技成果,开发新工艺、新设备,简化生产流程、减少工序和所用设备;使工艺过程易于连续操作;减少开车、停车次数,保持生产过程中的稳定性;提高单套设备的生产能力,装置大型化,以强化生产过程;优化工艺条件,如温度、流量、压力、停留时间、搅拌强度、预处理、工序顺序等。最后,改进运行操作管理。很多工业生产中原材料的浪费和废物污染,相当程度上是由生产过程中管理不善造成的;实践证明,规范操作强化管理,往往可以通过较小的费用而提高资源利用效率,并削减相当比例的污染。因此,优化改进操作、加强生产管理,经常是清洁生产中最优先考虑、也是最容易实施、最少费用开支的清洁生产手段,具体措施包括合理安排生产计划;改进物料储存方法,加强物料管理;加强设备维护保养,保证设备完好,消除物料的跑冒滴漏等。

（七）生产系统内部循环利用

一个企业生产过程中的废物循环利用,是物料再循环的基本方式和基本原则。物料的循环再利用的基本特征是不改变主体流程,仅将主体流程中的废物加以收集处理再利用。它通常包括:将废物、废热回收作为能量利用;将流失的原料、产品回收,返回主体流程中使用;将回收的废物分解处理成原料或原料组分,复用于生产流程中;组织闭路用水循环或一水多用等。

单元二　案例分析:清洁的原料在化工行业的应用

[单元目标]

1. 了解清洁的原料是实现清洁生产的重要途径。
2. 提高学生实际分析能力和清洁生产改造的能力。

[单元重点难点]

1. 通过五个案例深入了解清洁的原料在化工行业的应用。
2. 分析清洁的原料对达到清洁生产目的的重要性。

一、清洁原料:碳酸二甲酯

（一）碳酸二甲酯介绍

碳酸二甲酯(dimethyl carbonate,DMC)是一个绿色化学品,常温下是无色液体,沸点

$90.1\,℃$,熔点 $4\,℃$,相对分子质量 90.08,密度 $1.069\,g/cm^3$,折射率 $1.369\,7$,微溶于水,无毒,可与醇、醚、酮等几乎所有的有机溶剂混溶,对金属无腐蚀性。其分子结构独特（$CH_3O—CO—OCH_3$）,含有两个具有亲核作用的碳反应中心,即羰基和甲基。当 DMC 的羰基受到亲核攻击时,酰基-氧键则断裂,形成羰基化合物。因此,在碳酸衍生物合成过程中,DMC 作为一种安全的反应试剂可代替光气作羰基化剂。当 DMC 的羰甲基受到亲核攻击时,烷基-氧键断裂,生成甲基化产品。因此,它能代替硫酸二甲酯（DMS）作为甲基化剂。

另外,DMC 具有优良的溶解性能,与其他溶剂的相溶性好,还具有较高的蒸发温度及蒸发速度快等特点,可以作为溶剂用于涂料溶剂和医药行业用的溶煤等。DMC 分子中的氧含量高达 53%,DMC 有提高辛烷值的功能,作为最有潜力的汽油添加剂而备受国内外关注。

DMC 不仅可以取代光气和 DMS 等有毒化学品作羰基化剂、甲基化剂和羰基甲氧基化剂,还可用其独特的性质来制造许多衍生物,如异丁酸酯、季铵盐类、氨基甲酸酯类、芳香族甲胺类、氨基醇类、羟胺类、二苯基碳酸酯类、异氰酸酯类、环状碳酸酯类、脂肪族聚碳酸酯类、烷基碳酸酯类、烯丙基碳酸酯类、酮基酯类、丙二酸盐、丙二酰脲类、氰基酯类、肼基甲酸酯类等。显然,DMC 既可代替传统工艺生产聚碳酸酯、异氰酸酯、聚碳酸酯二醇、碳酸烯丙基二甘醇、苯甲醚、西维因、四甲基醇胺;又能用于长链烷基碳酸酯、卡巴肼、碳酸肼、对称二氨基脲等新产品生产。

目前有两条具有工业意义的 DMC 合成路线,一是以 CO、O_2 和甲醇为原料的甲醇氧化碳基化法,即煤化路线;二是以 CO_2、环氧丙（乙）烷和甲醇为原料的酯交换法,即石化路线。石化路线选用廉价的 CO_2（一般由废气回收）,而煤化路线采用 CO 和 O_2（由煤气化、变压吸附分离 CO 和空气）为原料;石化路线联产丙（乙）二醇（也可看作生产丙/乙二醇的新工艺）,具有 100% 的原料利用率;而煤化路线将副产 CO_2 和 H_2O。石化路线又可分为环氧乙烷和环氧丙烷法。

（二）煤 化 路 线

煤化路线（甲醇氧化碳基化法）:甲醇、CO 和 O_2 直接氧化羰基化合成碳酸二甲酯的方法有液相法和气相法两种工艺,关键是催化剂的选用。

液相法以意大利 EniChem 公司为代表。该工艺分两步进行,首先甲醇、O_2 和氯化亚铜反应生成甲氧基氯化亚铜,然后与 CO 反应生成 DMC:

$$2CuCl+2CH_3OH+1/2O_2 \longrightarrow 2Cu(OCH_3)Cl+H_2O$$
$$2Cu(OCH_3)Cl+CO \longrightarrow CH_3OCOOCH_3+2CuCl$$

用水作萃取剂把甲醇萃取出来,以实现 DMC 和甲醇共沸物的分离。DMC 的选择性以甲醇计为 98%（mol）,DMC 的总收率为 95%（mol）。

气相法是日本宇部兴产公司开发的。使用在活性炭上吸附 $PdCl_2/CuCl_2$ 的催化剂,于 $100\,℃$ 和常压下反应,对 DMC 的选择性为 96%（mol）。整个反应如下:

$$CO+1/2O_2+2CH_3OH \longrightarrow CO(OCH_3)_2+H_2O$$

该反应实际上分两步进行,第一步是 NO 与甲醇和 O_2 反应生成亚硝酸甲酯:

$$2NO+1/2O_2+2CH_3OH \longrightarrow 2CH_3ONO+H_2O$$

第二步是 CO 与亚硝酸甲酯反应生成 DMC 和 NO：

$$CO+2CH_3ONO \longrightarrow CO(OCH_3)_2+2NO$$

宇部法 DMC 的工艺流程如图 2-1 所示。

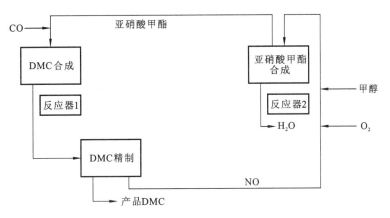

图 2-1　宇部法 DMC 的合成工艺流程示意图

该工艺也生成少量的甲酸甲酯、CO_2、乙酸甲酯和甲缩醛，并能生成硝酸。但该工艺催化剂易再生，采用固定床反应器，在大型装置上有其明显的优势。

（三）石化路线（酯交换法）

在合成 DMC 的酯交换法中，较有意义的是以碳酸亚乙酯或碳酸亚丙酯与甲醇进行酯交换合成 DMC。该工艺路线是美国 Texaco 公司开发的，从环氧乙烷出发，先和 CO_2 合成碳酸亚乙酯，在催化剂作用下，与甲醇进行酯基转移，从而实现联产 DMC 和乙二醇。可选用有叔胺功能性的弱碱性凝胶型阴离子交换树脂、铊催化剂、沸石等多种催化剂。最有效的一种是有叔胺功能性的弱碱性凝胶型阴离子交换树脂，其商品为 AnlLcrlite。

$$H_2C\overset{O}{\underset{}{\diagdown}}CH_2 + CO_2 \xrightarrow{催化剂} \begin{matrix}H_2C-O\\ \\H_2C-O\end{matrix}\Big\rangle C=O \xrightarrow[催化剂]{2CH_3OH} \begin{matrix}H_2C-O\\ \\H_2C-O\end{matrix}\Big\rangle C=O + \begin{matrix}H_2C-OH\\ \\H_2C-OH\end{matrix}$$

酯交换反应是一个平衡反应，平衡转化率为 64%，为提高碳酸亚乙酯的转化率，必须打破平衡，可采用反应精馏技术来提高碳酸乙烯酯的转化率，Bayer 公司和 Amoco 公司在反应器设计方面提出了专利。酯交换工艺在 60～70 ℃较温和条件下进行反应，以碳酸亚乙酯计收率可达 96%（mol）。

我国 DMC 研究和开发始于 20 世纪 80 年代，由化工部西南化工研究院开发，近年中国科学院成都有机化学研究所、浙江大学、华东理工大学、华南理工大学等单位进行了研究。华东理工大学联合化学反应工程研究所经过近三年的努力，完成了中国石化集团公司的"碳酸二甲酯制备过程和应用的研究和开发"项目，进行了 500 t/a 的中试，于 1997 年 9 月通过了专家鉴定。该工艺采用石化路线，技术上将其分为两部分，一是环氧丙烷和 CO_2 均相催化合成碳酸亚丙酯（PC），二是碳酸亚丙酯与甲醇（ME）催化合成碳酸二甲酯和丙二醇（PG），工艺路线见图 2-2。

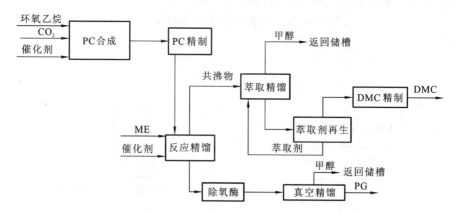

图 2-2 合成 DMC 的酯交换法工艺流程示意图

该工艺路线基本上实现了"零排放",并联产丙二醇。

（四）碳酸二甲酯的应用

碳酸二甲酯（DMC）是近年来受到国内外广泛关注的一种用途广泛的基本有机合成原料，被誉为有机合成的"新基块"。由于其分子中含有甲氧基羰基和羰甲基，具有很好的反应活性。1992 年，它在欧洲通过了非毒性化学品的注册登记，被称为绿色化学品，有望在许多领域内代替光气、DMS、氯甲烷及氯甲酸甲酯等剧毒或致癌物，进行羰基化、甲基化及甲酯化及酯交换等反应，生产多种重要化工产品。化工生产向无毒化和精细化发展，为碳酸二甲酯及其衍生物开发了许多新用途，并形成了一碳化学的重要分支。

1. 代替光气用于碳基化反应

使用光气碳基化时，除有毒性外，生产中还有大量的 HCl 生成，对设备腐蚀严重，污染环境。使用 DMC 可避免上述缺点，而且仅 CH_3OH 是副产物，它又是合成 DMC 的原料。因此，该工艺可望成为"零排放"的绿色化工过程。

（1）制碳酸烯丙基二甘醇酯（ADC）。用 DMC 代替光气分别与烯丙基醇、二甘醇反应，生成 ADC（见下式），它是具有良好光学性质的透明的热固性树脂，应用于光电材料、镜片等。新工艺设备简单，产品不含卤素，开辟了精密光电材料等的新应用领域。

$$H_2C=CHCH_2OH+CH_3O\overset{\overset{\displaystyle O}{\|}}{C}OCH_3 \longrightarrow (H_2C=CHCH_2O)_2CO+CH_3OH$$

（2）制聚碳酸酯原料碳酸二苯酯（DPC）。以前使用双酚 A 与光气在水溶液中合成还需重量 10 倍于产物的二氯甲烷作溶剂，新工艺使用 DMC 与苯酚进行酯交换生成碳酸二苯酯（DPC），然后由 DPC 与双酚 A 在熔融状态下生成聚碳酸酯，不需要用有毒溶剂且苯酚可以循环使用，产品可达到通用品级和光盘品级标准，如下式所示：

（3）制异氰酸酯。用 DMC 和胺类化合物反应，生成氨基甲酸酯，再经热分解制得异氰酸酯,解决了用光气剧毒问题且设备简单、安全、无公害。甲苯二异氰酸酯(TDI),二甲苯甲烷-4,4-二异氰酸酯(MDI)等,合成也可用 DMC 为原料。MDI、TDL 是生产聚氨酯泡沫塑料的原料,还用于制杀虫剂、除草剂等,市场需求极大。

$$\underset{NH_2}{\overset{R}{\bigcirc}} + CH_3OCOCH_3 \longrightarrow R-\bigcirc-NHCOCH_3 + CH_3OH \overset{\triangle}{\longrightarrow} \overset{R}{\bigcirc}-NCO + CH_3OH$$

（4）制聚碳酸酯二醇(PCD)。以 DMC 为原料生产聚碳酸酯二元醇,可以降低最终产品成本,这种聚氨酯在耐热性和耐水解性方面突出。

（5）制西维因。甲氨基甲酸萘酯(西维因)是一种广泛使用的杀虫剂,传统方法是用光气与甲胺反应生成异氰酸甲酯,再与萘酚反应而制成。反应物剧毒,用 DMC 代替光气,过程安全。

$$\overset{OH}{\bigcirc\bigcirc} \overset{(CH_3)_2CO_3}{\longrightarrow} \overset{OCOOCH_3}{\bigcirc\bigcirc} + CH_3OH \overset{CH_3NH_2}{\longrightarrow} \overset{OCNHCH_3}{\bigcirc\bigcirc} + CH_3OH$$

（6）制长链烷基碳酸酯。DMC 与 $C_{12} \sim C_{15}$ 的高碳醇反应,生成分子骨架中有羰基的长链烷基碳酸酯,是一种良好的合成润滑油基体材料,具有绝佳的润滑性、耐磨性、自洁性和耐腐蚀性。日本三井石化公司已经在尝试用 DMC 合成新型润滑油,并取代生产发动机油、金属加工油等高级润滑油和进口原料,该公司还试制成功适于制冷系统使用,且能与 HFC-134a、HFC-152a 等制冷相溶的新型碳酸酯润滑油。

$$R'OH + R^2OH + CH_3\overset{O}{\overset{\|}{O}}CCH_3 \longrightarrow R'O-\overset{O}{\overset{\|}{C}}-OR^2 + 2CH_3OH$$

2. 代替硫酸二甲酯(DMS)、卤代甲烷(CH₃X)等进行甲基化反应

常用的甲基化剂 DMS 和 CH_3X 不仅具有毒性和腐蚀性,且碱用量大,又存在产物分离问题,利用 DMC 避免了生产过程中的危险、设备腐蚀及环境污染。

（1）制苯甲醚。其反应式如下:

$$\bigcirc-OH + CH_3\overset{O}{\overset{\|}{O}}CCH_3 \overset{K_2CO_3}{\underset{PEG}{\longrightarrow}} \bigcirc-OCH_3 + CH_3OH + CO_2$$

另外,对苯二酚二甲醚、苯二酚单甲醚、间苯二酚二甲醚等均可用 DMC 代替 DMS 或 CH_3X 可提高产率,避免污染。

（2）制烷基芳基胺。烷基芳基胺是染料、香料和植物保护剂的重要原料,其反应式如下:

$$\bigcirc-NH_2 + 2CH_3\overset{O}{\overset{\|}{O}}CCH_3 \longrightarrow \bigcirc-N\overset{CH_3}{\underset{CH_3}{\big<}} + 2CH_3OH + CO_2$$

（3）制仲胺。其反应式如下:

$$RNH_2 + CH_3OCOOCH_3 \longrightarrow RNHCH_3 + CH_3OH + CO_2$$

（4）制甲基醚。其反应式如下：

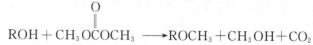

$$ROH + CH_3OCOCH_3 \longrightarrow ROCH_3 + CH_3OH + CO_2$$

DMC 性能优良，用途广泛。除以上的用途之外，DMC 还是良好的溶剂，蒸发快，可以与醇、酮等有机溶剂混合，与水也有一定的互溶度，既没有毒性，与水的混合物也很容易分离。DMC 比石油烷烃脱脂能力高，可以代替氟氯烃、三氯乙烷作清洗剂，用作涂料、药品生产中的溶剂，无水锂电池的电解液成分以及石油馏分的脱沥青、脱金属溶剂。DMC 还可以作为类似的 MTBE 的汽油添加剂，以提高汽油的辛烷值并抑制 CO 和烃类的排放。人类对赖以生存的地球环境保护越来越重视，减少或取代高污染化学品的使用，一直是许多化学家和化学工程师努力的目标。DMC 的性能决定了它未来可以全面取代某些高污染剧毒化学品，而成为广泛使用的化工原料。

二、有毒原料氢氰酸的替代

（一）氢氰酸的用途及毒害

氢氰酸主要用于生产甲基丙烯酸系列产品、己二腈等重要有机化工原料，前者先由氢氰酸与丙酮反应生成丙酮氰醇，再转化而得；后者则通过丁二烯与氢氰酸反应来生产。甲基丙烯酸系列产品主要用于生产有机玻璃，也作为共聚单体用于制造其他树脂，还可用来制造涂料、胶黏剂、润滑剂、皮革和纺织品的整理剂、乳化剂、上光剂和防锈剂等，其用量占氢氰酸总消费量的 37%。己二腈是合成纤维尼龙 66 的重要中间体，由己二腈出发，加氢可以制得己二胺，水解则可得己二酸，二者聚合即得尼龙 66。尼龙 66 是性能优良的合成纤维和工程塑料，广泛用于地毯、服装、汽车、建筑等行业。生产己二腈所消耗的氢氰酸占总消费量的 30%。氢氰酸还用于生产氰化钠、整合剂、蛋氨酸的类似物、氰尿酰氯、叔碳脂肪胺、苯乙酸等重要化工中间体。

氢氰酸为无色气体或液体，沸点 26.1 ℃，极易挥发，对人体造成的中毒分为急性和慢性两类。急性中毒时，氢氰酸在血液中直接与红细胞中的细胞色素氧化酶相结合，使其功能受到抑制，造成细胞窒息、组织缺氧。由于中枢神经系统对缺氧特别敏感，而氰化物在类脂中的溶解度比较大，所以中枢神经系统首先受到危害，尤其是呼吸中枢更为敏感，呼吸衰竭是氰化物急性中毒致死的主要原因。慢性中毒较多见于吸入性中毒，患者产生头痛、呕吐、头晕等症状，长期接触则发生帕金森病，这是由于神经系统受损所致。第二次世界大战期间，纳粹法西斯对犹太人进行种族清洗时，在浴室中残杀犹太人使用的就是氢氰酸毒气。

在人类刚刚迈进新千年，2000 年 1 月 30 日，罗马尼亚一家工厂的氰化物泄漏到多瑙河的一条支流——蒂萨河，顺流南下迅速汇入多瑙河，向下游逐渐扩散，造成鱼类大量死亡，河水不能饮用，严重破坏了多瑙河流域的生态环境，使匈牙利、南斯拉夫等国深受其害，引起了国际诉讼纠纷。新世纪伊始就发生的这一灾难，向人类发出又一次警示，剧毒化学品的限制使用和寻求安全的替代品已刻不容缓。

（二）替代氢氰酸的绿色过程工程

1. 合成甲基丙烯酸甲酯

甲基丙烯酸甲酯（MMA）是生产有机玻璃（聚甲基丙烯酸甲酯 PM-MA）、合成甲基丙烯酸高级酯的原料，广泛用于表面涂层、合成树脂、油漆涂料、胶黏剂和医用高分子材料工业。PM-MA 制品具有良好的透明性、防水性和耐候性，透光率约为日光的 92％，雾度＜1％。在车工业、建材、照相器材、光学仪器、光盘、光缆及家电领域有广泛的应用。目前工业生产中约有 80％的甲基丙烯酸甲酯来自丙酮与氢氰酸为原料的丙酮氰醇法，该法不仅使用了剧毒的原料，还因大量使用酸、碱而存在严重的腐蚀和污染问题。

20 世纪 70 年代，以异丁烯或叔丁醇为原料的二步氧化制备甲基丙烯酸甲酯的工艺在日本开发成功，并于 1982 年由住友公司首先实现了工业化，开辟了一种新的绿色原料路线。该法第一步将异丁烯（或叔丁醇）催化氧化成甲基丙烯醛，第二步在不同的催化剂作用下继续氧化为甲基丙烯酸，再酯化得到甲基丙烯酸甲酯。旭化成公司在此基础上，开发了异丁烯一步氧化成为甲基丙烯醛，再一步氧化酯化到甲基丙烯酸甲酯的技术，称为"直接甲基化"法，1998 年投入工业化生产，该技术大幅度降低了生产装置的建设费用，使异丁烯原料路线更具竞争优势，吸引了世界上许多厂商的关注。

以甲基乙炔为原料，经羰基化、酯化生产甲基丙烯酸甲酯的绿色原料路线由 Shell 公司开发成功，该法原料价格低，产品收率高，被认为是一种具有潜在的较好经济性的制备甲基丙烯酸甲酯的新技术。

2. 合成己二酸和己二胺

前面已介绍原来制造尼龙 66 的原料己二酸和己二胺是通过丁二烯和氢氰酸反应生成己二腈而进行的。现已改变为以环己烷氧化合成为主。新发展的丁二烯甲酰化和胺化路线是对环境更加友好的过程。首先丁二烯甲酰化生成己二醛，然后氧化生成己二酸；己二醛和 NH_3 反应生成的亚胺再加氢得己二胺：

$$H_2=C-C=CH_2+2H_2+2CO \longrightarrow OHC-CH_2CH_2CH_2CH_2-CHO$$
$$\quad\quad\ \ H\ \ H$$

$$OHCCH_2CH_2CH_2CH_2CHO+O_2 \longrightarrow HOOCCH_2CH_2CH_2CH_2COOH$$

$$OHCCH_2CH_2CH_2CH_2CHO+2N_2 \xrightarrow{-2H_2O} NH=CHCH_2CH_2CH_2CH_2CH=NH$$

$$\xrightarrow{+H_2} H_2NCH_2CH_2CH_2CH_2CH_2CH_2NH_2$$

第一步合成己二醛是较易的，第二步亚胺还原为胺要困难些，此反应的催化剂有待改进。

3. 合成氨基酸

氨基二乙酸钠属氨基酸盐的一种，它是生产一类由美国 Mon-santo 公司开发、环境友好且非选择性的除草剂 Roundop^R 的关键中间体，传统生产方法是采用著名的 Strecker 工艺，即用氨、甲醛、氢氰酸、盐酸等原料经多步反应而得，是一个强放热过程，中间产物不稳定，反应难以控制，并且每生产 7 kg 产品要排放 1 kg 含氰化物等的废。为获得一个环境友好的安全生产过程,Monsanto 公司从毒性和挥发性均低得多的二乙醇胺原料出发,经过催化脱氢,开发了合成氨基二乙酸钠的全新工艺,不仅避免了剧毒氢氰酸原料的使用、简化了工艺步骤、提高了产品收率,而且使该工艺过程达到废物的零排放。为此,该工艺获得了首届美国"总统绿色化学挑战奖"的变更合成路线奖。

4. 合成苯乙酸

苯乙酸是合成青霉素和医药、农药的中间体。工业上以苯乙腈水解制备,而苯乙腈又是由苄氯和氢氰酸反应合成的。现在通过苄氯羰化合成苯乙酸已获成功。

$$C_6H_5CH_2Cl + CO \longrightarrow C_6H_5CH_2COOH$$

这一合成路线避免使用剧毒的氰化物,使过程变得较经济和安全。

三、CO_2 的综合利用

二氧化碳(CO_2)问题是当今世界的热门话题。一方面是由于大气中 CO_2 浓度增加形成的温室效应等环境问题;另一方面是由于大量消耗煤、石油、天然气等燃料,引起资源短缺,这两方面的问题相互影响、相互牵制,人们将 CO_2 作为"潜在碳资源"加以综合利用。CO_2 是化学上不活泼的惰性小分子,是氧化反应的最终产物——氧的垃圾箱。

CO_2 是含碳化合物的最终氧化产物,单是燃烧排放于大气中的 CO_2 量即达 185 亿～242 亿 t/a,而其利用量不足 1 亿 t/a。我国随着工业的快速发展,CO_2 排放量逐年增加,约占世界排放量的 10%,排世界第 3 位。CO_2 的大量排放不仅浪费资源,而且污染环境、造成全球性的温室效应。因此,CO_2 的开发利用研究已逐步成为政府部门、科技开发部门的热门课题,综合治理和利用 CO_2 已引起世界各国科学家的关注。1996 年美国政府年度报告中提出一种减少 CO_2 排放量的 Carnol 工艺,日本也将 CO_2 化学固定和利用列入"新日光计划"。

(一)丰富的资源和温室效应

CO_2 在自然界中分布很广,主要存在于大气及水中。据估测,地球上大气和水中的 CO_2 含量约为 3.67×10^{14} t(其含碳量约为 10^{14} t),而地球上所蕴藏的石油、煤炭等矿物中,大约含碳 10^{13} t,地球上 CO_2 含碳量是煤和石油含碳量的 10 倍左右。另外,CO_2 的潜在资源碳酸盐在自然界中分布极广,其含碳量更高,碳酸盐中约含碳 10^{16} t。据估测,2003 年全球排入大气的 CO_2 高达 290 亿 t,使大气中的 CO_2 含量逐年提高。CO_2 在自然界中循环,但目前并未形成良性循环,每年排放的 CO_2 又有一部分在大气中积累。据测算,目前每年排入大气中的 CO_2 约有一半存留于大气中。工业化前大气中的 CO_2 浓度是 280 ppm,目前已高达约 370 ppm,大气中 CO_2 含量的升高会产生温室效应,长年累月温室效应会给人类带来环境危机,阻碍人类可持续发展的道路。加强 CO_2 的开发利用,变废为宝已是当务之急。

(二)开发利用现状

据专家估测,目前全世界每年向大气中排放的 CO_2 总量近 290 亿吨,而 CO_2 总利用量仅为 1 亿吨,我国的 CO_2 排放总量已超过了 30 亿吨,利用量也不高。现在 CO_2 已引起全球关注,国际上经常开专题会议研究 CO_2 问题,特别是 20 世纪 90 年代以来,几乎每年都要召开国际性的 CO_2 专题会议,其讨论的内容涉及 CO_2 的捕集、处理、转化、利用等各个方面。世界上许多国家对 CO_2 资源的利用十分重视,如加拿大、美国、英国、日本等积极开展回收和转化 CO_2 的研究工作,有的国家还通过立法(如挪威对排放 CO_2 征收碳税)及国家财政支持引导人们加快转化 CO_2 工作的开展。

目前,CO_2 的应用主要是物理应用,如在啤酒、碳酸饮料中的应用;作为惰性气体用于气体保护焊;利用液体、固体 CO_2 的冷量用于食品蔬果的冷藏、储运;石油开采的驱油剂以及超临界 CO_2 萃取等行业中。但是,CO_2 的物理应用不解决环保问题,其化学应用才是我们目前最关注的。近来,人们对 CO_2 的化工及生物应用比较感兴趣,比较活跃的领域主要有 CO_2 转化为 CO、CO_2 转化为合成气、CO_2 转化为甲醇、CO_2 合成塑料等。CO、合成气、甲醇等都是大宗化工原料,从这些化工原料出发可以制得许多化工产品,而塑料则是用途广、用量多的化工产品,在转化成这些化工产品时可以消耗大量的 CO_2,其环保效果明显,而其转化出来的产品又是人们大量需要的,这对于资源有限的地球来讲,其意义更大。

我国在 CO_2 开发利用方面进展也很快,科研单位、大学、工厂开发了许多新的工艺流程,有的已达到工业化生产的要求。上海化工设计院有限公司成功地开发了将烟道气净化为食品级 CO_2 技术和以 CO_2 与 O_2 为主要原料与焦炭反应生成 CO 的专有技术,并直接用于 100 kt/a 乙酸生产,取得了很大的经济效益。中国科学院广州化学研究所孟跃中研究组开发了 CO_2 合成塑料技术,可以用普通的生产工艺进行生产加工成饮料瓶、快餐盒等,有些性能还优于现在通用的塑料,而且还可以制成成本低的降解塑料,使一个饭盒的成本仅 0.083 元,而目前市场上通用的可降解塑料饭盒,使用淀粉生产,一个饭盒成本高达 0.14 元左右。内蒙古蒙西高新技术集团公司与中国科学院长春应用化学研究所合作,利用水泥窑尾气中 CO_2 与环氧化合物(环氧丙烷、环氧乙烷)反应,制取可降解 CO_2 的塑料,并建成了 3 kt/a 规模的生产线,其产品可用于生产可降解的一次性医疗用品、一次性餐具等。2004 年 2 月由沈之荃等三名中国科学院院士对该项目进行了验收。

(三) CO_2 的固定方法

CO_2 的固定利用有生化法和化学法,生化法由植物通过光合作用完成,但由于森林破坏、植被减少而逐渐弱化。化学法是人工大量利用 CO_2 的主要方法。目前有三种化学方法,一是 CO_2 与 H_2 反应生成等物质的量的 C_1 化学品(如甲烷、甲醇等);二是 CO_2 与 CH_4 反应生成合成气等;三是 CO_2 与 H_2O 反应生成烃、醇类燃料。前两种方法要消耗有用的 H_2 与 CH_4,但技术较成熟;后一种原料价廉易得,技术上处于探索阶段,是目前研究的热点。

1. CO_2 加氢还原

1) 合成甲醇

在该过程中通常存在以下反应:

$$CO_2 + 3H_2 \longrightarrow CH_3OH + H_2O \qquad \Delta H_{298} = -49.57 \text{ kJ/mol}$$

$$CO_2 + H_2 \longrightarrow CO + H_2O \qquad \Delta H_{298} = 41.27 \text{ kJ/mol}$$

对 CO_2 加氢合成甲醇,近几年的研究主要集中对 Cu、Zn 系主体催化剂的改性,包括添加辅助元素和催化剂的超细粉体化。日本关西电力公司开发 Cu、Zn、Al 的氧化物制成的新催化剂,在 247 ℃、9 MPa 和 100 m^3/h 流速中进行 CO_2 还原制甲醇的反应,甲醇产率为 95%,预计催化剂寿命为 2 年;许勇等对同种催化剂进行焙烧温度优选(350~650 ℃),CO_2 转化率稳定在 20%~28%。甲醇产率 55~60 mmol/(g·h)。

由于 CO_2 制甲醇的反应是放热反应,从热力学角度考虑,较低的温度更有利于反应进行,但是在较低的温度下反应速率会降低,因此如能及时移出反应热将有利于反应进行。Lian 等用正十六烷作为液体介质移出反应热,并在高压下反应,这样可以很好地控制温度,并有较好的单程转化率。他们以 MeCuB(Me=Cr、Zr、Th)作催化剂,试验结果表明甲醇的选择性虽然不高(最高时为 65%),但反应速率明显提高。

2)制 C_2 烃

Huang 等以 $Fe_3(CO)_{12}$/ZSM-5 为催化剂由 CO_2 加氢合成烯烃,考察了 CO_2 温度对转化率和产物分布的影响。在 240~280 ℃温度范围内,CO_2 转化率达 36.1%,烃的选择性超过 90.0%,副产物 CO 生成较少。Fujiwara 等采用 HY 分子筛分别和 Cu-Zn 的铬酸盐、Fe-ZnO 组成复合催化剂,在 Cu-Zn 铬酸盐/HY 催化剂上,CO_2 转化率达 35.5%,$n(C_2{=})/n(C_2{+}C_2)=58.0\%$。用 Fe-ZnO(4:1)/HY 作催化剂时,$CO_2$ 转化率下降,烯烃选择性提高,在 350 ℃反应温度下 CO_2 转化率达 13.5%,$n(C_2{=})/n(C_2{+}C_2)=80.0\%$。Nam 等用负载 Fe 的碱金属离子交换过的 Y 型分子筛作催化剂对 CO_2 加氢进行研究,CO_2 转化率达到 20.8%,烃的选择性高达 69.6%。

2. CO_2 与 CH_4 反应

1)CO_2 与 CH_4 反应制合成气

CO_2 与 CH_4 反应可用来生成富含 CO 的合成气,既可解决常用的天然气蒸汽转化法制合成气在许多场合下的氢过剩问题,又可实现 CO_2 的减排。该反应方程式如下:

$$CO_2 + CH_4 \longrightarrow 2CO + 2H_2 \qquad \Delta H_{298} = 247 \text{ kJ/mol}$$

通常负载型贵金属催化剂,如 Ru、Rh、Pd、Pt 对 CO_2 与 CH_4 的反应有较高的活性和稳定性,但这些贵金属资源有限,价格昂贵。与之相比,镍催化剂价格便宜而且在反应中有较高的活性,但它在高温反应时,易因积炭、载体与活性组分相互作用和烧结而失活。印度国家化学研究院开发的 NiO-CuO 催化剂具有 3 个优点:催化剂抗结炭性能很强,当 $V(CO+H_2O)/V(CH_4)=1.1\sim1.7$,700~850 ℃、$SV=5\,000\sim7\,000 \text{ cm}^3$/(g·h)条件下,$n(Ni)/n(Cu)=30$ 时催化剂极少结炭。上述条件下,转化率 $X(CH_4)=98\%\sim99\%$,CO 和 H_2 选择性均为 100%;通过控制原料中 $V(CO_2)/V(H_2O)$ 的比例,可将 $V(H_2)/V(CO)$ 之比调节在 1.5~2.5。

CO_2 转化率几乎保持不变。黎先财等用 $BaTiCO_3$ 作为载体制备的镍催化剂,在实验中也表现出较好的活性和稳定性。由于该反应是吸热反应,反应中需要大量供热,为此 Matsuo 等研究了自供热的方法,即在进料中加入氧气。此时除主反应外,还存在如下反应:

$$O_2 + CH_4 \longrightarrow CO_2 + 2H_2O \qquad \Delta H_{298} = -861 \text{ kJ/mol}$$

他们以 NiO-MgO 作催化剂,反应器采用流化床,试验结果表明内扩散对反应影响不大,CH_4 转化率可达 70%,CO_2 的转化率却很低。该方案综合考虑了反应与能耗,有很好的实用价值。

2) CO_2 与 CH_4 反应一步合成 C_2 烃

(1) 催化活化法。该反应的基本方程式如下:

$$CO_2 + 2CH_4 \longrightarrow C_2H_6 + CO + H_2O$$

$$2CO_2 + 2CH_4 \longrightarrow C_2H_4 + 2CO + 2H_2O$$

1995 年,日本 Asmi 等率先采用此合成路线,以 17 种金属氧化物为催化剂一步合成 C_2 烃。在 1 073~1 173 K 反应温度下大多数金属氧化物具有一定的烃选择性,但反应物转化率及 C_2 烃收率均不尽人意。目前人们均选择负载型金属氧化物作为 CH_4/CO_2 一步合成 C_2 烃的催化剂,如表 2-1 所示。

表 2-1 负载型金属氧化物的催化活性

金属氧化物	载体	$X(CH_4)/\%$	$X(O_2)/\%$	$S(C_2)/\%$	反应温度/K
Na_2WO_4	SiO_2	4.73	2.32	94.5	1 093
La_2O_3	ZnO	3.1	3.7	97.0	1 123
PbO	MgO	<4	<4	-100	1 023
CaO	CeO_2	<6	—	60	1 173
SrO	MnO	3.9	—	85	1 123

该方法虽然相对简单,但是 CH_4 和 CO_2 的转化率太低。如何提高它们的转化率将成为以后研究的重点。

(2) 等离子活化法。用于 CH_4/CO_2 一步合成 C_2 化合物反应的等离子一般为冷等离子体,它具有电子能量高、体系温度低的特点,是一种活化分子的有效工具。这种活化方式是通过高能电子与分子发生非弹性碰撞来实现的。通过非弹性碰撞的传能作用几乎可使所有气体分子被激发、电离和自由基化,从而产生多种化学物质。Yao 等利用高频脉冲等离子体氧化偶联和重整 CH_4/CO_2 得到 C_2H_4、CO、H_2。使用频率范围 166~3 050 Hz,在 2 920 Hz、500 ℃时 CO_2 转化率为 35%,甲烷转化率为 31%,乙烯最大选择性为 64%。

目前,人们更多地采用等离子体与催化剂协同作用的方法来促进 CO_2 的转化。Eliason 等在室温下用高功率介质放电与沸石催化剂协同作用于 CH_4/CO_2,显著提高了 C_2 烃的生成能效。Zhang 等以 $La_2O_3/\gamma\text{-}Al_2O_3$ 为催化剂采用等离子技术,甲烷的转化率为 24.4%,C_2 化合物的收率为 18.1%(等离子体输入功率为 30 W)。等离子体活化法比催化活化法明显提高了 C_2 的转化率,但是该技术能耗高、装置昂贵,距工业化有一定距离。

3. CO_2 与甲醇反应合成碳酸二甲酯

碳酸二甲酯(DMC)作为一种重要的有机合成中间体及性能优良的溶剂,已经受到广泛重视。CO_2 与甲醇直接合成 DMC 在合成化学、碳资源利用和环境保护方面都有重大意

义。反应方程式如下

$$2CH_3OH + CO_2 \longrightarrow (CH_3O)_2CO + H_2O$$

对该反应的研究目前主要集中在催化剂和工艺条件等方面。东京大学采用碱金属碳酸盐、K_3PO_4、KOH、Et_3N、Bu_3N、$(CH_3)_4NOH$ 等作为催化剂，以 CH_3I 为助剂，在 100 ℃ 和加压（<5 MPa）下，由 CO_2 和甲醇直接合成 DMC。按 CH_3I 计的 DMC 产率为 94%～22.8%，按 K_2CO_3 计的产率最高达 39.7%。经过对 14 种催化剂的筛选发现：①碱金属碳酸盐均可作催化剂，其中以 K_2CO_3 最佳，但碱金属盐（如 $MgCO_3$）毫无活性；②二甲醚是该反应的唯一副产物（约占 DMC 的 45%），但对温度很敏感，当温度从 100 ℃ 降到 80 ℃时，二甲醚的产量降低到原来的 1/5，而主产品产率保持不变；③促进剂 K_2CO_3 可以循环使用，生成的中间体可与甲醇反应复原，而生成 KI 时不能复原；④该反应的关键是选择具有适当碱度的碱盐（如 K_3PO_4、K_2CO_3）为催化剂，因为它对甲醇的活性和 CH_3I 的再生有关。江琦采用甲醇与镁粉在 200 ℃、6 MPa 下反应生成甲醇镁催化剂，再充入 CO_2，在 1.0～1.5 MPa、180～200 ℃ 条件反应 5～11 h，CO_2 转化率为 30%。产品选择性达 99%，甲酸甲酯是唯一副产物。DMC 产率随反应温度升高而增大，但是当超过 180 ℃ 时，因 DMC 会分解，其产率会下降。该工艺虽然转化率较低，但选择性很高。由于 CO_2 可回收利用，因而原料利用率仍很高。此外，本工艺还具有操作方便、无二次污染和成本低廉的优点，有应用价值。

4. CO_2 羰化反应

环碳酸酯是一种很重要的中间体，而且在工业上可用作有机溶剂，通过催化作用把 CO_2 加到环氧化合物的 C—C 键中，通常需要很高的温度压力。Ji 等以 PcAlCl 和一种 Lewis 碱（如三丁基胺）作为催化剂。实验结果表明，这些催化剂对空气、水不是很敏感，它们经过几个循环后活性也不降低。

$$CO_2 + R \triangleleft_O \longrightarrow O \underset{O}{\overset{R}{\bigcirc}} O \qquad R=H,\ CH_3,\ CH_2Cl,\ Ph$$

实验结果显示，环碳酸酯的产率很高，而且催化剂稳定性也很好，因此这是利用 CO_2 的很好途径。Aresta 等以石蜡为原料，采用同类异型催化剂氧化羰基化合成碳酸酯，使羰化反应更具有合成意义。实际上，它包含环氧化和氨基化两个过程。

5. CO_2 与水反应

燃料燃烧的最终产物是 CO_2 和水，如能将 CO_2 和水转化为燃料，形成宇宙中碳资源的大循环，无疑是一项具有美好前景的探索。Ihara 等在石英管中用 H_2O 对 CO_2 进行等离子还原反应，产物流中的甲醇浓度接近 0.01%，最佳等离子能量密度（W/FW）为 0.26 GJ/kg。实验中发现系统压力是最重要的参数；在 4.1 kPa 压力下的甲醇产率是 2.5 kPa 压力下的 3.5 倍。由于以上的方法能耗很大，Guan 等提出在聚集的阳光下通过催化剂使 CO_2 与水反应。他们将该反应分为两个过程：①水在光作用下于光催化剂 Pt/K_2TiO_3 上裂解出 H_2；②H_2 与 CO_2 在催化剂 Fe-Co-K/DAY 上反应生成甲醇和乙醇。该反应完全利用太阳光这种可再生能源，所以它具有很大的发展前景,但是该反应所得的产物量很少,这可能与催化剂生成 H_2 的活性较低有关。

6. 应用生物技术促进 CO_2 反应

生物技术迅猛发展的同时给化学合成带来了新的机遇。应用生物酶作催化剂,反应可以在较温和的条件下进行,从而节省了大量的能耗,保护了生态环境。Aresta 等研究了用酶和仿生系统催化 CO_2 合成有机物质。表 2-2 是 CO_2 在不同酶的作用下得到的不同还原产物。该方法比用金属催化法所得到的产物选择性高,而且反应条件温和。此外,他们还利用苯酚羧化酶在室温下将苯酚转化为 4-羟基苯甲酸。

表 2-2　生物体系中 CO_2 酶催化反应产物

生物酶	金属催化活性中心	反应产物
甲酸脱氢酶	W	HCOOH
THF-MFR	Ni	CH_3/CH_4
CO 脱氢酶(CODH)	Ni,Fe	CO,CH_3COOH

利用 CO_2 作为有机合成的基本原料,其关键是 CO_2 的活化问题,不同的活化方式和活化态决定着可能被利用的反应路线。CO_2 的活化方式主要有生物活化、配位活化、光化学辐射活化、电化学还原活化、热解活化及化学还原活化等。

现在 CO_2 开发利用已经取得了一些成绩,一些项目已投入工业化生产,但是每年利用量与排放量相比是相当不够的,有些领域还处在科研阶段,有些领域已经实现了工业化生产,有些领域推广不力。因此,我们要树立科学发展观,充分利用 CO_2 制取多种产品以及广泛地应用于各个领域,大力发展 CO_2 产业,提高人们的环保意识,加大投入资金的力度。建议采取以下措施:对于超量排放 CO_2,征收排放费,以限制大量排放,将征收来的钱用于发展 CO_2 产业;对将 CO_2 转化为有用物质的项目和单位在政策上进行扶持;大力发展 CO_2 产业,综合利用 CO_2;建立 CO_2 产业促进会,宣传有关政策,提供信息,进行协作,促进交流,推进 CO_2 产业发展。

CO_2 的化学开发利用不仅在经济和环保上具有吸引力,而且对缓解全球碳资源危机也有战略性意义。尽管如此,我们依然面临极大的挑战,目前对 CO_2 这样一个巨大的碳源还没有特别有效的科学利用方法,这主要由于 CO_2 本身太稳定。我们除了继续研究新的合成路线外,还应努力开发新的 CO_2 分离技术,以得到更多的廉价 CO_2 资源。

四、绿色溶剂:超临界流体 CO_2

挥发性有机溶剂广泛用作涂料和油漆的溶剂,泡沫塑料的发泡剂,机械、电子工业中微电子器件、光学器件和电路板的精密清洗剂,服务业中服装干洗的清洗剂,化工生产过程的反应溶剂等。全世界每年消耗约 2 200 万吨的涂料和油漆,其中的几百万吨挥发性有机溶剂进入空气中。全世界每年消耗上千万吨的聚苯乙烯塑料,其中相当一部分通过挤塑发泡生产泡沫塑料薄板。这些泡沫塑料薄板中仅含 5% 的聚苯乙烯,其余 95% 是气体,发泡剂主要是二氟二氯甲烷、二氟一氯甲烷、正戊烷和石油醚等挥发性有机溶剂。用于机械、电子和服装干洗业中的清洗剂,大多是卤代烃、汽油、苯等挥发性有机溶剂。在化学化工、医药、油脂等生产过程中使用的挥发性有机溶剂更是品种繁多。挥发性有机溶剂是一类有害的环境污染物。当它们进入空气中后,在太阳光的照射下,容易在地面附近形成光化学烟雾。光化学烟雾能引起和加剧肺气肿、支气管炎等多种呼吸系统疾病,增加癌症的发病率;导致谷物减产、橡胶硬化和织物褪色,每年由此造成的损失高达几十亿美元。挥发性有机溶剂还会进一步污染海洋食品和饮用水,毒害水生动物。二氟二氯甲烷和二氟一氯甲烷能破坏地球大气中的臭氧层,使太阳光中的紫外线辐射增多,增加皮肤癌和白内障的发病率。据联合国环境规划署发表的一份报告,如果臭氧层从整体上减少 10%,地球上的非黑瘤皮肤癌的发病率就会上升 26%;如果臭氧层的臭氧分子减少 1%,世界白内障患者就会增加 150 万人。紫外辐射增多还会伤害眼睛和免疫系统。可见,挥发性有机溶剂在带给人类丰富多彩的物质享受和生活便利的同时,也带来了环境的污染和对健康的危害。所以,溶剂绿色化是过程工程科学技术的重大研究课题。最活跃的研究领域是超临界流体。

（一）超临界 CO_2 介绍

CO_2 无色、无味、无嗅、无毒、不燃、价廉、易精制、化学性质稳定,既不会形成光化学烟雾,也不会破坏臭氧层,以 CO_2 作溶剂十分理想。但是,气体 CO_2 对一般有机物的溶解能力很差,难以满足一般工业应用。若控制 CO_2 的物理状态,当温度超过 31.1 ℃,压力超过 7.38 MPa 时,就称为超临界 CO_2;而当温度低于 311 ℃时,只要压力足够高,就会得到液态或固态 CO_2。超临界 CO_2 和液态 CO_2 可以很好地溶解一般的、相对分子质量比较小的有机化合物,如碳原子数在 20 以内的脂肪烃、卤代烃、醛、酮、酯等;若再加入适当的表面活性剂,就可使聚合物、重油、石蜡、油脂、蛋白质、水、重金属等许多工业材料在液态和超临界 CO_2 中溶解。因此,以超临界和液态 CO_2 代替工业有机溶剂,减少挥发性有机溶剂的排放具有显著的优势和广阔的应用前景。

（二）超临界 CO_2 优点

超临界 CO_2 具有临界温度和压力较低($T_c = 304$ K,$P_c = 7.4$ MPa)、无毒、价廉等优点而迅速发展为常用的超临界流体。用超临界 CO_2 作为反应介质有许多优点。

（1）与水相比,脂溶性反应物和产物可溶于其中而保持反应的均匀性,对于酶催化反应,酶不溶于超临界 CO_2,有利于二者的分离。

（2）与有机溶剂体系相比,它无毒、阻燃、无溶剂残余、廉价易得、使用安全、不会污染环境。以超临界 CO_2 代替传统的有机溶剂作为反应介质是对环境保护具有重大意义的可行性途径。

（3）它的溶剂性质:如密度、黏度、介电常数、电导率和溶解能力等可以简单地通过温度和压力来调节,也就是说,它具有通过改变单一超临界流体溶剂就能适用于多种反应条件的潜力。

（4）它用作反应介质的同时又是萃取剂,通过萃取分离反应产物有可能将反应和分离耦合起来。

（5）CO_2不但为反应提供了惰性环境，而且可以循环使用，节约能源和资源。

CO_2是一种具有温室效应的气体，用作溶剂是否会对地球大气带来新的危害，答案是否定的，这是因为所使用的CO_2来源于合成氨厂和天然气副产物的回收，对它加以利用不会增加CO_2的排放。而且，当超临界或者液态CO_2用作溶剂时，很容易通过蒸发成为气体而被回收，重新作为溶剂循环使用。相反地，由于CO_2的蒸发热比大多数溶剂，如水和一般的有机溶剂都小，因此，采用蒸发的方法回收CO_2比回收其他溶剂更节能，较少的能量消耗意味着消耗较少的矿物燃料（如石油、煤、天然气），从而减少了矿物燃料燃烧时排放的CO_2。因此，超临界CO_2用作溶剂还可减少其作为温室气体而对大气环境的影响。

（三）超临界CO_2应用

1. 改善喷漆环境的超临界CO_2喷漆技术

超临界流体喷漆过程是用仅含少量挥发溶剂的新配方涂料，在喷雾前与CO_2混合，在约50 ℃和10.1 MPa下进行喷雾。此时，CO_2为超临界流体，它和聚合物涂料形成一个均匀的相态。超临界CO_2是极快挥发的溶剂，它在喷雾前稀释涂料，使其具有很低的黏度而极易喷成雾状，从喷嘴喷出后，CO_2几乎瞬间从雾滴中挥发掉，剩下高黏度的喷涂浓缩物被喷涂到固体表面。喷涂浓缩物中含有的低挥发溶剂控制其黏度，以便涂料在固体表面很好地聚合而不会流动或滴漏，从而获得高质量的涂层。CO_2性质稳定，没有腐蚀性，并且其超临界状态容易达到，正好适合传统的喷漆装备的操作范围，不需增加投资。

2. 不破坏臭氧层的聚苯乙烯泡沫塑料生产技术

聚苯乙烯塑料是一种干净、坚硬、无色、无臭、无味而有光泽的热塑性透明固体，相对密度为1.04～1.09，溶于芳香烃、氯代烃、脂肪族酮和酯等，但在丙酮中只能溶胀，具有耐化学腐蚀性、耐水性和优良的电绝缘性和高频介电性，缺点是耐热性低，耐光性差，性脆，易发生应力开裂。聚苯乙烯塑料主要用于加工成塑料制品如无线电、电视、雷达的绝缘材料等。通过在其中加入发泡剂生产的泡沫塑料则被用作包装材料、减层材料、保温材料等。传统发泡剂是一类能破坏大气臭氧层的有毒有害的挥发性有机溶剂，为解决发泡剂带来的环境问题，美国Dow化学公司开发了用液态CO_2替代有机发泡剂生产聚苯乙烯泡沫塑料的新技术，完全消除了传统有机溶剂带来的环境危害和安全问题。该技术获得了1996年美国总统绿色化学挑战奖的变更溶剂/反应条件奖。

3. 性能优异、环境友好的超临界CO_2溶剂

大多数化学合成和催化反应过程均需使用溶剂，其中的相当一部分为挥发性有机溶剂。超临界流体，特别是超临界CO_2作为化学反应溶剂具有如下优点：一是它既能像气体一样具有极好的流动性，又能像液体一样具有很好的溶解其他物质的能力，而且它的溶解能力还可以很方便地通过压力变化来调节控制，因而有可能用于按照某些反应来获得高的选择性；二是CO_2具有非常好的惰性，不被进一步氧化，作为氧化反应溶剂非常理想；三是CO_2的超临界状态比较容易达到，设备投资不高。

美国北卡罗来纳大学的 Desimone 等用超临界 CO_2 代替氟利昂进行了氟化丙烯酸酯的聚合反应;在加入表面活性剂的超临界 CO_2 中进行分散聚合反应合成了聚甲基丙烯酸甲酯、聚乙酸乙烯酯和聚苯乙烯。反应完成后,只需要简单地降低压力就可以得到干燥的聚合物粉末。美国的洛斯阿拉莫斯国家实验室的研究者,用超临界 CO_2 代替原来的挥发性有机溶剂,对 α-烯酰胺的光学异构选择性催化氢化合成 α-氨基酸衍生物、环己烯在超临界 CO_2/水中的相转移催化氧化生成己二酸等多个均相催化反应进行了研究。

超临界 CO_2 是一种非极性反应溶剂可代替脂溶性有机溶剂,进行酶催化反应,脂溶性的反应物可溶于超临界 CO_2 中,而酶则不溶解,并且有些酶的生物活性反而会有所提高,从而可提高反应速率,有利于产品的分离及精制。国内已在试验室研究开发了月桂酸丁酯、油酸香茅酯、油酸乙酯、油酸锌、油酸油脂、乙酸异戊酯等酯化反应技术。

4. 异丙醇胺新工艺

异丙醇胺系列产品,包含一异丙醇胺、二异丙醇胺、三异丙醇胺 3 种产品。一异丙醇胺可用作表面活性剂,去垢剂,纺织助剂,香料、换料助剂,医药、农药中间体,分散剂等;二异丙醇胺可用作去垢剂,脱硫剂,医药、农药中间体;三异丙醇胺可作水泥助磨剂,橡胶、塑料、聚氯酯加工的交联剂和助剂等。

氨和环氧丙烷反应生成一、二、三异丙醇胺,这是一个 3 级串联反应。以任何比例的氨和环氧丙烷反应,产物中都有不同比例的一、二、三异丙醇胺生成。只不过随着氨和环氧丙烷物质的量比不同,三者的比例会有所不同。采用超临界法合成新工艺克服了现有工艺的不足,采用两个措施:一是加大氨环比,控制三异丙醇胺在产物中的质量比<5%;二是降低水的用量,将水用量控制在氨投入量的 5% 以下。采用超临界反应条件,即反应温度和压力均超过物料的临界参数下进行反应;采用静态混合器和另一种先进的混合方法相结合的技术解决了物料充分混合的问题。已证明,在超临界条件下大大提高了反应效率,缩短了反应时间,在相同氨环比下,三异丙醇胺的比例得到了较大程度的降低。三异丙醇胺产量最终控制在产品总量的 5%~8%。该超临界合成工艺,目前已在南京红宝丽股份有限公司运用到具有生产能力 1 000 t/a 的生产装置上。采用超临界法连续精馏生产的产品纯度已达到 99% 以上。

5. 超临界 CO_2 反应

超临界 CO_2 作为 C_1 原料或作为超临界介质用于有机均相和多相催化领域发展很快。超临界 CO_2 和 H_2 的混合物在加氢反应上很有优势,因为反应物和 H_2 处于同一相中,可以对反应进行很好的控制。通过对超临界流体温度和压力的调节可使流体的密度、挥发性、极性和溶剂强度发生相当大的变化,这样间接地控制了产物的分布和产量。反应在非传统的超临界流体中进行比传统的气相和液相催化反应更有优势,气相催化反应由高温引起的竞争性副反应而使选择性降低,传统的液相催化反应需要一定量的有机溶剂,而有机溶剂常是有毒性的。在超临界流体中的非传统催化反应是均相和多相过程,并且能以分批或连续系统的方式进行。利用超临界流体良好的溶解性能和扩散性能可以很好地解决非均相催化剂的失活问题,超临界流体具有高度溶解性,使它能溶解某些导致固体催化剂失活的物质,并使其从催化剂表面脱附下来,使催化剂长时间保持活性,延长催化剂的寿命,也可使反应混合物处于超临界状态而保持和恢复催化活性。此外,超临界流体虽然不能直接活化已经烧结的催化剂,但是采用超临界流体技术可降低反应温度或催化剂的再生温度,能间接地缓解甚至消除催化剂因烧结而引起的失活问题。

在超临界流体中进行均相反应的典型例子是 Philip 等提出的超临界 CO_2 本身的加氢反应生成甲酸及其衍生物甲酸烷基酯和甲酰胺类,用 $[Ru(PMe_3)_4H_2]$ 或 $[Ru(PMe)_4Cl_2]$ 等钌膦配合物作催化剂:

$$CO_2(2\ MPa) + H_2(8.5\ MPa) \xrightarrow[50\ ℃/约\ 22\ MPa]{催化剂/scCO_2/NEt_3} HCOOH$$

CO_2 既是反应物又是溶剂。利用了超临界 CO_2 对 H_2 具备超常高的溶解度的特点,例如在 $T=31.1\ ℃$,$P=7.38\ MPa$,H_2 在超临界 CO_2 中的浓度高达 $3.2\ mol/L$,而在相同压力下 H_2 在 THF(四氢呋喃)中的浓度仅为 $0.4\ mol/L$。二烷基膦过渡金属组合物对超临界 CO_2 加氢反应具有可溶性和催化活性,转化效率(以转化数 TON 计)也很高,合成甲酸的 TON 由叔胺法的 1.7 骤增至 7 200($n_{甲酸}/n_{叔膦}$),甲酸烷基酯的 TON 由叔胺法的 470 升高至 3 400(包括甲酸盐)。Jessop 等以钌化合物作催化剂,利用高浓度的氢气在超临界 CO_2 相中合成甲酸,反应初速度达到 1 400 mol 甲酸/(mol 催化剂·h),比相同条件下在有机溶液中反应提高 10 倍。

桂新胜等用超临界 CO_2 与甲醇直接合成 DMC:

$$CO_2 + 2CH_3OH \xrightarrow{Mg, scCO_2} CH_3O\overset{\displaystyle O \atop \displaystyle \|}{C}OCH_3 + H_2O$$

采用间歇反应器,对催化剂进行了筛选,测定了催化剂用量、粒度、反应条件对反应结果的影响,定量地研究了 DMC 的生成量与反应温度、压力的关系;解释了反应中出现的临界反应现象;提出了反应的机理与反应催化活性物质。实验发现,在同一反应温度下,DMC 含量先随压力升高而升高,升至 7.5 MPa 时达到最高,后随压力升高缓慢下降,即在 7.5 MPa 附近出现和经典化学理论不一致的临界反应现象(CO_2 的临界压力为 7.37 MPa)。Philip 等以 $RuH_2[P(C_6H_5)_3]_4$ 为催化剂,用超临界 CO_2、H_2 和 $NH(CH_3)_2$ 制备 DMF(二甲基甲酰胺),在 130 ℃下 DMF 的最高 TON 由 3 400 增至 42 000。主要原因是反应物在 CO_2 中能快速扩散,互溶性非常好。

超临界流体的高溶解性、高扩散速率、低挥发性及与分子间的弱相互作用使其在均相催化中的反应速率和选择性比传统溶剂中明显提高。氢键对超临界流体中的均相催化反应也有影响,Bach 等将氟化乙醇加入超临界 CO_2 中催化羰基化,反应的转化率和选择性显著提高。

超临界非均相催化反应可以使用固定床连续操作。Hitzler 等将反应物 H_2 和超临界 CO_2 在快速搅拌下混合得到单一相,然后经过一个多相催化剂床,进行异佛尔酮加氢反应,1g 催化剂能制出大于 7.5kg 的产品,获得很好的选择性。这类连续操作系统也被用在超临界 CO_2 中以固体酸为催化剂进行连续的 Friedel-Crafts 烷基化反应。姜涛等以正十一烷到十三烷的混合物为超临界介质研究了固定床反应器中 Zn-Cr、Cu-Zn-Cr 催化剂在超临界相和气相条件下合成甲醇、异丁醇的性能。在相同实验条件下,Zn-Cr 催化剂上气相反应 CO 转化率小于 13%,超临界相反应 CO 转化率则为 20%～30%,提高了一倍;

Cu-Zn-Cr 催化剂上气相反应 CO 转化率在 20% 左右，超临界相反应 CO 转化率为 45%～60%，提高了 2～3 倍。这是因为超临界流体在产物周围聚集加快了产物的脱附，从而提高了 CO 的转化率。实验中还发现超临界相反应醇产物的选择性随反应温度的升高下降缓慢，气相反应醇产物的选择性随温度的升高下降较快。超临界流体促进了产物的脱附和扩散，对合成醇的链增长产生影响，使超临界相反应醇产物的分布与气相反应明显不同。在不同催化剂上，超临界流体对链增长的影响不同，在两种催化剂上得到了不同的产物分布。还发现超临界介质的压力变化对催化剂性能有较大的影响，介质压力从临界压力以下变到临界压力以上时，CO 转化率和醇选择性均发生显著变化，在临界压力附近有突跃。在超临界条件下，随着反应温度升高，CO 转化率均增加，醇选择性降低，产物中甲醇含量降低，异丁醇含量逐渐升高；但反应温度对两种催化剂的产物分布影响不同。另外提高空速也有利于异丁醇的生成。使用稳定的金属有机催化剂在超临界 CO_2 反应中特别有趣，因为这种催化剂在超临界条件下可溶（均相）而在近临界条件下则不可溶，这样就可以使催化剂从反应体系中分离，实现催化剂的回收和循环使用。

20 世纪超临界流体萃取已经建立了很好的基础。在金属离子萃取中，重点在于研究用于分离和溶解目标离子的最优配体，该工作的完成将对超临界流体反应中所用的配体产生深远的影响。超临界流体在材料制备中的应用也已经比较成熟，而应用超临界流体制备金属，聚合物复合材料的研究正在迅速发展。在超临界反应领域虽然做了很多工作，但比起萃取和材料制备方面发展还很不够。超临界流体为合成新的化合物提供了可能，更重要的是超临界流体为控制化学反应提供了很好的机遇。在超临界流体理论研究方面，需要进一步探索超临界状态对多相催化反应路径的影响，超临界状态对吸附、扩散、反应和脱附的影响，超临界状态对催化剂保持和恢复活性的机理，超临界状态下反应物分子周围的环境及其对反应的影响，超临界流体的相行为以及对化学平衡的影响机理等。在超临界流体介质中，能控制混合物的相特性、溶解气体的浓度、转变产物的形态，特别是超临界流体能提供给人类以一个更清洁、绿色的方法进行可控制化学反应的新途径。

五、绿色催化剂——分子筛催化剂

（一）概述

分子筛作为催化剂属于固体酸类催化剂，无毒、无味、可再生、无污染，是一类理想的环境友好的催化剂。

分子筛又称沸石或沸石分子筛，是一类结晶型的硅铝酸盐，具有均一的孔结构而能在分子水平筛分物质。分子筛是具有均匀微孔，其孔径与一般分子大小相当的薄膜类物质，是由 SiO_2、Al_2O_3 和碱金属或碱土金属组成的无机微孔材料，其化学组成式通常表示为 $M_xO \cdot AlO_3 \cdot ySiO_2 \cdot zH_2O$（M＝K、Na、Ca、Mg）。最早使用的分子筛是天然沸石，主要用于气体的吸附分离。自然界有丰富的沸石矿，但含杂质较多，分离提纯困难而不适宜作催化剂，用作催化剂的主要是 A、X、Y、M 等类型的合成分子筛。

随着科学的进步，出现了第二代和第三代沸石分子筛，第二代中以高硅三维交叉直通结构为代表，型号以 ZSM 来区别，目前已达 ZSM-35，主要用于石油化工中的择形催化和定向反应。全硅沸石和 β-沸石分子筛的出现,拓展了第二代合成沸石分子筛的应用领域。第三代沸石分子筛是非硅、铝骨架的磷酸盐系列分子筛,最简单的是磷酸铝分子筛,以 APO 表示,如果再引入其他金属,则以 MeAPO 表示。若再将硅引入骨架,以 MeAPSO 表示,称为杂原子磷酸盐分子筛。

沸石分筛子作为催化剂,广泛用于催化裂化、芳烃烷基化、歧化、异构化、芳构化、加氢、脱氢、聚合、水合以及烷基转移等石油加工和石油化学工业。在精细有机合成中,主要用于醇类、醛类、酸类、酮类、醚类、酚类、胺类和吡啶类、硝基类、肟类、腈类、烃类卤代物、含硫化合物的合成,杂环化合物的乙酰化以及催化氧化反应,使这些典型的精细有机合成反应绿色化。

(二) 分子筛代替 AlCl₃ 催化剂合成乙苯和异丙苯

乙苯和异丙苯都是极为重要的基本有机化工材料,目前世界乙苯和异丙苯需求量分别达到 1 700 万 t 和 1 000 万 t/a,并且以 3%～5% 的速度增长。乙苯和异丙苯的生产过程相似,都是在酸性催化剂的作用下由苯分别与乙烯和丙烯反应而制得。

传统的乙苯和异丙苯的生产均采用 AlCl₃ 作为催化剂。图 2-3(a)为生产异丙苯的工艺流程示意图(乙苯生产过程与其相似),过程较为复杂,包括反应系统、催化剂分离系统、产物水洗、中和系统和蒸馏系统。由于催化剂 AlCl₃ 本身具有较大的腐蚀性,还加入腐蚀性严重的盐酸作助催化剂和利用大量的氢氧化钠中和废酸,因而产生大量的废水、废酸、废渣、废气,环境污染十分严重。

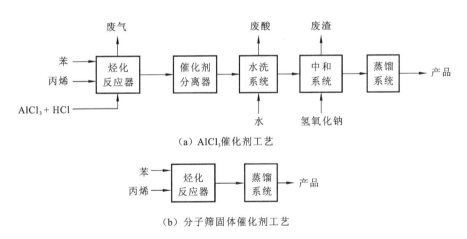

图 2-3　不同催化剂生产异丙苯的工艺流程

乙苯和异丙苯作为重要的基本有机化工原料,其生产过程中的问题自然引起研究者的高度重视。包括 UOP 公司、Mobil 公司、Dow 化学公司和 Enichem 公司等在内的世界著名石油化工公司投入巨资进行固体酸苯烷基化催化剂的研究开发,并于 19 世纪 90 年代相继成功开发出以各种分子筛为催化剂的乙苯和异丙苯合成新工艺。与 AlCl₃ 工艺比较,新工艺过程大大简化,如图 2-3(b)。分子筛为固体酸催化剂,固定在反应器中,不存在与产物分离问题,因而 AlCl₃ 催化剂工艺中庞大的催化剂分离、水洗和中和部分在新工艺中可以全部省去。高活性和选择性分子筛催化剂加上过程的简化,使得新工艺投资大大降低而过程效率大大提高。新工艺产品收率和纯度均＞99.5％,基本接近原子经济反应。

分子筛催化剂无毒无腐蚀性且可以完全再生,整个过程彻底避免了盐酸和氢氧化钠等腐蚀性物质的使用,基本消除了"三废"的排放。分子筛催化利于乙苯、异丙苯的合成成功,是目前固体酸代替液体酸取得显著经济效益和环境效益最为成功的实例之一。

分子筛催化剂合成乙苯、异丙苯技术在国内也取得了成功。表 2-3 为中国石油化工"三废"排放对比。从表中可知,采用分子筛固体催化剂后,彻底消灭了废酸的产生和废液的排放,废气和废渣也很少,废渣主要是废催化剂,由于无毒无腐蚀性,很容易处理。

表 2-3　分子筛改造 AlCl₃ 装置"三废"排放对比

比较项目	改造前的 AlCl₃ 工艺	改造后的分子筛工艺
乙丙苯产量/(万 t/a)	6.7	8.5
污水量/(t/h)	9.6	0
稀盐酸/(kg/h)	90	0
废气/(kg/h)	211	4
废渣/(kg/h)	126[中和 Al(OH)₃ 滤饼]	4.6(废催化剂)

目前,国内除少量厂家仍采用 AlCl₃ 法生产乙苯和异丙苯外,其他均已采用分子筛催化剂工艺。乙苯、异丙苯的生产基本上实现了过程清洁化。

单元三　能源的概述

[单元目标]

1. 了解能源的分类。

2. 了解传统能源煤炭、石油对环境的危害。

3. 掌握能源的发展趋势。

[单元重点难点]

1. 掌握传统能源煤炭、石油存在的问题。

2. 能源发展趋势。

能源是人类生存和发展的重要物质基础,是从事各种经济活动的原动力,也是社会经济发展水平的重要标志。目前,能源、材料、信息被称为现代社会繁荣和发展的三大支柱,已成为人类文明进步的先决条件。从人类利用能源的历史中可以清楚地看到,每一种能源的发现和利用都把人类支配自然的能力提高到一个新的水平。能源科学技术的每一次重大突破也都带来世界性的产业革命和经济飞跃,从而极大地推动着社会的进步。目前,国际上往往以能源的人均占有量、能源构成、能源使用率和能源对环境的影响因素来衡量一个国家现代化的程度。

一、能源的分类

能源是可以直接或经转换提供人类所需的光、热、动力等任一形式能量的载能体资源。能源是人类取得能量的来源,包括已开采出来可供使用的自然资源和经过加工或转换的能量的来源。而尚未开采出来的能量资源一般称为资源。

"万物生长靠太阳",这是因为地球上的绝大部分能源最终来源于太阳热核反应释放的巨大能量。另外,还有地球在形成过程中储存下来的能量和太阳系运行的能量。能源按其形态特性或转换和利用的层次不同可分为以下类别:固体燃料、液体燃料、气体燃料、水能(一般指水力发电)、核能(包含核裂变能与核聚变能)、电力、太阳能、氢能、风能、生物质能、地热能、海洋能。

能源的分类方法有很多种,按其形成方式不同可分为一次能源和二次能源,按其可否再生可分为可再生能源和非可再生能源;按其使用成熟程度不同可分为新能源和常规能源,按其使用性质不同可分为含能体能源和过程性能源;按其是否作为商品流通可分为商品能源和非商品能源,按其是否清洁可分为清洁(绿色)能源和非清洁能源。

（一）按形成方式分类

一次能源是直接从自然界取得的能源,如河流中流动的水,开采出的原煤、原油、天然气、天然铀矿等。二次能源是一次能源经过加工、转换得到的能源,如电力、蒸气等。

（二）按可否再生分类

可再生能源包括太阳能、生物质能、水能、氢能、风能、地热能、波浪能、海流能和潮汐能以及海洋表面与深层之间的热循环等,是可供人们取之不尽的一次能源。煤炭、石油、天然气、煤成气等化石能源是不能再生的,属于非再生能源。

（三）按成熟程度分类

新能源一般是指在新技术基础上加以开发利用的可再生能源,如太阳能生物质能、氢能、风能、沼气、乙醇、甲醇等。已经广泛利用的煤炭、石油天然气、水能、核电等能源一般称为常规能源。

（四）按是否清洁分类

从环境保护的角度,根据能源在使用中所产生的污染程度不同,也可将能源分为清洁能源和非清洁能源。有时把清洁能源称为绿色能源。绿色能源也称清洁能源,是环境保护和良好生态系统的象征和代名词。它可分为狭义和广义两种概念。狭义的绿色能源是指可再生能源,如水能、生物能、太阳能、风能、地热能和海洋能。这些能源消耗之后可以恢复补充,很少产生污染。广义的绿色能源则包括在能源的生产及其消费过程中,选用对生态环境低污染或无污染的能源,如天然气、清洁煤和核能等。"绿色能源"有两层含义:一是利用现代技术开发干净、无污染的新能源,如太阳能、氢能、风能、潮汐能等;二是化害为利,将发展能源同改善环境紧密结合,充分利用先进的设备与控制技术来利用城市垃圾、淤泥等废物中所蕴藏的能源,以充分提高这些能源在使用中的利用率。

二、能源与环境

伴随着能源的开发利用,特别是化石燃料的燃烧,带来了全球性的环境问题,主要是大气污染和温室效应。

根据世界卫生组织(WHO)和联合国环境规划署(UNEP)进行的全球环境监测系统大气监测项目(GEMS/Air)收集的资料分析,目前全球每年排放二氧化硫约 2.94 亿 t,其中 1.6 亿 t由燃煤和燃油发电的燃料燃烧等人为排放所致。化石燃料燃烧还排放大量悬浮颗粒物,这种颗粒物与二氧化硫协同作用产生的危害更大,它腐蚀建筑物、影响植物生长并危害人体健康。污染严重时还会造成烟雾事件(如伦敦烟雾事件曾造成大量人员伤亡)。

二氧化硫和 NO_x 排放量随着化石能源消费量的增长而增加。高烟囱使原来集中在城市的大气污染转化为区域性大气污染,这样使酸雨(由 SO_2 和 NO_x 转化而来)成为跨国界的区域性环境问题。中国四川曾发生酸雨危害针叶林大面积受害以致死亡的事件,重庆南山马尾松死亡率达 46%,峨眉山金顶的冷杉已有 40% 死亡。

由温室气体引起的全球变暖是当前全球环境问题中最引人关注的热点。化石燃料燃烧排放的 CO_2 是主要的温室气体源。20 世纪 90 年代初期,全世界每年因使用化石燃料而排放的 $CO_2$57 亿~60 亿 t(以碳计)。为控制温室气体的排放和保护全球气候,1992 年 6 月在巴西里约热内卢召开了联合国环境与发展大会,李鹏代表中国签署了《联合国气候变化框架公约》,公约的核心是节约能源、提高能源利用率,以达到控制和减少 CO_2 排放的目的。

1994 年,中国率先发表了《中国 21 世纪议程》(简称《议程》),提出了中国在 21 世纪社会、经济与环境可持续发展的具体方案,而能源领域的可持续发展作为一个非常重要的部分被纳入该《议程》中。

我国燃煤消费占世界煤炭消费量的 27%,是全世界少有的以煤炭为主的能源消费大国,CO_2 排放量在苏联解体后仅次于美国,居世界第二位;单位国内生产总值 CO_2 排放量远高于发达国家,大约是美国的 5 倍、日本和法国的 12 倍左右。我国煤炭产量已连续 12 年居世界第一位。1996 年,我国煤炭在一次能源生产和消费结构中均占 75% 左右,石油占 17.2%,水电和核电占 5.87%,天然气占 1.88%。而发达国家燃煤约为 22%,它们能源消费结构中的 78% 是石油、天然气、核电和水电等高效、清洁、方便的能源。煤炭燃烧对温室气体的排放率比燃烧同热值的天然气高出 69%,比燃油高出 29%。

1997 年,我国排放 $CO_2$6 亿~7 亿吨,其中 85% 是由燃煤排放;排放二氧化硫 2 400 万吨,其中 90% 是由燃煤排放;排放烟尘 1 744 万吨,其中 73% 是属于燃烧排放。由于能源利用和其他污染源大量排放环境污染物,已造成全国 57% 的城市颗粒物超过国家限制值,有 48 个城市二氧化硫的浓度超过国家二级排放标准,82% 的城市出现过酸雨,酸雨面积已达国土面积的 30%,许多城市的 NO_x 浓度有增无减,其中北京、广州、乌鲁木齐和鞍山超过国家二级排放标准。近年来,由于大城市汽车数量大幅度增加,汽车尾气已成为城市环境的重要污染源。环境污染问题已成为我国可持续发展的重要制约因素。特别是对于中国这种能源结构以煤炭为主并且在相当长时期内不可能根本改变的国家,将是一种严峻的挑战。因此,积极开发新能源和可再生能源必将是实现可持续发展战略的最佳途径之一。

三、能源发展趋势

人类利用能源的历史也就是人类认识和征服自然的历史。人类在能源的利用史上主要有三次大的转换:第一次是煤炭取代木材等成为主要能源;第二次是能源结构从煤炭转向石油、天然气,这对社会经济的发展具有十分重要的意义;20世纪70年代以来,世界能源结构开始经历第三次大转变,即从石油、天然气为主的能源系统开始转向以可再生能源为基础的持续发展的能源系统。

之所以会发生这种转变,是因为现今以石油、天然气、煤炭为主的化石能源是不可再生的,供应也过于集中。1973年,中东战争触发第一次石油危机,说明原有能源系统不可能长久维持下去。据估计,全世界已探明的石油、天然气、煤炭、油页岩等化石燃料的资源总量只够人类使用100多年(虽然还会有相当数量有待探明的资源,但总是有限的)。另外,目前以化石燃料为主体的能源系统造成了严重的全球环境问题。每年排放的数以亿吨的 SO_2 和 NO_x、几十亿吨的 CO_2,其中大部分是燃煤、燃油所致。全球日益高涨的保护环境的呼声是促进第三次能源结构大转变的重要因素。但是,更重要的原因是技术的进步,世界新的技术革命促成了新兴工业(如电子工业、信息产业、生物工程等)蓬勃发展,它们终将形成新的生产体系。而这种新的生产体系要求采用可再生的、分散的和多样化的能源。

未来,以可再生能源为基础的持续发展能源系统主要包括太阳能、地热能、水能、氢能、风能、海洋能、生物质能以及核裂变增殖反应堆发电和核聚变堆发电等。由于地域、气候等因素的影响,风能、地热能以至太阳能、海洋能等的利用会受到一定限制,而核能则将在满足未来世界长期能源需求方面起着重要作用。核电的发展将从目前的热中子形变反应堆发电过渡到快中子增殖堆发电和核聚变发电。核聚变是一种安全而清洁的能源。核聚变的主要物质氘蕴藏于浩瀚的大海中,全世界海水中总共含氘约42万亿吨。因此,核聚变能可视为人类取之不竭的理想能源。

世界能源结构转变到以可再生能源为主,从现在起需要经历100多年的时间。到那时,煤炭、石油和天然气将主要用作化工原料,而太阳能发电、核聚变反应堆发电及其他新能源发电将为全球人口提供取之不尽、用之不竭的能源。科学家设想,未来的大规模太阳能电站主要将建在世界上阳光充足的地区和太空,并利用太阳能从水中制取氢,通过管道或大油轮把氢气或液态氢输送到世界各地来使用。

四、煤炭

煤炭是能源世界的主角,是传统的能源,它被誉为工业的粮食,并且是重要的化工原料。煤炭是我国的第一能源,在一次性能源的构成中煤炭占 70% 以上。合理开发和利用煤炭,对发展国民经济和提高人民生活水平起着极其重要的作用。在可预见的时期内,它仍将继续作为人类的重要燃料和原料。因此,煤炭开发仍有必要继续发展。

在地球上化石燃料的总储量中,煤炭约占 80%。目前,世界上已有 80 多个国家发现了煤炭资源。全世界煤炭地质总储量为 107 500 亿吨标准煤,其中技术经济可采储量为 10 391 亿吨。90% 的技术经济可采储量集中在美国、俄罗斯、中国和澳大利亚等国。据世界煤炭研究会的预测,以现代开采和利用煤炭的速率计算,煤炭资源还能使用几百年。当前世界能源年消耗量中煤炭仍占 1/3。世界能源发展正在进入一个新时期,石油的黄金时代即将告终,大量增加煤炭的生产和利用已是当务之急。在各类能源中,今后 30 年内可大量增产和弥补石油不足的能源是煤炭,煤炭成了过渡到未来以可再生能源和核能为主的新型能源的桥梁,在相当长的时期内煤炭仍将继续唱主角。

我国是世界上少数以煤炭为主要能源的国家。与世界能源结构相比,我国严重缺石油、缺天然气,石油和天然气储量的人均值仅分别为世界平均值的 11% 和 4%。我国石油消费的增长速度大大高于石油生产的增长速度,石油供应前景严峻。自 1993 年起我国已成为石油的净进口国,预计到 2010 年我国原油的缺口将达 1 亿吨,约为国内原油产量的 1/3,而受到国力和外汇的限制,我国很难支持这样大规模的石油进口。从国内考虑,虽然"稳定东部,发展西部"取得了很大成效,但西北地区气候恶劣,地质情况复杂,生态环境脆弱,交通、通信基础设施落后,油气开发需要更多的技术和资金投入。油气资源多在大西北,而能源消耗大户主要在东南,数量庞大的石油和液化天然气使铁路运输不堪重负。我国经济的快速发展迫切要求解决石油和天然气的缺口问题。我国是一个富煤、贫油、少气的能源大国,是世界上最大的煤炭生产和消费大国。新中国成立以来,我国煤炭产量和消费量在一次能源中占的比例一直保持在 70% 以上。按照党的十六大提出的全面建设小康社会的奋斗目标,在未来 20 年内,我国能源需求仍将以较快的速度持续增长,其中国内煤炭需求 2005 年为 14 亿吨,2010 年达到 15.5 亿吨,2020 年为 20 亿吨。在未来相当长的时期,煤炭仍然是我国主要能源。未来 50 年,中国能源的 70% 还要来自煤炭。因此,必须从国家能源安全的战略高度重视和发展煤炭工业。

煤炭在我国一次能源结构中占据不可替代的重要地位。为了实现经济与环境的协调发展,在今后的几十年内中国煤炭能源利用的发展方向是煤的高效洁净燃烧和高效洁净转化。能源化学的任务就是寻求更有效而环境可以接受的利用途径,使每吨煤发更多的电,并减少污染物的排放总量。煤炭的综合利用是今后的发展方向,煤的清洁开发与利用也必然是世界关注的问题。煤炭将因洁净煤技术的推广,煤炭液化、煤炭气化技术的开发而变成比较清洁的能源,成为过渡时期能源结构中一大主要支柱。毫无疑问,化学在实现这些目标的过程中将起着重要作用。

煤炭能源中的主要化学问题就是以解决效率、污染和能源形式的转化为核心目的。煤炭的能源利用方式很多,但从技术发展和经济效益(或社会的承受能力)来看,在未来的几十年内煤炭的主要利用方式仍将是直接燃烧。但直接燃烧的比例会逐步下降,而通过气化、热解、液化将煤炭转化为洁净气体、液体、固体燃料的比例则会逐步增加。煤经气化后再燃烧可能会成为煤炭能源利用(发电)的主要形式。从技术手段和操作条件上看,煤的燃烧、气化、热解、液化过程差别很大。但从煤的变化来看,这些过程都是热化学过程,首先涉及煤在热场中的化学变化——煤的热裂解,随后才是煤的热解产物(热解碎片和半焦)与其他化学物质的相互作用,如在燃烧过程中主要涉及与氧的反应,在气化过程中主要涉及与氧、水和 CO_2 的反应,在液化过程中主要涉及与氢的反应。

从能源利用的角度看,煤由易挥发富氢组分、难挥发富碳组分、污染组分和无机组分构成。从化学组成看,煤中的有效组分(对能量释放有贡献的含 C、H、O 的组分)主要是以缩聚程度不同的缩合芳香核结构和相对富氢的侧链结构以及游离于这些结构之间的小分子烃类的形式存在,煤中的无效组分(对能量释放无贡献的无机物)主要是以不同的聚集形态分散于有效组分之间,煤中的有害组分(S、N、微量金属等)或存在于煤的无效组分中或存在于煤的有效组分的结构中。煤炭组成、结构和性质的这种复杂性决定了其能源合理利用形式的多样性和综合性。总体而言,从化学的角度,通过煤的分级转化形成高效、洁净、资源合理利用的新型集成过程是煤炭能源利用的方向。煤经气化后合成液体燃料是煤炭能源形式转化的重要途径,即将一氧化碳(CO)与氢(H_2)反应合成烃、醇、醚等洁净燃料和化学品,南非近 50 年的工业实践和世界其他国家(包括我国)的大力研究开发使此项技术达到了很高的水平。目前面临的主要问题是成本较高,不能与廉价的石油竞争。开发高活性、高选择性的催化剂和高效反应过程是今后的主要发展方向。

五、石油

石油俗称"工业的血液",是当今世界的主要能源。20 世纪 60 年代以来,由于石油的广泛应用,促成了西方社会的"能源革命",许多国家大规模弃煤用油,使石油在世界能源消费结构中的比例大幅度上升,成为推动现代工业和经济发展的主要动力,在国民经济中占有非常重要的地位。

首先,石油是优质动力燃料的原料。汽车、内燃机、飞机、轮船等现代交通工具都是利用石油的产品——汽油、柴油作动力燃料。石油也是提炼优质润滑油的原料,一切转动的机械的"关节"中添加的润滑油都是石油制品。石油还是主要的化工原料,石油化工厂利用石油产品可加工出 5 000 多种重要的有机合成原料。目前,石油工业产值在世界工业总产值中所占比例达到 10%。《财富》杂志于 2000 年公布世界上利润额排名前 10 位的公司中仅石油业就有 2 家,2000 年埃克森石油已超过通用汽车成为销售收入全球第一。石油工业带动了机械、炼油、化工、运输业以及为这些产业部门提供原料和动力的钢铁、电力和建材等行业的发展。石油贸易在世界贸易中也占有极为重要的地位,对世界进出口贸易平衡、国际收支平衡和世界金融市场稳定都发挥着重要作用。今天,石油已经成为一个国家综合国力和经济发展程度的重要标志,成为国家安全与繁荣的关键。

石油作为一种与人类生活密切相关的商品,已经构成现代生活方式和社会文明的基础。石油已经渗透到人们衣食住行的各个方面,现代人们的生活、工作处处都离不开石油。据统计,目前以石油为原料的石化产品达 7 万多种,各种现代交通工具、现代生活和办公设施及建筑装饰材料几乎都要使用石油和石化产品。有人甚至把 20 世纪称为"石油世纪",正如美国世界石油问题与国际事务专家丹尼尔·耶金在他的著作《石油风云》中所说的："如果世界上的油井突然枯竭,这个文明将会瓦解。"

随着世界经济对石油依赖程度的加深,石油安全是当今世界各国面临的共同问题。由于石油是一种有限的、不可再生的矿产资源,而且分布极不均衡,主要集中分布在政治动荡的中东地区,石油安全问题越来越引起世界各国的高度重视。石油已成为当今的战略资源,是世界经济乃至政治、军事竞争的重要焦点。

为此,从国际能源机构到各石油消费国都纷纷采取对策,制定和实施石油安全战略。通过增加本国石油生产,提高石油利用效率和燃烧转换能力;积极利用国外资源,建立石油储备,对短期石油供应中断做出快速反应,力争以合理的价格获取长期稳定的石油供应.努力减轻对进口石油的依赖程度,保障本国、本地区的经济安全。

新中国成立以来,石油工业取得了巨大成就,对国民经济发展做出了重大贡献。全国原油产量由成立初期的 12 万吨增加到 1.6 亿吨,跨入世界产油大国的行列,成为世界第五产油大国。但是,我国是发展中的石油消费大国,同时又是人均占有油气资源相对贫乏的国家。1993 年,我国已由石油出口国变为净进口国,2000 年的石油进口量已超过了 7 000 万吨。预计,我国石油供应短缺 2010 年为 1.2 亿吨左右,2020 年为 2.1 亿吨。2010 年我国对进口石油的依赖度将增加到 30%,2020 年将达到 75.9%。对外依赖度越高,我国能源安全的脆弱性就越大。20 世纪 80 年代初,在研究制定"六五"计划时,邓小平同志就曾高瞻远瞩地指出："能源是经济的首要问题。"如何保障长期的、稳定的石油供应,是未来我国经济安全面临的一个重大问题。

单元四　案例分析:清洁能源在化工行业的应用

[单元目标]

1. 了解生物质能源、太阳能、氢能、风能、清洁燃料、洁净煤技术的开发和应用。
2. 掌握新型能源的发展趋势和潜力。

[单元重点难点]

1. 生物质能源、太阳能、氢能、风能、清洁燃料、洁净煤技术在化工行业中的应用。
2. 新型能源的开发和目前存在的问题。

一、生物质资源

(一) 生物质能

生物质能是人类一直赖以生存的重要能源,是仅次于煤炭、石油和天然气而居于世界能源消费总量第四位的能源。目前,生物质能在世界能源总消费中占 14%,因而在整个能源系统中占有重要地位。有关专家估计,生物质能极有可能成为未来可持续能源系统的主要组成部分,到 21 世纪中叶采用新技术生产的各种生物质替代燃料将占全球总能耗的 40% 以上。

生物质能是以生物质为载体的能量,即蕴藏在生物质中的能量,是绿色植物通过叶绿素将太阳能转化为化学能而储存在生物质内部的能量形式。因此,生物质能是直接或间接地来源于植物的光合作用。在各种可再生能源中,生物质极为独特,它储存的是太阳能,是唯一可再生的碳源,加之在其生长过程中吸收大气中的 CO_2,构成了生物质中碳的循环(图 2-4)。煤、石油和天然气等化石能源也是由生物质能转变而来。据估计地球上每年植物光合作用固定的碳达 2 000 亿 t,含能量达 3×10^{21} J,每年通过光合作用储存在植物的枝、茎、叶中的太阳能相当于全世界每年耗能量的 10 倍。生物质遍布世界各地,蕴藏量极大,仅地球上的植物每年生产量就相当于目前人类消耗矿物能的 20 倍,或相当于世界现有人口食物能量的 160 倍。

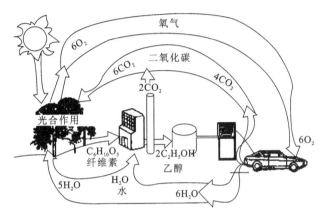

图 2-4　生物质的碳循环

生物质能资源自古以来就是人类赖以生存的能源,在人类社会历史的发展进程中始终发挥着极其重要的作用。人类自从发现火开始,就以生物质的形式利用太阳能做饭和取暖。即使是今天,世界上薪柴的主要用途依然是在发展中国家供农村地区炊事和取暖。现代生物质能指由生物质转化成的现代能源载体,如气体燃料、液体燃料或电能,从而可大规模用来代替常规能源。巴西、瑞典、美国的生物能计划便是这类生物能的例子。现代生物质包括工业性的木质废弃物、甘蔗渣(工业性的)、城市废物、生物燃料(包括沼气和能源型作物)。在世界能耗中,生物质能约占 15%,在不发达地区占 60% 以上。在少数国家,生物质能的比例还更高。在尼泊尔,总能量的 95% 以上来源于生物质资源,马拉维是94%,肯尼亚是 75%,印度是 50%,中国是 33%。全世界约 25 亿人的生活能源的 90% 以上是生物质能。

(二) 生物质能的利用

开发利用生物质能有利于回收利用有机废弃物、处理废水和治理污染。生物质能中的沼气发酵系统能和农业生产紧密结合,可减缓化肥农药带来的种种对环境的不利因素,有效刺激农村经济的发展。生物质能源转换技术包括生物转换、化学转换和直接转换 3种转换技术(图 2-5)。生物质能源转换的方式有生物质气化、生物质固化和生物质液化(图 2-6)。

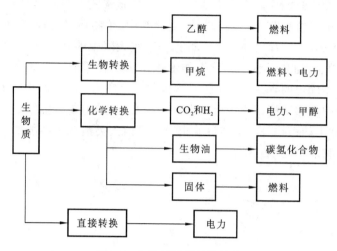

图 2-5　生物质能源转换技术

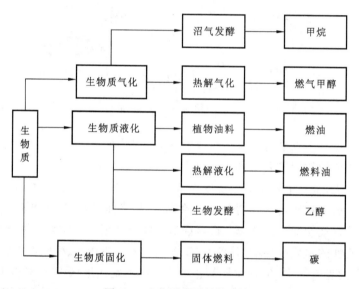

图 2-6　生物质能源转换方式

1. 生物质气化技术

生物质气化是通过化学方法将固体的生物质能转化为气体燃料。由于气体燃料高效、清洁、方便,生物质气化技术的研究和开发受到了国内外的广泛重视,并取得了可喜的进展。生物质气化技术主要有热解气化技术和厌氧发酵生产沼气技术等。其中热解气化技术主要用于生物质发电,沼气技术主要用于农村家庭用燃气。热解气化技术在国外大多采用压力和燃烧气化技术,用以驱动燃气轮机,也有发生炉煤气甲烷化、流化床或固定床热解气化等。我国主要研究开发了流化床、固定床和小型气化炉热解气化技术,可分别处理秸秆、木屑、稻壳、树枝、废木块等生物质,将其转换成气体燃料。

1）生物质热解综合技术

热解是把生物质转化为有用燃料的热化学过程,即在完全缺氧或只提供有限氧和不加催化剂条件下把生物质转化为液体(生物油或生物原材料如乙酸、丙酮、甲醇)、固体(焦炭)或非压缩气体的化学过程。生物质热解后,其能量的 $80\%\sim90\%$ 转化为较高品位的燃料,有很高的商业价值。可热解的生物质非常广泛,如农业、林业和加工时废弃的有机物都可作为热解的原料。热解后产生的固体和液体燃料燃烧时不冒黑烟,废气中含硫量低,燃烧残余物很少,因而减少了对环境的污染。如生物质转化成的焦炭具有能量密度高、发烟少的特性,是理想的家用燃料。而分选后的城市垃圾和废水处理生成的污泥经热解后体积大为缩小,在除去臭味、化学污染和病原菌的同时还获得了能源。生物炭、生物油和燃料气 3 种产品的比例及其热值因热解所用的原料和工艺不同而有差异。

2）气化技术

气化也是裂解的一种,主要是为了在高温下获得最佳产率的气体。产生的气体主要包含一氧化碳、氢气和甲烷,以及少量的 CO_2 与氮气。所产生的气体比生物质原材料易挥发。可以作为燃气使用。

生物质气化与煤的裂解非常相似,气化的过程很复杂。随着气化装置的类型、工艺流程、反应条件、气化剂种类、原料性质等条件的不同,反应过程也不同,这些过程的基本反应包括:

$$C + O_2 \longrightarrow CO_2$$
$$2C + O_2 \longrightarrow 2CO$$
$$CO_2 + C \longrightarrow 2CO$$
$$H_2O + C \longrightarrow CO + H_2$$
$$2H_2O + C \longrightarrow CO_2 + 2H_2$$
$$H_2O + CO \longrightarrow CO_2 + H_2$$
$$2CO + O_2 \longrightarrow 2CO_2$$
$$CO_2 + 4H_2 \longrightarrow CH_4 + 2H_2O$$
$$C + 2H_2 \longrightarrow CH_4$$
$$CO + 3H_2 \longrightarrow CH_4 + H_2O$$
$$2CO + 2H_2 \longrightarrow CH_4 + CO_2$$
$$2H_2 + O_2 \longrightarrow 2H_2O$$

3）我国的沼气技术

我国地广人多,生物能资源丰富。研究表明,在 21 世纪,无论在农村还是城镇,都可以根据本地的实际情况就地利用粪便、秸秆、杂草、废渣、废料等生产沼气,应用于集中供气、供热、发电等方面。20 世纪 90 年代以来,我国沼气建设一直处于稳步发展的态势。到 1998 年年底,全国户用沼气池发展到 688 万户,总数已达到 1 000 多万个,比上一年增长 7.8％,利用率达到 91.7％。我国大中型沼气工程的建设开始于 20 世纪 50 年代,目前以制取沼气、治理污染为目的的大中型沼气工程进入了稳步和健康的发展阶段。全国大中型沼气工程累计建成 748 处,城市污水净化沼气池累计 49 300 处,已建成一批如南阳酒精厂、杭州浮山养殖场和上海星火养殖场的大中型沼气工程,其工艺技术无论在厌氧消化技术、技术经济指标、工程设计及规模等方面都达到了较高水平,对今后的推广工作将起到示范作用。

以沼气技术为核心的综合利用技术模式由于具有明显的经济和社会效益而得到快速发展,这也成为我国生物质能利用的特色,如"四位一体"模式、"能源环境工程"等。北方"四位一体"沼气推广模式,户均年收入都在 3 000 元以上,以沼气为纽带的农村经济发展模式取得了显著的经济效益。

"四位一体"就是一种综合利用太阳能和生物质能发展农村经济的模式,因地制宜地发展太阳能、沼气等多种技术组合,而形成小规模庭院式的能源——生态组合技术。其内容是在日光温室的一端建地下沼气池,地上建猪舍、厕所,形成一个封闭状态下的"四位一体"系统,它组合了厌氧消化的沼气技术和太阳能热利用技术,以充分利用太阳能和生物质能资源。这样一个特殊的系统既提供能源,又生产优质农产品。"四位一体"把农业和人畜粪便等废弃物转变成洁净沼气和高效沼肥,实现了废弃物资源化利用。沼肥返田,增加了农田氮、磷、钾等有机质含量,可用于生产优质农产品;沼气用于炊事、点灯,替代了煤炭。改善了大气环境质量和室内污染;日光温室利用猪呼出的 CO_2,加上太阳光利用,促进了作物光合作用,实现了太阳能和生物质能多层次的利用。因此,这种组合技术是一种资源优化配置、典型的生态农业模式,生态效益十分明显。这种"四位一体"模式在今后的发展中要提高其技术含量,形成规模,发展相应服务和产业体系,为我国农业经济发展、生态环境保护和农民奔小康致富做出应有的贡献。

因为沼气具有无可比拟的特点,专家们认为在 21 世纪沼气在农村将成为主要能源之一,对我国而言更是如此。沼气能源在我国农村分布广泛,潜力很大,凡是有生物的地方都有可能获得制取沼气的原料。所以沼气是一种取之不尽、用之不竭的再生能源,而且可以就地取材,节省开支。

在四川、浙江、江苏、广东、上海等省市农村,有些地方除用沼气煮饭、点灯外,还办起了小型沼气发电站,利用沼气能源作动力脱粒,加工食料、饲料和制茶等,闯出了用"土"办法解决农村电力问题的新路子。沼气电站建在农村,发酵原料一般不必外求。兴办一个小型沼气动力站和发电站,设备和技术都比较简单,管理和维修也很方便,大多数农村都能办到。据调查对比,小型沼气电站每千瓦投资只要 400 元左右,仅为小型水力电站的 1/2~1/3,比风力、潮汐和太阳能发电低得多。小型沼气电站建设周期短,只要几个月时间就能投产使用,基本上不受自然条件变化的影响。采用沼气与柴油混合燃烧,还可以节省 17% 的柴油。

2. 生物质液化技术

人类在很久以前就掌握了以粮食作为原材料通过发酵的方法酿酒的技术,并由此诞生了人类文明的重要组成部分"酒文化"。酿酒是一个典型的生物转化过程,其主要过程是 α-1,4 链接的葡萄糖淀粉链在酿酒酵母的作用下降解转化为乙醇的过程。

将生物质转化为液体燃料使用,是有效利用生物质能的最佳途径。生物质液化是以生物质为原料制取液体燃料的生产过程。其转换方法可分为热化法(气化、高温分解、液化)、生化法(水解、发酵)、机械法(压榨、提取)和化学法(甲醇合成、酯化)。生物质液化的主要产品是醇类和生物柴油,醇类是含氧的碳氢化合物,常用的是甲醇和乙醇(酒精)。生物柴油是动植物油脂加定量的醇在催化剂作用下经化学反应生成的性质近似柴油的酯化燃料。生物柴油可代替柴油直接用于柴油发动机,也可与柴油混掺使用。

甲醇可由木质纤维蒸馏获得,也可通过调节生物质气化产物 CO 与 H_2 的比例为 1:2,再经过催化反应合成。用合成法,每吨木材可产出 378.54 L 甲醇,成本大大低于目前的市场价,不仅满足了可持续发展的要求,还有极大的商业利润,很可能被广泛使用。生产甲醇的原料比较便宜,但设备投资较大。

乙醇可由生物质热解产物乙炔与乙烯合成制取,但能耗太高,而采用生物质经糖化发酵制取方法较经济可行。一般情况下,乙醇生产成本的 60% 以上为原料,因此选用廉价原料对降低乙醇成本很重要。因为用粮食做原料成本太高,人们开始研究使用非粮食类生物质。制取乙醇的原料主要有两类:一类是木质纤维原料,如速生林、草类;另一类是含糖丰富的植物原料,也可选用农业废弃物,如高粱秆、玉米秆、制糖废渣等。可以把它们中的纤维素和半纤维转化为醇类燃料。与淀粉相比,木质纤维素发酵制备乙醇的过程要困难得多,但作为来源极其丰富的天然资源,以木质纤维素为原料通过发酵制备乙醇的努力仍在不断地进行着。

目前国际上已开发出两类用非粮食类生物质中的木质纤维素制乙醇和甲醇的新工艺:一类是生物技术(发酵法);另一类是热化学方法,即在一定温度、压力和时间控制条件下将生物质转化为气态和液体燃料。

发酵法是将纤维素分解为可发酵糖的方法,即在酸催化剂或特殊的酶作用下进行水解。为了使木质纤维素更易于分解,需要采取一些预处理措施,如机械粉碎(切碎、碾碎或磨细)、爆发性减压技术、高压热水、低温浓酸(或碱)催化的蒸汽水解以及使用非离子表面活性剂等。在发酵纤维素时需要重点考虑实现纤维素和半纤维素成分的同时水解。纤维素是葡萄糖的聚合体,可以被水解为葡萄糖(一种可发酵的糖类)。而半纤维素是其他几种糖主要是戊醛糖的聚合体,这使得其水解的主要产物也是戊醛糖(主要是木糖和少量阿拉伯糖),但戊醛糖较难发酵,因而在使用时必须使用催化剂。因此,戊醛糖的高效发酵转化是实现生物质转化工艺实用化的一个技术关键。许多研究机构都开展了利用代谢过程构建高效木糖发酵菌的研究,并为植物纤维转化为乙醇工艺的实际应用提供了可能。图 2-7 为以生物质做原料通过发酵方法制备乙醇的工艺流程示意图。

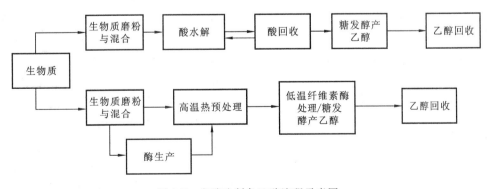

图 2-7 发酵法制备乙醇流程示意图

英国有个研究小组研究出一种用稻草生产乙醇的技术。他们用一种称为嗜热脂肪芽孢杆菌的细菌使稻草分解变为乙醇。嗜热脂肪芽孢杆菌在把纤维素和半纤维素转化为乙醇的同时还产生热量,使发酵的秸秆维持在 70 ℃左右,在这个温度产生的乙醇可以挥发,因而只需一个简单的低真空装置就可以把产物分离出来。

生物质液体燃料的可再生性和低污染性使其成为良好的替代能源,作为动力燃料和发电能源将具有持久的生命力。

[背景知识]

乙醇作为燃料使用历史悠久,最初的内燃机曾用乙醇为燃料,后来被汽油和柴油所取代。乙醇的资源丰富,可以再生,属于生物质的能源。从甘蔗、玉米、薯类、甜菜、大麦等农作物及木质纤维中发酵提取。美国是世界上乙醇燃料的主要生产国。1979 年,美国国会制订了"乙醇发展计划",开始推行使用含 10%乙醇混合燃料。1990 年,美国国会通过"空气清洁法"(修正案),这是有力促使乙醇燃料发展的重要动力,1979 年,美国乙醇生产的 3 万 t,到 1990 年增长到 261 万 t,20 世纪 80 年代全美已有 40 个州,7 800 个加油站出售乙醇汽油,2002 年产量激增至 2 534.4 万 t。2004 年拥有 91 个醇生产厂,产量 40 亿加仑。福特公司在研究自由燃料汽车走在前头,即可以烧乙醇、甲醇、氢气的汽车(FFV),福特公司表示 2006 年生产 FFV25 万辆。2006 年 1 月 31 日,布什在国情咨文中提出:要加快乙醇作为汽车清洁燃料的替代作用。布什乐观地说:要在 6 年内,乙醇成为与汽油并驾齐驱的汽车燃料。巴西是石油贫乏的国家之一,因此,乙醇成为一种重要的交通燃料,2000 年全国拥有 340 个乙醇生产厂,总产量 793 万 t,全国甘蔗产量的 43%用于生产乙醇燃料,乙醇总消耗量中 92.5%用于交通,2005 年市场上汽油和乙醇混合燃烧的汽车销量,首次超过汽油燃料的汽车,这种乙醇燃料为主的汽车销量从 2004 后的 21.6%激增到 53.6%,其中 2005 年 12 月份就达到 73%。

图 2-8 以乙醇为燃料的机动车

3. 生物质固化技术

生物质固化成型技术是将具有一定粒度的生物质原料(如秸秆、果壳、木屑、稻草等)经过粉碎,并在一定的压力和温度下将其挤压制成棒状、块状或粒状等各种成型燃料的加工工艺。生物质热压致密成型主要是利用木质素的胶黏作用,木质素在植物组织中有增强细胞壁和黏结纤维的功能,属非晶体,有软化点,当温度达到 70~110 ℃时黏结力开始增加,而在 200~300 ℃时则发生软化、液化,此时若再加以一定的压力,并维持一定的热压滞留时间,待其冷却后即可固化成型。另外,粉碎的生物质颗粒互相交织,也增加了成型强度。

原料经挤压成型后,体积缩小,密度可达 1.1~1.4 g/cm³,含水率在 12%以下,热值约 16 MJ/kg。成型燃料热性能优于木材,能量密度与中质煤相当,燃烧特性明显改善,而且点火容易,火力持久,黑烟小,炉膛温度高,并便于运输和储存。生物质压制成型技术把农、林业中的废弃物转化成能源,使资源得到综合利用,并减少了对环境的污染。成型燃料可作为生物质气化炉、高效燃烧炉和小型锅炉的燃料。但是生物质压实技术需要附属的生物质压实设备,尤其是生物质高压成型设备及制作生物质焦炭的设备价格昂贵,这无疑增加了的成本,限制了生物质的利用。

利用生物质炭化炉可以将成型生物质块进一步炭化,生产生物炭。由于在隔绝空气条件下生物质被高温分解,生成燃气、焦油和炭。其中的燃气和焦油又从炭化炉释放出去,最后得到的生物炭燃烧效果显著改善,烟气中的污染物含量明显降低,是一种高品位的民用燃料。优质的生物炭还可以作为冶金、化工等行业的还原剂、添加剂等。将松散的农林剩余物进行粉碎分级处理后,加工成型为定型的燃料,这在我国将会有较大的市场前景。而将专用设备与技术的开发相结合,并推广家庭和暖房取暖用颗粒成型燃料的应用,是生物质成型燃料研究开发的热点。

二、太阳能

(一) 太阳能简介

太阳能是一种人类赖以生存与发展的能源,地球上多种形式的能源均起源于太阳能,而且它又是一种取之不尽、用之不竭的清洁无污染能源。人类对太阳能的利用只是对能源利用方式的改进,是通过不同的介质将太阳的能量加以储存并再利用。

太阳能的利用已日益广泛,包括太阳能的光热利用、太阳能的光电利用和太阳能的光化学利用等。通过转换装置把太阳辐射能转换成热能利用属于太阳能热利用技术,如已广泛使用的太阳能热水器、太阳灶、空调机、被动式采暖太阳房、干燥器、集热器、热机等。利用太阳热能进行发电称为太阳能热发电,也属太阳能热利用技术领域。而通过转换装置把太阳辐射能直接转换成电能属于太阳能光发电技术,目前这一领域已成为太阳能应用的主要方向,如已制作出各种太阳能电池、制氢装置及太阳能自行车、汽车、飞机等,并在开展建造空间电站的前期工作。在多种太阳能电池中,硅太阳能电池已进入产业化阶段。光电转换装置通常是利用半导体器件的光伏效应原理进行光电转换。因而又称太阳能光伏技术。

[背景知识]

地球轨道上的平均太阳辐射强度为 $1\,367\ kW/m^2$,地球赤道的周长为 $40\,000\ km$,从而可计算出地球获得的能最可达 $173\,000\ TW$。太阳光在穿透大气层到达地球表面的过程中要受到大气各种成分的吸收及大气和云层的反射,最后以直射光和散射光的形式到达地面,在海平面上的标准峰值强度为 $1\ kW/m^2$,地球表面 $24\ h$ 的年平均辐射强度为 $0.20\ kW/m^2$,相当于有 $102\,000\ TW$ 的能量。大气中的水汽对太阳光的吸收最为强烈,臭氧对紫外光的吸收也很强。同时,不同的地理位置、季节和气象等因素也直接影响到达地表的太阳辐射能量。尽管太阳辐射到地球大气层的能量仅为其总辐射能量的 22 亿分之一,但已高达 $173\,000\ TW$,也就是说太阳每秒照射到地球上的能量相当于 500 万 t 煤。地球上的风能、水能、海洋温差能、波浪能和生物质能以及部分潮汐能都是来源于太阳;即使是地球上的化石燃料(如煤、石油、天然气等),从根本上说也是远古以来储存下来的太阳能。因此,广义的太阳能所包括的范围非常大,狭义的太阳能则限于太阳辐射能的光热、光电和光化学的直接转换。

(二)太阳能的光热利用

太阳能热能转换历史悠久,开发也很普遍。太阳能热利用包括太阳能热水器、太阳能热发电、太阳能制冷与空调、太阳能干燥、太阳房等。其中太阳能采暖技术被列入建设部建筑节能技术政策范畴、建筑节能"十五"计划和 2010 年规划,太阳灶则主要用于解决在日照条件较好又缺乏燃料的边远地区如西藏、新疆、甘肃等省区的生活用能问题。

1. 太阳能热发电

太阳能热发电是利用集热器将太阳辐射能转换成热能并通过热力循环进行发电的过程,是太阳能热利用的重要方面。除了水力发电外,差不多所有的电能都产生于采用兰金循环(Rankine cycle)的热力电站。热源采用太阳能向蒸发器供热,工质(通常为水)在蒸发器(或锅炉)中蒸发为蒸汽并被过热,进入透平,通过喷管加速后驱动叶轮旋转,从而带动发电机发电。离开透平的工质仍然为蒸汽,但其压力和温度都已大大降低,成为(温)饱和蒸汽,然后进入冷凝器,向冷却介质(水或空气)释放潜热,凝结成液体。凝结成液体的工质最后被重新泵送回蒸发器(或锅炉中),开始新的循环。

20 世纪 80 年代以来,美国、欧盟、澳大利亚等国家和地区相继建立起不同形式的示范装置,促进了热发电技术的发展。太阳能热发电系统由集热系统、热传输系统、蓄热与热交换系统和汽轮机发电系统组成。世界现有的太阳能热发电系统大致有 3 种:槽式聚焦系统、塔式系统和碟式系统。槽式聚焦系统是利用抛物柱面槽式反射镜(图 2-9)将阳光聚焦到管状的接收器上,并将管内传热物质加热,在换热器内产生蒸汽,推动常规汽轮机发电。塔式太阳能热发电系统是利用一组独立跟踪太阳的定日镜将阳光聚焦到一个固定在塔顶部的接收器上,用以产生高温,然后由传热介质将得到的热量输送到安装在塔下的透平发电装置中,推动透平,带动发电机发电(图 2-10)。碟式/斯特林系统是由许多镜子构成的抛物面反射镜组成,接收器在抛物面的焦点上,接收器内的传热物质被加热到750 ℃左右,驱动发动机进行发电。碟式/斯特林系统光学效率高,启动损失小,效率高达29%,在 3 种系统中位居首位。

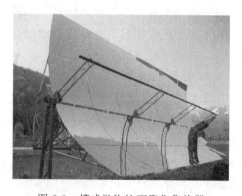

图 2-9 槽式抛物柱面聚焦集热器

图 2-10 塔式太阳能热发电系统

3 种系统目前只有槽式聚焦系统实现了商业化,其他两种还处于示范阶段,有实现商业化的可能和前景。3 种系统均可单独使用太阳能运行,也可安装成燃料混合系统。

2. 太阳能制冷与空调技术

太阳能制冷是利用太阳辐射热为动力驱动制冷装置工作。随着《蒙特利尔条约》的签订,氟利昂压缩式制冷机将逐渐退出市场。利用水、蒸汽或其他热源驱动的溴化锂吸收式制冷机将逐渐成为一种趋势,尤其是在中央空调方面,太阳能空调系统就是以太阳能来驱动制冷机工作,以达到节约常规能源消耗、降低系统运行费用的目的。

太阳能空调系统主要由热管式真空管太阳能集热器、热水型单效溴化锂吸收式制冷机、储热水箱、储冷水箱、生活用热水箱、循环水泵、冷却塔、空调箱和自动控制系统等几大部分组成。在夏季,太阳能空调首先将被太阳能集热器加热的热水储存在储热水箱中。当储热水箱中的热水温度达到一定值时,由储热水箱向制冷机提供所需的热水,从制冷机流出的热水温度降温后再流回储热水箱,并由太阳能集热器再加热成高温

图 2-11 太阳能制冷的空调机

热水。而制冷机产生的冷水首先储存在储冷水箱中,再由储冷水箱分别向各个空调箱提供冷水,以达到空调制冷的目的。当太阳能不足以提供足够高温度的热水时,可以由辅助的直燃型溴化锂机组工作,以满足空调的要求。在冬季,太阳能空调同样是将太阳能集热器加热的热水先储存在储热水箱中,当热水温度达到一定值时,由储热水箱直接向各个空调箱提供所需的热水,以达到供热的目的。当太阳能提供的热量不能够满足要求时,由辅助的直燃型溴化锂吸收式冷热水机组直接向空调箱提供热水。图 2-11 为太阳能制冷的空调机。

传统的制冷与空调技术大部分是以电为动力,制冷时把冷空间的热量用制冷剂转移到大气中。这一过程不仅使环境温度更高,空调负荷增大,而且制冷剂中的氟化物破坏了大气臭氧层,造成了地球的温室效应。作为比较,利用太阳能作为能源,在夏季太阳辐射强时,环境气温越高,人们的生活越需要制冷。空调使用率高的同时太阳能的利用率也最高,两者相辅相成。另外,利用太阳能不含任何破坏大气层的有害物质,保护了环境。在我国,小城镇的发展越来越快,而且随着人们对住宅条件要求的提高,别墅式建筑会越来越多,太阳能空调系统则能满足此类小户型对中央空调的需求。1998 年 6 月,中国科学院广州能源研究所研制成功我国首座太阳能空调热水系统,该系统利用 500 m^2 太阳能平板集热器产生 65 ℃左右的热水作为热源,以推动两级吸收式制冷机制冷,能为 600 m^2 整层楼房进行空气调节和提供全年热水,已在广东省江门市投入使用。

(三)太阳能的光电利用:太阳能电池

太阳能转换为电能有两种基本途径:一种是把太阳辐射能转换为热能,即太阳热发电;另一种是通过光电器件将太阳光直接转换为电能,即太阳光发电。太阳光发电到目前为止已发展成为两种类型:一种是光生伏打电池,一般俗称太阳能电池;另一种是正在探索之中的光化学电池。

1. 太阳能电池简介

太阳能电池虽然叫作电池,但与传统的电池概念不同的是它本身不提供能量储备,只是将太阳能转换为电能,以供使用。所以太阳能电池只是一个装置,它是利用某些半导体材料受到太阳光照射时产生的光伏效应将太阳辐射能直接转换成直流电能的器件,一般也称光电池。在制作太阳能电池时,根据需要将不同半导体组件封装成串并联的方阵。另外,通常需要用蓄电池等作为储能装置,以随时供给负载使用。如果是交流负载,则还需要通过逆变器将直流电变成交流电。整个光伏系统还要配备控制器等附件。

安装 $1\,kW$ 光伏发电系统,每年可少排放 CO_2 约 $2\,000\,kg$,NO_x $16\,kg$、硫氧化物 $9\,kg$ 及其他微粒 $0.6\,kg$。一个 $4\,kW$ 的屋顶家用光伏系统可以满足普通美国家庭的用电需要,每年少排放的 CO_2 数量相当于一辆家庭轿车的年排放量。

太阳光发电技术今后的主要目标是,通过改进现有的制造工艺,设计新的电池结构,开发新颖电池材料等方式来降低制造成本,并提高光电转换效率。

1954 年,美国贝尔实验室研究人员发现 Si 晶体中 p-n 结能够产生光伏效应,并根据这个原理制造出世界上第一个实用的太阳能电池(图 2-12 中长方形平板状装置),效率仅为 4%。后经过改进,于 1958 年应用到美国的先锋 1 号人造卫星上。

由于太阳能发电具有特殊的优越性,各国普遍将其作为航天器的首选动力。迄今,各国发射的数千航天器中绝大多数都用太阳能电池(图 2-13)。太阳能电池在人类对空间领域的探索中发挥了十分重要的作用。

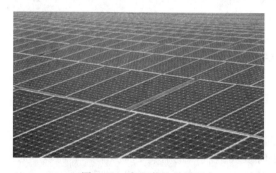

图 2-12　太阳能电池阵

图 2-13　太阳能电池用于航天器

由于价格昂贵,早期的太阳能电池只是在空间应用。后来由于材料、结构、工艺等方面的不断改进,产量逐年上升,价格也在逐渐下降。太阳能电池进入地面起初是在航标灯、铁路信号等特殊用电场合应用,后来逐渐发展到在微波通信中继站、防灾应急电源、石油及天然气管道阴极保护电源系统等较大规模的工业应用中。太阳能计数器、手表、收音机等更是到处可见。在无电地区的乡村,太阳能家用电源、光电水泵等也已经广泛使用,并且有了很好的社会效益和经济效益。中小型太阳能光伏电站正在迅速增加,在不少地方已经可以取代柴油发电机。以上这些类型均属于独立光伏系统的应用。而并网的太阳能发电系统也已在很多地区推广应用。截至 2015 年底,中国光伏发电累计装机容量 4 318 万千瓦。

2. 几类太阳能电池

最早问世的太阳能电池是单晶硅太阳能电池。用硅制备太阳能电池不存在原料问题,但提炼单晶硅却不容易。因此,人们在生产单晶硅太阳能电池的同时又研制了多晶硅太阳能电池和非晶硅太阳能电池。除硅系列外,还有许多半导体化合物,如砷化镓、铜铟硒、碲化镉等,都可用于制备太阳能电池。以下分别对晶体(单晶与多晶)硅太阳能电池、非晶硅太阳能电池做介绍。

1) 晶体硅太阳能电池

晶体硅太阳能电池是光伏技术发电简称"PV 系统"市场上的主导产品。1997 年,84%的太阳能电池及组件采用晶体硅制造。晶体硅电池既可用于空间,也可用于地面。由于硅是地球上储量第二大的元素,人们对它作为半导体材料的研究很多,技术也很成熟,而且晶体硅性能稳定、无毒。因此,晶体硅已成为太阳能电池研究开发、生产和应用中的主体材料。在过去的 20 年里,由于采用了许多新技术,晶体硅太阳能电池的效率有了很大的提高,其本身也获得了很大的发展。在早期晶体硅太阳能电池的研究中,人们探索各种各样的电池结构和技术来改进电池性能。如背表面场、浅结、绒面、Ti/Pd 金属化电极和减反射膜等,后来的高效电池是在这些早期实验和理论基础上发展起来的。

2) 单晶硅太阳能电池

单晶硅太阳能电池是开发得最早、最快的一种太阳能电池,其结构和生产工艺已定型,产品已广泛应用于空间和地面。目前单晶硅太阳能电池的光电转换效率为 15%左右,也有可达 20%以上的实验室成果。其典型代表是斯坦福大学的背面点触电池(PCC)、新南威尔士大学的钝化发射区电池(PESC,PERC,PERL)、德国 Fraumhofer 太阳能研究所的局域化背表面场电池(LBSF)以及埋栅电池(BCSC)等。晶体硅太阳能电池在近 15 年来形成产业化,其生产过程大致可分为提纯、拉棒、切片、电池制作和封装 5 个步骤(图 2-14)。

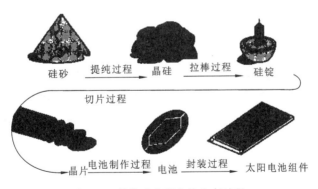

图 2-14　单晶硅太阳电池生产过程

这种太阳能电池以高纯的单晶硅棒为原料,纯度极高,要求达到 99.999%。为了降低生产成本,现在地面应用的太阳能电池主要采用太阳能级的单晶硅棒,材料性能指标有所放宽。目前可使用半导体器件加工的头尾料和废次单晶硅材料经过复拉制成太阳能电池专用的单晶硅棒。

3）多晶硅太阳能电池

单晶硅太阳能电池的生产需要消耗最大的高纯硅材料，而制造这些材料的工艺很复杂，耗电量很大，在太阳能电池的生产总成本中已超过一半。另外，拉制的单晶硅棒一般呈圆柱状，因而切片制作的太阳能电池也是片状，使得制备太阳能电池组件的平面利用率低。作为单晶硅电池的替代产品，现在发展了薄膜太阳能电池，其中包括非晶硅薄膜太阳能电池、碲化镉薄膜太阳能电池和多晶硅薄膜太阳能电池。

多晶硅薄膜太阳能电池由于所使用的硅量远较单晶硅少，又无效率衰减问题，并有可能在廉价底材上制备，其成本预期要远低于单晶硅太阳能电池。实验室效率已达 18%，远离于非晶硅薄膜太阳能电池的效率。因此，多晶硅薄膜太阳能电池被认为是最有可能替代单晶硅太阳能电池和非晶硅薄膜太阳能电池的下一代太阳能电池。

4）非晶硅太阳能电池

非晶硅太阳能电池是在玻璃、不锈钢片或塑料等衬底上沉积透明导电膜（TCO），然后依次用等离子体反应，先沉积一层掺磷的 n 型非晶硅，再沉积一层未掺杂的 I 层，然后再沉积一层掺硼的 p 型非晶硅，最后用电子束蒸发一层减反射膜，并蒸镀金属电极铝。此种制作工艺可以采用一连串沉积室，在生产中构成连续程序，以实现大批量生产。太阳光从玻璃面入射，电池电流则从透明导电膜和铝中引出。在非晶硅太阳能电池中可采用非晶硅窗口层、梯度界面层、微晶硅 p 层等来明显改善电池的短波光谱响应，以增加光在 p 层中的吸收以及分段吸收太阳光，达到拓宽光谱响应，提高转换效率的目的。在提高叠层电池效率方面，还采用渐变带隙设计、隧道结中的微晶化掺杂等，以改善对载流子的收集。

非晶硅太阳电池很薄，制成叠层式，或采用集成电路的方法制造，在一个平面上用适当的掩模工艺一次制作多个串联电池，以获得较高的电压。现在日本生产的非晶硅串联太阳能电池输出电压可达 2.4 V。

图 2-15　太阳能街灯

自 1980 年日本三洋电器公司利用非晶硅太阳能电池制成袖珍计算器后，非晶硅太阳能电池产量连续增长，电池成本也逐年下降。随着非晶硅电池性能的不断提高，成本不断下降，其应用领域也在不断扩大，已由计算器扩展到其他领域，如太阳能收音机、街灯（图 2-15）、微波中继站、交通道口信号灯、气象监测以及光伏水泵、户用独立电源等。非晶硅由于其内部结构的不稳定性和大量氢原子的存在，具有光疲劳效应，经过长期光照后效率会变低，特别是在强光光照下长期稳定性存在问题。近10 年来虽经努力研究有所改善，但尚未彻底解决问题，作为电力电源尚未大量推广。估计效率衰减问题克服后，非晶硅太阳电池将促进太阳能利用的大发展，因为它成本低、质量小，应用更方便，它可以与房屋的屋面结合构成住户的独立电源。

目前，非晶硅太阳能电池的研究主要着重于提高非晶硅薄膜本身的性能，特别集中于减少缺陷密度、控制各层厚度、改善各层之间的界面状态以及精确设计电池结构等方面，以获得高效率和高稳定性。目前非晶硅单结电池的最高效率已可达到 14.6% 左右，大量生产的可达到 8%～10%，叠层电池的最高效率可达到 21%。

三、氢能

（一）氢能介绍

氢位于元素周期表之首，它的原子序数为 1，在常温常压下为气态，在超低温高压下又可成为液态。2 个氢原子与 1 个氧原子相结合便构成了 1 个水分子。氢气在氧气中易燃烧释放热量，然后氢和氧结合并生成水。由于氢、氧结合不会产生 CO_2、SO_2、烟尘等污染物，所以氢被看作未来理想的洁净能源，有"未来石油"之称。也可用于燃料电池中，氢能和燃料电池技术将会彻底改变全球能源系统的发展方向。

氢是自然界最丰富的元素，它存在于淡水、海水之中，也存在于碳氢化合物和一切生命物质之中。地球表层 2/3 的面积，都由水覆盖着、主宰着，因此，氢能若能加以开发利用，对于我们人类而言，是取之不尽、用之不竭的能源。所以，国内外对氢能的开发研究正方兴未艾，将其作为一个国家国计民生的重大战略措施来看待。可以这样说：氢能将是21 世纪能源发展的一大方向。作为能源，氢有以下特点。

（1）氢是自然界存在最普遍的元素，据估计它构成了宇宙质量的 75%，除空气中含氢气外，它主要以化合物的形态储存于水中，而水是地球上最广泛的物质。据推算，如把海水产的氢全部提取出来，它所产生的总热量比地球上所有化石燃料放出的热量还大9 000 倍。

（2）除核燃料外，氢的发热值是所有化石燃料、化工燃料和生物燃料中最高的，为142 351 kJ/kg，是汽油发热值的 3 倍。

（3）氢燃烧性能好，点燃快，与空气混合时有广泛的可燃范围，而且燃点高，燃烧速度快。

（4）氢本身无毒，与其他燃料相比氢燃烧时最清洁，除生成水和少量氮气外不会产生诸如一氧化碳、CO_2、碳氢化合物、铅化物和粉尘颗粒等对环境有害的污染物质，少量的氮气经过适当处理也不会污染环境，而且燃烧生成的水还可继续制氢，反复循环使用。

（5）氢能利用形式多，既可以通过燃烧产生热能，在热力发动机中产生机械功，又可以作为能源材料用于燃料电池，或转换成固态氢用作结构材料。用氢代替煤和石油，不需对现有的技术装备作重大的改造，现在的内燃机稍加改装即可使用。

（二）制氢工艺

氢气能否作为燃料广泛使用，关键在于制氢工艺。作为大规模生产氢的主要途径，电解水无疑是最可行的，原料取之不尽，而且氢燃烧放出能量后又生成产物水，不造成环境污染。然而，水分子中的氢氧原子结合得十分紧密，电解时要耗用大量的电力，比燃烧氢气本身所产生的能量还要多。如果这些电力来自火力发电站，就失去使用氢燃料的意义，无论在经济上还是对环境的影响上都不足取。

基于此,人们想到了利用太阳能发电和水力发电等提供电力。首先使这一设想付诸实施的,是 1986 年在加拿大魁北克省启动的"水力氢试验计划",该计划由加拿大和欧洲合作,利用魁北克省丰富的水力资源提供电力,并用高性能离子交换膜电解水,所产生的氢气吸附在一种储氢合金内,运往消费地欧洲。据报道,用该工艺方法生产氢的成本,已接近天然气的生产成本。美国夏威夷大学开发了一种光电制氢工艺,用一片很薄的半导体悬于水中,仅利用太阳能就能产生氢气。位于科罗拉多州的政府氢实验室、迈阿密大学等正在开发另一种有希望的制氢方法,用光线照射某些微生物,它们便能像一个自发的活反应体一样,从水中产生氢气和氧气。日本通产省从 1993 年开始实施"氢利用清洁能源计划"。该计划提出了将在太平洋上赤道位置建立"太阳光发电岛",以太阳能电解水制得的氢,去推动以氢作燃料的燃气轮机,建成新型的火力发电站。日本工业技术院人士认为,从成本上看,氢发电是大有希望的,若能建立起氢的大量供给系统,其需求将有可能急剧增大。日本的目标是以氢发电为突破口,逐步摆脱对石油的依赖。

以水为原料利用热化学循环分解水制氢方法也是比较有前途的制氢方法,该法避免了水直接热分解所需的高温(4 000 K 以上),且可降低电耗,也日益受到人们的重视。该方法是在水反应系统中加入一种中间物,经历不同的反应阶段,最终将水分解为氢和氧,中间物不消耗,各阶段反应温度均较低。如美国通用原子能公司(GA 公司)提出的硫-碘热化学制氢循环:

$$2H_2O + SO_2 + I_2 \xrightarrow{350\text{ K}} H_2SO_4 + 2HI$$

$$H_2SO_4 \xrightarrow{1\ 123 \sim 1\ 223\text{ K}} H_2O + SO_2 + \frac{1}{2}O_2$$

$$2HI \xrightarrow{350\text{ K}} H_2 + I_2$$

$$净反应为\ H_2O \longrightarrow H_2 + \frac{1}{2}O_2$$

近年已先后研究开发了 20 多种热化学循环法,有的已进入中试阶段。我国在该领域基本属空白,应积极赶上。

光化学制氢是以水力原料,光催化分解制取氢气的方法。光催化过程是指含有催化剂的反应体系,在光照下由于有催化剂存在,促使水解制得氢气。在 19 世纪 70 年代开始国外有研究报道,我国中国科学院感光化学研究所等单位也开展了研究。该方法具有开发前景,但目前尚处于基础研究阶段。

以煤、石油及天然气为原料制取氢气仍是当今制取氢气最主要的方法,但其储量有限,且制氢过程会对环境造成污染。制得氢气主要作为化工原料,如合成氨、合成甲醇等。用矿物燃料制氢的方法包括含氢气体的制造、气体中一氧化碳组分变换反应以及氢气提纯等步骤。该方法在我国只有成熟的工艺,并建有工业化生产装置。煤地下气化方法近年来已被人们重视,煤地下气化技术具有煤资源利用率高及减少或避免地表环境破坏等优点。

(三)氢能的应用

氢是 21 世纪重要的能源载体。以氢为燃料的燃料电池,燃烧时氢与氧结合生成水,是一种洁净的发电技术,顺应了全球的环保大趋势。

1. 化学工业用氢

氢是石油、化工、化肥和冶金工业中的重要原料。当今氢的最大应用是在合成氨工业上。首次把氮和氢合成氨由理论转化为实际工业生产的是德国化学家哈伯,他经过 15 年的努力,寻找到合适的催化剂,使得氢和氮的分子在适中的温度下能够化合形成稳定的氨分子。合成氨反应需要在高压下进行,以利于反应的发生。氮和氢合成氨的化学反应方程式为:

$$N_2 + 3H_2 \longrightarrow 2NH_3$$

使用大量氢气的石油精制工艺过程是炼制汽油的催化裂解工艺。在原始的直接蒸馏工艺中,依赖原油的组成,所得汽油的量占石油质量的 15%~50%。而剩余的重油大部分可以通过催化裂解转化成汽油。如果将原油的高沸点馏分在催化剂存在下再加热到高温,碳原子长链便会断裂成短链。这种"不饱和"汽油的氢碳比值低于 2.2,在汽车中使用时燃烧性能不良并且在存储过程中会变质。这就需要在催化剂的作用下在高压下进行加氢反应,使得产物中的氢碳比值处于 2.2~2.4 之间,以获得优质汽油。

另外,石油产品由于原料来源常含硫,在石油工业中需要对许多含硫原料进行加氢脱硫反应。原油中有许多不同类型的硫化合物,如硫醇 RCH_2SH、硫醚 RSR、硫化物、硫酸酯等,通常采用高压氢在高温下处理原油组分,把原料中的硫转化成硫化氢,并通过碱性物质加以吸收,以获得高质量的清洁燃料。所涉及的化学反应如下

$$S + H_2 \longrightarrow H_2S$$
$$H_2S + Ca \longrightarrow CaS + H_2$$

2. 氢能汽车

当前,世界著名的汽车厂商,为发展环保型汽车,加紧更新传统的车用燃料,纷纷决定采用氢能,掀起了一场氢能汽车开发的热潮。实验证明,使用氢燃料电池的汽车排放的碳仅为常规内燃机的 30%,造成的大气污染仅为内燃机的 5%。80 年代以后,氢用于交通工具的研究发展迅速,渐渐可与传统的内燃机媲美。由氢作燃料电动汽车与传统汽车相比,无尾气排放,无污染,能效更高,发达国家政府和跨国公司目前都纷纷投入巨资研发这种新时代的交通工具。BP 公司负责新能源的全球副总裁莫约翰介绍说,由美国普林斯顿大学和 BP 公司合作的一项计划雄心勃勃地提出,今后要将 10 亿辆传统汽车替换成氢燃料汽车。估计燃料电池及相关产品的全球市场潜力,在 2011 年将达到 332 亿美元,2021年有可能突破 1.9 万亿美元。

除汽车外,2001 年开始,美国、欧洲和日本已开展在飞机上推广氢燃料的研究。由于液态氢的工作温度为 -253℃,因此必须改进目前的飞机燃料系统。德国戴姆勒·奔驰宇航公司和俄罗斯航空公司已从 1996 年开始进行试验,证实在配备有双发动机的喷气机中使用液氢,其安全性有足够的保证。另外,由于同等重量的氢和汽油相比,氢提供的能量是汽油的 3 倍,这意味着燃料的自重可减轻 2/3,这对飞机而言无疑是极为有利的,使用氢能的飞机将可能搭载更多的货物或乘客,特别是对未来的超音速客机和远程洲际客机的设计将更有意义。

不远的将来,氢能汽车将驰骋于高速公路上,氢能飞机将翱翔于蓝天,氢能飞船将穿梭于星际,人类将迎来一个洁净、高效的明天。

四、风能

(一)概述

当太阳辐射能穿越地球大气层时,大气层约吸收 2×10^{16} W 的能量,其中一小部分转变成空气的动能。热带比极带吸收较多的太阳辐射能,产生大气压力差导致空气流动而产生风。

风能非常巨大,理论上仅 1% 的风能就能满足人类能源需要。风能利用主要是将大气运动时所具有的动能转化为其他形式的能,其具体用途包括风力发电、风帆助航、风车提水、风力制热采暖等。其中,风力发电是风能利用的最重要形式。

风能利用已有数千年的历史,最早的利用方式是风帆行舟。埃及尼罗河上的风帆船、中国的木帆船,都有两三千年的历史记载。1 000 多年前,中国人首先发明了风车,用它来提水、磨面,替代繁重的人力劳动。12 世纪,风车从中东传入欧洲。16 世纪,荷兰人利用风车排水、与海争地,在低洼的海滩地上建国立业,逐渐发展成为一个经济发达的国家。今天,荷兰人将风车视为国宝,北欧国家保留的大量荷兰式的大风车,已成为人类文明史的见证。

(二)风力发电

历史上,由于西欧各国燃料缺乏,而且其地理位置在盛行西风带上,故刺激其发展风力发电。19 世纪末,丹麦人首先研制了风力发电机。1891 年,丹麦拉库尔教授创建了世界第一座试验性风力发电站,安装 2 台利用风轮驱动的 9 kW 直流发电机。1910 年,丹麦已有数百座 5~25 kW 的风力发电站,小型风力发电机组 3 万余台。现在丹麦已拥有风力发电机 3 000 多座,年发电 100 亿 kW·h。20 世纪 30 年代,美国拥有的小型风力发电机组达到 100 万台左右,同期苏联也有 29 万台风力发电机组。1998 年,全世界风力发电装机容量达到 960 万 kW,全球风力发电量达 210 亿 kW·h 时,可供 350 万户家庭使用。

国内最著名的风力发电场(简称风电场),是新疆乌鲁木齐附近的达坂城风电场,总装机容量 1.68 万 kW,是中国第一个装机容量超过 1 万 kW 风电场。之后又相继建设内蒙古的商都、辽宁东岗和横山、广东南澳海峡、山东青岛、浙江鹤顶山等风力电场。为了改善电力结构,当时的国家电力公司也提出将风电作为产业来抓,并制定了有关风电并网运行的若干规定,将风电规划正式纳入中国电力发展的计划之中,开始大规模开发风力发电。

风力发电机主要包括水平轴式风力发电机和垂直轴式风力发电机。其中,水平轴式风力发电机是目前技术最成熟、生产量最多的一种形式。它由风轮、增速齿轮箱、发电机、偏航装置、控制系统、塔架等部件组成。风轮将风能转换为机械能,低速转动的风轮通过传动系统由增速齿轮箱增速,将动力传递给发电机。整个机舱由高大的塔架举起,由于风向经常变化,为了有效地利用风能,还安装迎风装置,它根据风向传感器测得的风向信号,由控制器控制偏航电机,驱动与塔架上大齿轮啮合的小齿轮转动,使机舱始终对风。

在电力不足的地区,为节省柴油机发电的燃料,可以采用风力发电与柴油机发电互补,组成风-柴互补发电系统。风电场是将多台大型并网式的风力发电机安装在风能资源好的场地,按照地形和主风向排成阵列,组成机群向电网供电。风力发电机就像种庄稼一样排列在地面上,故形象地称为风力田。风电场与 20 世纪 80 年代初在美国的加利福尼亚州兴起,目前世界上最大的风电场是洛杉矶附近的特哈查比风电场,装机容量超过 50 万 kW,年发电量为 14 亿 kW·h 时,约占世界风力发电总量的 23%。

目前,风能作为一种高效清洁的新能源,要用来转化为电能,兴建大型风力发电场,其发电成本低于太阳能发电,与火力发电和水力发电相比,无论是建设成本还是使用成本均基本相当或略高一些,但突出的环保性能却是火力发电无法比拟的,而且,随着风力发电技术的不断进步,风力发电的成本还在继续下降,目前风力发电的成本为每千瓦时 4~6 美分。因此,即使是在一些发达国家,风能发电也日益受到重视,风力发电已经成为世界上发展最迅速的能源采集方式。

美国早在 1974 年就开始实行联邦风能计划。目前美国已成为世界上风力发电机装机容量最多的国家,超过 $2×10^4$ MW,每年还以 10% 的速度增长。现在世界上最大的新型风力发电机组已在夏威夷岛建成运行,其风力机叶片直径为 975 m,重 144 t。风轮迎风角的调整和机组的运行都由计算机控制,年发电量达 1 000 万 kW·h。根据美国能源部的统计,至 1990 年美国风力发电已占总发电量的 1%。在瑞典、荷兰、英国、丹麦、德国、日本、西班牙,也根据各自国家的情况制定了相应的风力发电计划。如瑞典 1990 年风力发电机的装机容量已达 350 MW,年发电 10 亿 kW·h。丹麦在 1978 年即建成了日德兰风力发电站,装机容量达 2 000 kW,三片风叶的扫掠直径为 54 m,混凝土塔高 58 m,2015 年丹麦电力需求量的 30% 来源于风能。1980 年,德国在易北河口建成了一座风力发电站,装机容量为 3 000 kW,到 20 世纪末风力发电也将占总发电量的 8%。英国,英伦三岛濒临海洋,风能十分丰富,政府对风能开发也十分重视,到 1990 年风力发电已占英国总发电量的 2%。在 1991 年 10 月,津轻海峡青森县的日本最大的风力发电站投入运行,5 台风力发电机可为 700 户家庭提供电力。

我国位于亚洲大陆东,濒临太平洋西岸,季风强盛。季风是我国气候的基本特征,如冬季季风在华北长达 6 个月,东北长达 7 个月。根据国家气象局估计,全国风力资源的总储量为每年 16 亿 kW,近期可开发的约为 1.6 亿 kW,内蒙古、青海、黑龙江、甘肃等省区风能储量居我国前列,年平均风速大于 3 m/s 的天数在 200 天以上。我国风力机的发展,在 19 世纪 50 年代末是各种木结构的布篷式风车,1959 年仅江苏省就有木风车 20 多万台。到 19 世纪 60 年代中期主要是发展风力提水机。19 世纪 70 年代中期以后风能开发利用列入“六五”国家重点项目,得到迅速发展。进入 19 世纪 80 年代中期以后,我国先后从丹麦、比利时、瑞典、美国、德国引进一批中、大型风力发电机组。在新疆、内蒙古的风口及山东、浙江、福建、广东的岛屿建立了 8 座示范性风力发电场。1992 年装机容量已达 8 MW。至 1990 年年底全国风力提水的灌溉面积已达 2.58 万亩。1997 年我国新增风力发电 10 万 kW。目前我国已研制出 100 多种不同型号、不同容量的风力发电机组,并初步形成了风力机产业。尽管如此,与发达国家相比,我国风能的开发利用还相当落后,不但发展速度缓慢而且技术落后,远没有形成规模。

五、清洁燃料

交通工具所消耗的能源占总能源消耗的比例是相当大的。国民经济的持续快速发展,带动了汽车工业的快速发展,同时也带来了汽车排气污染等问题,汽车排放的污染物对人类的身体健康造成很大危害。著名的美国洛杉矶光化学烟雾污染事件,就是由汽车尾气和工业废气排放造成的。我国的城市大气污染也日趋严重,煤烟、工业扬尘、汽车有害物的排放是危害大气的三大污染源。其中大约 63% 的 CO(一氧化碳)、50% 的 NO_x(氮氧化合物)、73% 的 HC(烃类,包括有机挥发物 VOC)、80% 的铅(烷基铅)来自汽车尾气排放,汽车排放污染已成为城市大气的主要污染源之一。我国已于 2000 年 1 月 1 日开始实施新的汽车排放污染物控制标准(GB 14761—1999)。规定 2000 年 7 月 1 日起全国范围内停止生产、使用和销售含铅汽油。

(一)清洁汽油

汽油是汽车最常用的燃料。汽油和空气混合后被吸入发动机汽缸中,通过压缩使气体混合物升压,达到一定的程度后点火便会剧烈燃烧,但一部分汽油不等点火就超前发生了爆炸式燃烧,这种不能控制的燃烧过程,称为爆震。汽油的爆震既损失能量、浪费燃料,又损坏汽缸。爆震现象与汽油的化学组成有关,汽油中直链烷烃在燃烧时发生的爆震程度比较大,而芳香烃和带有支链的烷烃则不易发生爆震。经比较发现,汽油中以正庚烷的爆震程度最大,而异辛烷的爆震程度最小。人们把衡量爆震程度大小的标准称为辛烷值,把正庚烷的辛烷值定为 0,异辛烷的辛烷值定为 100。汽油的辛烷值越高,汽油的抗爆性能越好。

辛烷值是车用汽油最重要的质量指标,采用抗爆剂是提高车用汽油辛烷值的重要手段。四乙基铅是最常用的汽油抗爆剂,只要少量的四乙基铅就能大大提高汽油的辛烷值,从 1921 年起,四乙基铅作为有效而又经济的汽油抗爆剂被广泛使用。四乙基铅 $[(CH_3CH_2)Pb]$ 是一种带有水果味、具有毒性的油状液体,它的毒性要比铅及铅的化合物大 100 倍。汽油中添加四乙基铅,导致铅随汽车尾气被排放到大气中。当人长期通过呼吸或食物摄入有机铅时,就会在体内蓄积,铅是唯一的人体不需要的微量元素,它几乎对人体的所有器官都能够造成损害。此外,铅的存在还可使汽车尾气净化装置中的催化剂"中毒"而失去净化效果,使机动车辆排放 NO_x、一氧化碳等一次污染。因此,早在 1972 年 12 月,美国宣布逐步淘汰铅汽油,到 1996 年 1 月 1 日,美国已实现全面禁止含铅汽油。日本于 1985 年也实现了普通汽油无铅化。我国从 19 世纪 90 年代初,在北京、上海、广州等少数大城市首先使用无铅汽油,目前全国范围已实现车用汽油的无铅化。

无铅汽油,是指提炼过程中没有添加含铅抗爆剂的汽油,而是添加甲基叔丁基醚(MTBE)作为高辛烷值组分。这种组分沸点低,可以改善汽油的蒸发性能,对汽车的启动、加速以及提高发动机的功率有利,无铅汽油还可以减少汽车废气中的一氧化碳和氧化氮的含量,大大减轻了对环境的污染。无铅汽油虽然基本上消除了汽车尾气的铅污染,但并没有从根本上解决汽车尾气的其他污染问题。无铅汽油在燃烧时仍可能排放有害气体、颗粒物和冷凝物三大物质,对环境、人体健康的危害依然存在。其中,有害气体以一氧化碳、碳氢化合物、NO_x 为主。颗粒物以聚合的碳粒为核心,呈粉散状,60%~80% 的颗粒物直径小于 $2\ \mu m$,可长期悬浮于空气中,易被人体吸入。冷凝物指尾气中的一些有机物,包括未燃油、醛类、苯、多环芳烃、苯并[a]芘等多种污染物,在高温尾气中呈气态,遇外界冷空气可凝结,通常吸附在颗粒物上,可随颗粒物吸入人体肺脏深处长期滞留,具有一定的致癌性。为了弥补去铅后汽油辛烷值的稳定,需对原油进行催化裂化、烷基化等精炼,因此又不可避免地造成烯烃、芳烃类物质含量的增加,从而增加了尾气中烯烃、甲醛、苯及苯环类物质的排放。芳烃燃烧时产生较高的温度,不仅增加了尾气中的 NO_x,还可使汽油燃烧不完全。

当前世界各国非常重视提高燃料的质量,推荐使用清洁汽油。美国于 1990 年通过了《清洁空气法修正案》,美国国家环境保护局提出了使用新配方汽油(RFG)的要求。RFG 规定的指标为:氧含量最低 2.1%(w/w);芳烃最高 25%(v/v);苯最高 1.0%(v/v);烯烃 12%(v/v),蒸气压 44~68.9 kPa。中国国家环境保护总局也已于 1999 年颁布了《车用汽油有害物质控制标准》,该标准要求氧含量不小于 27%;硫含量不大于 0.08%(w/w),苯含量不大于 2.5%(v/v),芳烃含量不大于 40%(v/v),烯烃含量不大于 35%(v/v)。新标准的实行将使我国汽车尾气污染大幅度下降,配合采用电喷发动机(电子控制汽油喷射发动机)和三元催化装置,将使燃油更充分地燃烧,可使尾气污染减少。

(二) 清洁汽油生产技术

目前,清洁汽油生产技术主要包括催化裂化、催化重整、烷基化、异构化技术等。从近期看,催化裂化(FCC)仍是生产清洁汽油的主要和调和组分的手段;催化重整是提高辛烷值的重要手段。由于未来清洁汽油对芳烃含量有所限制,催化重整生成油作为清洁汽油调和组分的比例会下降;异构烷烃,特别是多支链的异构烷烃,辛烷值高、蒸气压低、不饱和烯烃和芳烃,是清洁汽油的理想组分,因此,异丁烷与丁烯烷基化以及低碳烷烃的异构化在未来清洁汽油生产中将日益发挥重要的作用。汽油调和组分中烯烃的主要来源是催化裂化汽油,因此降低汽油的烯烃含量主要是降低催化裂化汽油的烯烃含量,催化裂化装置采用新型催化剂后,可降低催化裂化汽油中烯烃 8%~12%(v/v)(FIA 法测定),而且丙烯、丁烯收率和汽油辛烷值不损失。催化裂化氢汽油深度醚化工艺,可减少烯烃一半以上。采取催化裂化汽油中的碳五以下富含烯烃馏分进行烷基化也可以减少烯烃含量。催化裂化汽油的硫含量较高(其中 85% 以上的硫集中在尾端重馏分中),对总体汽油硫含量的贡献率为 40%~90%。要想降低汽油的硫含量,首先是降低催化裂化汽油的硫含量。

常规催化裂化汽油加氢脱硫技术所得的汽油辛烷值降低很多,19 世纪 90 年代以来开发成功 SCANFining、Prime-G、ISAL、OCTGAIN 等多种催化裂化汽油选择性加氢技术,脱硫率均可达到 90% 以上,辛烷值损失较小;催化蒸馏加氢脱硫(CDHDS)技术是加氢脱硫技术的一大突破,其硫含量可降低 95% 以上,而抗爆指数(R+M)/2 只损失 1.0 个单价;催化裂化汽油吸附脱硫技术在国外已完成中试和工业装置设计,装置投资和操作费用都远低于加氢精制;美国、日本等国正大力研究催化裂化汽油生物脱硫效术,针对原料中硫的种类筛选菌种,采用基因工程提高生物催化剂活性及稳定性,改进生物催化反应器和优化工艺参数。

2003 年 8 月,由上海石化与石油化工科学研究院共同开发的催化裂化汽油选择性加氢脱硫技术(RSDS)在上海石化已实现工业化生产,从而使我国的清洁汽油生产技术达到世界先进水平。由该项技术生产的清洁汽油中硫的含量为 52×10^{-6} ppm,烷烃含量为 17.8%,大大优于发达国家普遍采用的《世界燃油规范》II 类汽油的标准要求。RSDS 技术能根据催化裂化汽油中硫、烯烃、芳烃的分布特点,将全馏分催化裂化汽油切割为轻、重两种汽油馏分。利用传统碱精制方法将轻馏分中的硫醇硫转化为二硫化物,从而减少催化汽油的辛烷值损失。将重汽油馏分通过缓和条件进行加氢脱硫反应,使芳烃基本不饱和,烯烃得到最大程度的保留,从而实现在脱硫的同时辛烷值损失最小。

催化重整汽油在 21 世纪仍将是汽油的重要组分之一。目前,降低重整汽油苯含量的技术有:切除重整原料油的头馏分(即<85 ℃的碳五碳六馏分)送去异构化装置加工后再作为汽油组分,可以减少苯含量;将重整汽油分馏为富含苯的轻馏分以及其他的重馏分,轻油进行常规的溶剂抽提,分离出苯;重整轻油加氢脱苯,催化蒸馏加氢脱苯等。

对于轻烯烃和异丁烷的烷基化,采用氢氟酸和硫酸的烷基化技术已很成熟,但存在环保和安全问题。国外的固体酸烷基化技术的研究开发很活跃,如丹麦 Topsoe 公司开发的固定床烷基化工艺,使用固载液体酸作催化剂,已达到工业应用水平。UOP 公司开发的固体酸烷基化工艺(alkylene)也已达到工业应用水平,其特点是投资与硫酸法相近,催化剂可以连续再生,此工艺的研究法和马达法辛烷值与液体酸常规烷基化油相似。今后烷基化的研究方向是将烷基化的原料从碳四扩大至碳三和碳五烯烃以增产这一清洁汽油理想组分。

碳五、碳六烷烃异构化,采用含铂的无定形催化剂(Pt/Al_2O_3-C_1),其次通过操作的产物的研究法辛烷值(RON)为 85,循环操作时可达 90;采用沸石类催化剂铂丝光沸石,可将原料油的研究法辛烷值由 68 增至 88。今后此项技术的研究方向是将原料扩大到碳七烷烃。

(三)天然气及液化石油气

天然气、液化石油气(LPG)是常用的工业及民用燃料,也可以作为汽车代用燃料,天然气的主要成分为甲烷,纯度较高,含 80% 甲烷,其他烷烃约占 15%。LPG 主要成分是丙烷、丙烯、丁烷、丁烯等化合物。利用天然气、液化石油气代替汽油作为机动车燃料具有以下优点:

(1)资源丰富、污染小。据统计,1994 年年底,全世界可开采的天然气储量为 140 万亿 m^3,我国已探明的储量为 1.53 万亿 m^3。在今后相当长的时间内,有充足的能源保障。同时,天然气或液化石油气以气态方式进入发动机,能与空气完全混合,从而使燃烧充分,大大降低废气排放。与汽油机相比,其碳氢化合物的排放可下降 90% 左右,CO 下降 80%,NO_x 下降 40%,且无污染,是一种理想的清洁能源。

(2)抗爆性能好,燃料经济。天然气、液化石油气辛烷值大于 100,高于汽油 5%~

10%,具有很强的抗爆性。天然气储量丰富,开采运输方便,相同发热量情况下天然气、液化石油气价格低于汽油价格,比燃油汽车可节约燃料费约50%。

（3）技术成熟。天然气、液化石油气汽车对发动机改动幅度不大,技术已基本成熟。

（4）使用安全。汽油具有很大的挥发性,随着气温升高挥发性加强,而汽车燃料系统从构造上并没有十分严密的封闭措施,因此汽车在发生交通事故或漏油后极易引发火灾。而天然气、液化石油气被压缩储存在经专门设计加工、高强度的气瓶内,传输和加注均是在严格封闭的管道中进行的,比较安全,即使发生漏气现象,由于天然气的比例小于空气,在空气中遇风而被驱散,加上天然气燃点高(537 ℃以上),易形成可燃性混合气,所以天然气汽车一般不易发生火灾,比用汽油安全。

（5）汽车发动机寿命延长。由于天然气、液化石油气燃烧比较完全,汽缸不积炭,可减少发动机磨损,从而节约维修费用,延长发动机使用寿命。

目前天然气的储存方法应用最广的是压缩天然气(CNG)技术,它是将天然气压缩至储气瓶内,其压力大约为20 MPa,在汽车上经过减压设备减压后供内燃机燃烧。另一种大有前途的天然气的储存技术是吸附天然气(ANG),它是在气瓶内加入特殊的吸附剂,可在较低的压力下存储天然气,存储密度与压缩天然气相当,目前优良的吸附剂还有待开发。

利用天然气作为汽车燃料的主要不足是动力性低,燃料容器耐压性、密封性等要求高,加气站建设投资大,发动机混合与控制技术要求高等。汽车以天然气为燃料时,发动机功率下降20%以上,我国长安大学于2003年3月以汽油机汽车改装的天然气汽车由功率不足原车的80%达到原车的95%以上,加速性能也大幅提高,运行总能耗下降14.6%。

（四）二甲醚

二甲醚(DME)也是一种较理想的汽车代用燃料。二甲醚的分子式为CH_3OCH_3,在常温、常压下为无色、无味气体,常温下蒸气压为0.5 MPa,同等温度下,二甲醚的饱和蒸气压低于液化气,极易压缩液化,储存运输比液化石油气更安全。

1. 二甲醚的应用

目前二甲醚主要用作溶剂、制冷剂、抛射剂和合成其他化工产品的中间体。由于二甲醚分子中自身含氧,组分单一,因此燃烧性能好,热效率高,燃烧过程中无残留物、无黑烟,CO、NO_x排量低,是公认的清洁能源,近年来许多国家已将其作为代替柴油、液化石油气的潜在能源来开发和应用。

1）替代柴油发动机的燃料

使用柴油发动机的汽车的主要问题是尾气NO_x的排放和颗粒物质黑烟的生成。研究表明,二甲醚是柴油发动机理想的替代燃料。二甲醚十六烷值大于55,具有优良的压缩性,非常适合于压燃式发动机,可用作柴油机的代用燃料。

使用二甲醚为燃料,仅需对原柴油机的燃油系统稍作改进即可应用。在保持原柴油机同样的输出功率、扭矩及燃油经济性的前提下,不用任何废气再循环系统和废气处理装置,NO_x就能大幅度降低,由于燃烧充分,黑烟颗粒的排放也大幅降低。

西安交通大学能源与动力工程学院汽车工程系对二甲醚代替柴油进行大量研究工作,试验结果表明,燃用二甲醚后,发动机完全消除了黑烟排放,NO_x排放降低 50%～70%,未燃碳氢化合物排放降低 30%,CO 排放降低 20%,排放指标不仅满足欧洲二和三号标准,而且接近欧洲于 2005 年实施的排放标准和美国加利福尼亚州的超低排放标准。

2) 替代液化石油气作民用清洁燃料。

二甲醚的物理性质与液化石油气相似,可替代液化石油气作为民用清洁燃料。其特点一是可燃性好,二甲醚本身就是含氧燃料添加剂,其燃烧充分、完全,无碳析出,几乎无残留物,废气无毒,符合卫生标准;二是液化压力低,常温下二甲醚蒸气压力约为0.5 MPa,低于液化气和天然气,在室温下就可压缩成液体,可用液化气储罐罐装,能确保运输安全,同时因其常温下为气体,不需预热,随用随开,快捷方便;三是无毒性,二甲醚对人体呼吸道、皮肤有轻微刺激作用,但对人体无毒性反应;四是安全可以控制,其爆炸下限比液化气高 1.3 倍,爆炸隐患大大缩小;五是燃烧值高。

2. 二甲醚的生产

二甲醚的工业生产主要有甲醇脱水工艺和合成气直接合成工艺。

甲醇脱水工艺在 19 世纪 80 年代实现工业化,按反应相的不同又可分为液相甲醇法和气相甲醇法。液相甲醇法最初采用硫酸作催化剂,使甲醇均相脱水制二甲醚,其反应如下:

$$2CH_3OH \xrightarrow{H_2SO_4} CH_3OCH_3 + H_2O$$

同时还生成 CO、CO_2、H_2、CH_4、C_2H_4 等副产物。该工艺具有反应温度低(小于 100 ℃)、转化率高(90%)、选择性好的优点,但同时具有设备腐蚀严重、污水污染大、操作条件恶劣等缺点。因此已逐渐被淘汰,取而代之的是气相甲醇法。

气相甲醇法利用结晶硅酸铝等作催化剂,使甲醇蒸气通过固体催化剂发生非均相催化反应,脱水制得二甲醚。该法避免了液相甲醇法的缺陷,是一种操作简便、污染小,连续生产二甲醚的先进工艺。该法最早由 Mobil 公司和 Esso 公司开发成功,我国的西南化工研究设计院和上海石油化工研究院均开发了自己的技术。该法反应温度要比液相甲醇法高(在 200 ℃以上),甲醇单程转化率(约 80%左右)也低于液相甲醇法,但生产成本相当。目前世界上绝大多数装置采用的技术即为气相脱水法。

合成气直接合成工艺,就是将水煤气变换反应、合成甲醇反应、甲醇脱水反应等三步反应合为一步。该法又分为两种,气固相法和三相床法。与甲醇脱水法相比,一步法工艺具有流程短、投资省、能耗低等优点,而且获得较高的转化率。据报道一步法合成二甲醚工艺,二甲醚的成本比甲醇脱水法低 25%左右。

我国有丰富的煤炭资源,在大力发展洁净煤的基础上,通过煤炭气化技术,使之转化为煤气,再利用一步法合成二甲醚或通过甲醇脱水来转产或联产二甲醚,在实现大规模工业化生产时,成本有望大幅度下降,足以与传统燃料相竞争,而二甲醚作为燃料的环保性是传统燃料无法相比的,因此,大力发展二甲醚生产,使之成为柴油、液化石油气等的替代品,作为石油资源的补充,不失为解决我国石油资源相对不足与经济高速发展的矛盾的途径之一。

六、洁净煤技术

在前面提到了煤在我国能源中占有重要位置,目前没有其他能源能替代它,因此为了减少污染物的产生,对煤进行洁净处理是很有必要的。洁净煤技术是指在煤炭从开发到利用全过程中,旨在减少污染排放与提高利用效率的加工、燃烧、转化和污染控制等新技术的总称。洁净煤技术分为煤炭加工技术(如选煤、型煤、配煤、水煤浆等)、煤炭转化技术(如液化和气化技术)、清洁燃烧和发电技术、污染控制和资源再利用技术(如烟气脱硫技术、煤矸石利用技术等)等四个技术领域。

(一)煤炭加工技术

煤炭加工是指在原煤投入使用之前,以物理方法为主对其进行加工,这是合理用煤的前提和减少燃煤污染的最经济的途径。煤炭加工技术主要包括煤炭洗选、型煤、配煤、水煤浆技术。常规的物理选煤可除去煤中的 60% 的灰分和 50%～70% 的黄铁矿硫。型煤是具有发展中国家特点的洁净煤技术,与烧散煤相比,可节煤 20%～30%,水煤浆是新型的煤代油燃料,一般 1.8～2.1 t 水煤浆可代替 1 t 重油。

1. 选煤技术

煤炭普遍存在含硫量过高的问题,据统计,全世界煤炭中硫的平均含量方0.8%～1.2%。硫在煤中主要以无机硫和有机硫的形态存在,有时还包括微量的单质硫和硫酸盐。无机硫是煤炭中硫的主要存在形式,主要为黄铁矿(FeS_2),根据对我国 170 个含硫大于 2% 煤矿的统计,平均含硫 2.56%,其中黄铁矿硫占全硫的 54.3%。有机硫是煤炭中有机质的组成部分,主要源于成煤植物中的蛋白质,包括硫醚和硫醇等。煤炭经洗选加工等物理脱硫后,可显著降低煤炭中的无机硫,其脱除率一般在 50%～70%,相当于煤中全硫的 27%～38%。有机硫主要采用化学脱硫法脱硫,包括氧化脱硫、氯解脱硫和熔融碱法脱硫技术,但化学脱硫法工艺复杂,成本较高,在工业上应用还比较困难。为解决洗选后煤炭燃烧利用中的环保问题,只能靠以后的利用过程加以解决。民用煤要使用型煤等,工业上要采用先进燃烧技术,如循环流化床锅炉以实现燃烧过程中脱硫及燃烧后的烟气脱硫等。

煤炭经洗选后可显著提高燃烧效率,大大减少污染物排放,并可生产出满足不同需求的产品。洗选加工实际上是将原煤小的灰分和硫分在各品级产品——从精煤、中煤到煤矸石等的分配转移过程。煤矿在生产出低灰、低硫的优质产品的同时,还要生产出较次质量等级的产品,并最大限度地将有害物——灰分和硫分,浓缩到尾煤中。我国于 1997 年原煤入选率 25.73%,煤炭洗选的重点已由炼焦煤转为动力煤,由过去单纯的注重降灰转为降灰脱硫并回收洗矸中的黄铁矿,仅与发达国家相比无论是煤炭的洗选率(发达国家的洗选率达 90%)还是选煤工艺上仍有不小的差距。

传统的选煤技术主要有淘汰选、重介选和浮选。淘汰选是在垂直脉动水流的作用下,使原煤按密度分层。重介选是将原煤置于密度大于水的介质中,小于该介质密度的煤浮起,而大于该介质密度的矸石下沉。浮选是利用煤和成灰物表面对水的润湿性的差别对细粒级煤(<0.5 mm)进行分选。向煤泥中加浮选药剂后形成一定浓度的煤浆,经充气后产生气泡,煤粒向气泡黏附浮起,矸石则留在浆液中,因而可回收优质细粒精煤。

近几年,美国、日本、德国、澳大利亚等国及我国均对煤炭的深度降灰脱硫开展了大量工作,当前较有发展前景的几种新型选煤技术有微细磁铁矿重介旋流器法、高压静电选煤技术、高梯度磁选池、浮选柱法、油团聚法、选择性絮凝法等。美国在微泡浮选柱和油团聚法选煤方面已投入工业应用。在化学选煤和微生物脱硫方面,美国、澳大利亚、日本也取得进展,但大多处于研究开发阶段。据统计,到2010年末国内建有选煤厂1 800座,选煤能力17.6亿吨。国内自行研制的设备可基本满足各类选煤厂建设和改造需要,有些工艺指标已达到或接近世界先进水平。

2. 型煤技术

型煤是将粉煤或低品位煤加工制成一定强度和形状的煤制品的技术。型煤技术不是简单地将粉煤压制成型,而是使其改质改性,使本来不适于使用的粉煤煤泥达到工业用煤的标准,是具有浓厚的发展中国家特点的洁净煤技术。

型煤分为民用型煤和工业型煤。民用型煤与散煤相比,一般可节省20%~30%,烟尘和SO_2减少40%~60%,CO减少80%。工业炉窑燃烧型煤比燃原煤可节煤15%,烟尘减少50%~60%,SO_2减少40%~50%。

随着机械化程度的提高,我国块煤的生产比例越来越小,粉煤的比例越来越大,最高可到80%以上。因此,发展型煤以替代块煤,不仅有广阔的市场需求,可以提高燃用效率,减少污染气体排放,还可以充分利用大量粉煤和煤泥,减少它们本身对环境的污染。

我国的工业和民用型煤开发已经形成了具有我国特点的黏结剂、低压集中成型工艺和集中配料炉前成型工艺,其中民用型煤技术已经达到先进水平,但还需进一步普及推广;工业型煤的技术相对落后,需进一步完善提高。

3. 配煤技术

配煤就是根据用户对煤质的要求,将若干不同种类、不同性质的煤按照一定比例掺配加工而成的混合煤。它虽具有单煤的某些特征,但其综合性能已有所改变,它实际上是人为加工的一个新煤种。

配煤的基本原理就是利用各种煤在性质上的差异,相互"取长补短",最终使配出的混合煤在综合性能上达到"最佳状态",以满足用户的要求。

(二) 煤炭气化技术

煤炭气化可将煤转化为洁净的气态产品,通过煤炭气化一方面可制取清洁工业和民用气体燃料;另一方面可制取化工合成用的气体原料。由于煤炭自身氢碳比低,含有灰分、硫分等杂质,在开采、运输、燃烧过程中会污染环境,尤其是燃烧时热效率低。采用煤炭气化后可更合理利用煤炭资源,减轻运输压力,使煤的硫、氮化物等杂质基本上被脱除(脱硫率90%以上),从而降低对环境的污染程度,提高煤炭的利用率。煤炭气化的方法主要有地上气化和地下气化两种。

1. 地上气化技术

传统上的煤炭气化是指地上气化,即以煤炭作为原料,以空气或氧气和水蒸气为气化介质,在一定的高温下,与煤中的可燃物质(碳、氢等)发生反应,经过不完全的氧化过程,使煤转化成为含有一氧化碳(CO)、氢(H_2)和甲烷(CH_4)等可燃性气体——俗称煤气。

从广义上说,由煤制取煤气,一般有三种方法:煤的完全气化(产品以煤气为主),煤的温和气化(或称低温干馏,产品以半焦为主),煤的高温干馏(产品以焦炭为主)。

因煤气化方法不同,所得煤气组成也不同。就用途来说,有如下三类煤气。

(1)发生炉煤气(燃气),通常都用作冶金工业中的平炉炼钢、锻造、轧钢及耐火砖窑等的燃料气,也用作机械、建筑、纺织工业等部门的燃料气。

(2)水煤气(原料气),供化工部门作合成氨、甲醇、合成汽油等的原料气。

(3)城市煤气,主要为城市居民作燃气用。

我国煤炭气化技术比较成熟,是城市民用燃气的重要组成部分,发展煤炭气化是提高煤炭利用效率、降低污染排放的主要技术途径,有广阔的前景。

2.地下气化技术

煤炭地下气化(UCG)就是将处于地下的煤炭直接进行有控制的燃烧,通过对煤的热作用及化学作用而产生可燃气体的过程。地下气化的原理与地上气化基本一致,区别仅在于地下气化是在未经开采的煤层中进行,通过从地面钻进的一批特定钻孔,把气化介质送进煤层,使煤炭在地下进行有控制的燃烧,通过对煤的热作用及化学作用而产生可燃气体,生成的煤气从另一批特定钻孔引出。该技术集建井、采煤、地面气化三大工艺为一体,变传统的物理采煤为化学采煤,从而大大减少了煤炭生产和使用过程中所造成的环境破坏,对煤矿中难以开采的倾斜煤层、薄煤层、深部煤层和“三下”压煤等均可实现开采,大大提高了煤炭资源的利用率,省去了煤炭开采、运输、洗选、气化等工艺的设备与人员投入,实现了井下无人、无设备生产煤气,因而具有安全性好、投资少、效益高、污染少等优点,深受世界各国的重视,被誉为第二代采煤方法。早在1979年世界煤炭远景会议上,联合国就明确指出,煤炭地下气化是从根本解决传统开采方法存在的一系列技术和环境问题的重要途径。

煤炭地下气化工程是国家“十一五”计划重点实施的高新技术建设工程之一,由中国矿业大学煤炭工业地下气化工程研究中心自行开发的“长通道、大断面、两阶段”地下气化新工艺,目前已跃居国际领先水平。该项目建设不需要特殊技术,一般矿井都可以利用现有的技术和物质条件建设该气化炉,建炉大部分工作为煤巷掘进。且工程煤可以补贴建炉费用。气化通道断面加大后,供风阻力降低,电耗降低,单炉产气量增大,热稳定性较好;气化通道延长后,热解煤气产量大,煤气热值高,单炉服务时间长,因此长通道、大断面气化炉有利于气化过程的稳定。两阶段煤炭地下气化工艺,是一种循环供给空气(或纯氧、富氧空气)和水蒸气的地下气化方法。第二阶段为鼓水蒸气、生产热解煤气和水煤气的阶段。据统计,地下气化单位煤气产量的初期投资仅为地面气化的1/2左右,煤气成本按热值折算也仅为地面气化的1/2左右,其下游产品如甲醇、乙酸、化肥、合成汽油等成本也将随之降低,同时避免地面气化产生的污染问题,使煤炭利用达到最大化,是完全的洁净煤技术。

截至目前,中国已在江苏徐州、河北唐山、山东肥城和新汶、山西昔阳等地利用新工艺建了5座地下气化站,分别采用肥煤、气煤、气肥煤、无烟煤等不同煤种作原料,运行状况良好。对于不同煤种,其煤气热值平均为 12.24 kJ/m³,H₂、CO、CH₄ 的最高含量分别为 58.29%、13.36% 和 12.38%,煤气成本为 0.15~0.25 元/m³,其成本要低于地面气化。1996 年,河北唐山的刘庄煤矿应用中国矿业大学的煤炭地下气化技术实现连续、稳定生产,煤气日产量达 10 万~12 万 m³,目前仍在运行。

(三)煤炭液化技术

煤炭液化技术是将固体煤在适宜的反应条件下转化为洁净的液体燃料及化工原料和产品的先进洁净煤技术。工艺上可分为直接液化、间接液化(先气化再合成)两大类。早在第二次世界大战期间,德国就已采用煤液化技术生产汽油、柴油,解决了当时航空和坦克等用油的 90%。到 19 世纪 70 年代两次石油危机后,煤炭液化研究重新兴起,目前这一技术已日趋成熟。煤炭通过液化可将硫等有害元素以灰分脱除,得到洁净的二次能源,可以较好地解决燃煤引起的环境污染问题,充分利用我国丰富的煤炭资源优势,保证煤炭工业的可持续发展,满足未来不断增长的能源需求,更重要的是,通过液化可以生产出经济适用的燃料油,对于有效解决我国石油供应不足和石油供应安全问题,促进我国清洁能源的发展和长期的能源供应安全具有重要的战略意义。

1. 直接液化

煤的直接液化技术是指在高温高压条件下,通过加氢使煤中复杂的有机化学结构直接转化成为液体燃料的技术,又称加氢液化。其典型的工艺过程主要包括煤的破碎与干燥、煤浆制备、加氢液化、固液分离、气体净化、液体产品分馏和精制,以及液化残渣气化制取氢气等部分,特点是对煤种要求较为严格,但热效率高,液体产品收率高。一般情况下,1 t 无水无灰煤能转化成 0.5 t 以上的液化油,加上制氢用煤 3~4 t 原料产 1 t 成品油,液化油在进行提质加工后可生产洁净优质的汽油、柴油和航空燃料等。

煤直接液化在技术上已基本成熟,第二次世界大战期间德国就建有 400 万 t/a 煤直接液化生产厂,反应温度 470 ℃,反应压力 70 MPa。近年的发展主要是降低反应的苛刻度,反应条件与老液化工艺相比大大缓和,反应压力已降至 17~30 MPa,产油率和油品质量都较大幅度提高,生产成本大大降低。由于世界石油价格较低,煤直接液化在经济上缺乏竞争能力,但美、德、日等发达国家一直把它作为战略储备项目,不断投入力量研究改进。

我国从 19 世纪 70 年代末重新开展煤直接液化技术研究。煤炭科学研究总院通过科技攻关和国际合作已建成 0.1 t/d、0.12 t/d 煤炭液化装置三套;完成了中国煤液化特性评价和最佳工艺条件试验,并生产出合格的汽油、柴油和航空燃料产品;在催化剂的筛选和研制上也取得了很好的进展。

2003 年,我国神华集团投资 20 亿美元,开始在内蒙古鄂尔多斯市建设世界上最大的商业化煤炭直接液化工程,该项目将采用美国烃技术公司(HTI)的煤炭直接液化技术,装置由三条生产线组成,每个处理能力为每天 4 300 t 煤炭,一期工程可年产 250 万 t 合成原油,项目总规模为年产油品 500 万 t。产品在当地精制成低硫柴油和汽油,一期工程建成后,年产商品汽油 19.54 万 t,柴油 177.56 万 t,液化气 21.17 万 t,其他化学品 34.99 万 t。

在 HTI 工艺中,粉煤在约 17.2 MPa 和 427 ℃下,溶解于循环的重质过程液体中,并加入氢气,大多数煤结构在此被破解,液化在第二段完成,条件为较高温度和 15.2 MPa,铁基催化剂分散在两段浆液中。装置中组合了加氢处理以脱硫脱氮,并使芳烃结构断裂以提高十六烷值,减少炼油厂加氢处理负荷。据称,该合成原油生产成本为 15~16 美元/桶,可与 18 美元/桶原油价格相竞争。鄂尔多斯当地煤价低,设备和劳务费用也较低,故有竞争优势。

2. 间接液化

煤的间接液化技术是煤先经过气化制成 CO 和 H_2,在一定温度和压力下,将其催化合成为烃类燃料油及化工原料和产品的工艺,包括煤炭气化制取合成气、气体净化与交换、催化合成烃类产品以及产品分离和改制加工等过程。一般情况下,5~7 t 原煤产 1 t 成品油,其特点是煤种适应性较广,油品品质好,操作条件温和,可生产多种化工产品,但总效率较低,投资大,液化成本相对较高。煤间接液化合成油技术在国外已实现大规模工业化生产。

早在 1923 年,德国化学家就首先开发出煤炭间接液化技术。19 世纪 40 年代初,为了满足战争的需要,德国曾建成 9 个间接液化厂。第二次世界大战以后,同样由于廉价石油和天然气的开发,煤炭间接液化工艺复杂,初期投资大,成本高,因此除南非之外,其他国家对煤炭间接液化的兴趣相对于直接液化来说逐渐减弱。

第二次世界大战后,南非政府由于推行种族隔离政策,遭到世界各国的经济制裁和石油禁运,南非的萨索尔公司利用该国丰富煤炭资源进行了大规模的间接液化商业化生产。年加工原煤约 4 600 万 t,每日生产原油 15 万桶,可满足南非 40% 的能源供应,其生产成本与国际市场原油的价格相差无几。

19 世纪 80 年代初,中国科学院、化学工业部等开展了这方面的研究开发工作。中国科学院开发的 MFT 法主要产品集中在高附加值的硬蜡、高辛烷值汽油和部分甲烷化的洁净煤气,实现了产品优化。这一技术已在山西晋城完成了 2 000 t/a 工业性试验,生产出 90 号汽油。

煤炭液化除为了生产石油代用品外,还可以用于精制煤炭获得超纯化学煤,作碳素制品、碳纤维、针状焦的原料和黏结剂等,也可制取有机化工产品等,为发展碳化学,改变有机化工结构综合利用范围开辟了新途径。

(四) 清洁燃烧和发电技术

洁净煤发电技术主要有常规煤粉发电机组加烟气污染物控制技术、循环流化床燃烧(CFBC)、增压流化床燃烧(PFBC)以及整体煤气化联合循环(IGCC)等。

1. 常规燃煤发电机组加烟气净化

现代化的燃煤超临界蒸汽循环通过提高蒸汽参数来提高机组效率,目前最高蒸汽参数约为 300 bar/600 ℃,净热效率约为 45%。与现有亚临界电厂相比,每单位发电量二氧化碳排放量降低 15% 左右。常规燃煤发电机组要达到洁净发电,还必须在系统中增加烟气净化设备,通过烟气脱硫、脱硝和除尘,达到降低二氧化硫、氮氧化物和烟尘排放的目的。大型燃煤锅炉一般配备湿法烟气脱硫设备,中小锅炉可采用经济可行的炉内喷钙及增湿活化脱硫工艺,脱硫效率可达95%以上。安装低氮氧化物燃烧器,配合空气分级燃烧,最大可降低60%~70%的氮氧化物排放量,若采用新研制的再燃烧技术可以进一步降低氮氧化物排放量。通过配备高效电除尘器或多室的布袋除尘器,除尘效率达到99.9%。采用上述技术的常规燃煤发电机组能满足很高的环保标准。

2. 循环流化床燃烧(CFBC)

循环流化床锅炉可以高效率地燃烧各种燃料(特别是劣质煤),通过加入脱硫剂控制在燃烧过程中二氧化硫的排放,流化床低温燃烧也控制了氮氧化物的生成。自1970年以来,国际上CFBC的大型化取得了长足进步,现有CFBC锅炉的容量已经发展到电站锅炉的等级,1995年250 MW的循环流化床锅炉在法国已投入商业运行,300~400 MW等级循环流化床已签订合同。循环流化床燃煤锅炉除可用于发电外、还可用于城市集中供热和工业供热。我国CFBR技术的研究开发基础较强,已经启动自主技术的150 MW级超高压再热和引进300 MW等级CFBC锅炉示范工程。目前大型循环流化床锅炉已走向技术成熟阶段,发展大容量、高参数(超临界)循环流化床锅炉有可能成为一个新的发展方向。

(五) 污染控制和资源再利用技术

1. 烟气脱硫技术

目前,世界上各国对烟气脱硫都非常重视,已开发了数十种行之有效的脱硫技术,但是,其基本原理都是以一种碱性物质作为二氧化硫的吸收剂,即脱硫剂。主要分为湿式和干式两种脱硫方法。

1)湿式烟气脱硫法

湿式钙法(简称湿法)烟气脱硫技术是3种脱硫方法中技术最成熟、实际应用最多、运行状况最稳定的脱硫工艺。湿法烟气脱硫技术的特点是:整个脱硫系统位于烟道的末端,在除尘系统之后;脱硫过程在溶液中进行,吸附剂和脱硫生成物均为湿态;脱硫过程的反应温度低于露点,脱硫后的烟气一般需经再加热才能从烟囱排出。湿法烟气脱硫过程是气液反应,其脱硫反应速率快,脱硫效率高,钙利用率高,在钙硫比等于1时,可达到90%以上的脱硫效率,适合于大型燃煤电站锅炉的烟气脱硫。目前使用最广泛的湿法烟气脱硫技术,主要是石灰石/石灰洗涤法,占整个湿法烟气脱硫技术的36.7%。它是采用石灰或石灰石的浆液在洗涤塔内吸收烟气中的二氧化硫并副产石膏的一种方法。其工艺原理是用石灰或石灰石浆液吸收烟气的二氧化硫,分为吸收和氧化两个阶段。先吸收生成亚硫酸钙,然后将亚硫酸钙氧化成硫酸钙即石膏。

湿式钙法通常有抛弃法、回收法和双循环湿式钙法等,抛弃法和回收法区别在脱硫产物是否再利用。其中回收法的脱硫产物为二水石膏,此法以日本应用最多。石膏的主要用途是作为建筑材料,高质量石膏作为石膏板材的原料。我国重庆珞璜电厂引进日本三菱公司的技术就是这种方法。但是,目前在我国脱硫石膏很难找到大规模的用途。

对于湿法脱硫产物,值得注意的是,脱硫石膏应用途径可以参考磷肥工业中的石膏制硫酸过程。在该过程中,石膏被 C(无烟煤或焦炭)还原二氧化硫和氧化钙。二氧化硫(以 5%左右浓度的空气混合物形式存在)可进一步被转化为硫酸。氧化钙则循环到脱硫吸收装置作为脱硫剂循环使用。因此,理论上,这个过程回收了烟气中的二氧化硫生产工业浓硫酸[98%(质量)],不消耗脱硫剂。而其还原剂煤在电厂也是十分丰富和方便。这个过程对高硫煤发电厂具有一定价值。

双循环或回路石灰石洗涤脱硫法,是对传统湿式石灰石-石膏法的一种改进。它也是利用石灰石浆液作为吸收剂,吸收烟气中的二氧化硫,产物为商用石膏。该法特点是将一个吸收塔分为上下两段,使两段吸收处在不同的 pH 值下进行操作。因而具有较高效率和高的石灰石利用率,并提高了系统的稳定性和运转可靠性,被广泛应用于燃煤发电厂的烟气脱硫。自 20 世纪 70 年代以来,美国的各种电站锅炉中,安装此系统的有 7 800 MW 以上机组。这一技术于 20 世纪 80 年代初转让到德国的诺尔-克尔茨(Noell-KRC)公司,得到进一步的发展。

2) 干式烟气脱硫法

干式烟气脱硫就是将干性脱硫剂加入炉内或喷入烟气中,脱硫剂与二氧化硫发生气固反应,达到脱除二氧化硫的目的。干式烟气脱硫具有以下特点:投资费用低,脱硫产物呈干态,并与飞灰相混;无需安装除雾器及烟气再热器,设备不易腐蚀,不易发生结垢及阻塞。目前,最常用的干法烟气脱硫技术是炉内喷钙脱硫工艺系统。该系统工艺简单,脱硫费用低,Ca/S 比在 2 以上时,用石灰石和消石灰作吸收剂,烟气脱硫效率可达 60% 以上[23]。

(1) 高能电子活化氧化法。高能电子活化氧化法是利用放电技术同时脱硫脱硝的干式烟气净化方法,其脱硫、脱硝反应分三个过程,这三个过程是在反应器内相互重叠,相互影响。根据高能电子的产生方法,可分为电子束照射法(EBA)和脉冲电晕等离子法(PPCP)。

(2) 荷电干吸收剂喷射脱硫法(CDSI)。荷电干吸收剂喷射系统(CDSI)是美国阿兰柯环境资源公司(Alanco Environmental Resources Co.)于 20 世纪 90 年代开发的干法脱硫技术,是美国最新专利技术。喷射干式吸收剂脱硫是一种传统技术,但由于存在两个技术难题没有得到很好的解决,因此脱硫效率低,很难在工业上得到应用。一个技术难题是反应温度与烟气滞留时间;另一个是吸收剂与二氧化硫接触不充分。而 CDSI 系统利用先进技术使这两个技术难题得到解决,从而使在通常温度下的脱硫成为可能。该技术在美国亚利桑那州 Prescott 的沥青厂安装了第一套工业应用装置。1995 年下半年以来,在我国山东德州热电厂 75 t/h 煤粉和其他几个厂的中小锅炉得以应用。在 Ca/S 比为 1.5 左右时,脱硫率达 60%~70%。

(3) 炉内喷钙循环流化床反应器脱硫技术。炉内喷钙循环流化床反应器脱硫技术是由德国 Simmering Graz Pauker/Lu-rgi Gmbh 公司开发的。该技术的基本原理是:在锅炉炉膛适当部位喷入石灰石,起到部分固硫作用,在尾部烟道电除尘器前装设循环流化床反应器,炉内未反应的 CaO 随着飞灰输送到循环流化床反应器内,在循环流化床反应器中大颗粒 CaO 被其中湍流破碎,为二氧化硫反应提供更大的表面积,从而提高了整个系统的脱硫率。

2. 煤矸石的综合利用技术

1) 煤矸石制砖

煤矸石制砖使用煤矸石发热值一般在 2 090～4 180 MJ/kg 范围。我国利用煤矸石制砖,利用煤矸石自身的发热量提供的热能来完成干燥和焙烧的工艺过程,基本不需外加燃料,仅在煤矸石发热量较低时才向煤矸石中参入少量煤炭。只是煤矸石烧制砖的工艺比黏土制砖工艺增加了一道粉碎工序。风化后的煤矸石添加少量的胶结材料和激活剂生产的煤矸石砖,具有独特力学性质和抗冻性等优点均达到 GB 5101—85 规定的 100♯标准。

2) 煤矸石制水泥

由于煤矸石和黏土的化学成分相近并且含一定量的炭和热量,可替代黏土作为生产水泥的原材料或作为混合材料直接掺入熟料中增加水泥的产量。煤矸石和黏土生产水泥工艺基本相同,是将矸石、石灰石、铁粉(或铝粉)磨细按一定的比例配制成生料,在回转窑中煅烧生成水泥熟料,在掺入石膏等原料进行磨制。

生产工艺简单,技术要求低,经济效益高。减轻了煤矸石对生态环境污染,又节约了大量的黏土资源,又消耗了大量的废弃物。用其生产低标号水泥前景是相当可观的。

3) 煤矸石做工程回填材料

煤矸石作填筑材料主要是指充填沟谷、采煤塌陷区等低洼区的建筑工程用地,或用于填筑铁路、公路路基等,或用于回填煤矿采空区及废弃矿井。

煤矸石工程填筑是为获得高的充填密实度,使煤矸石地基有较高的承载力,并有足够的稳定性。要求煤矸石是砂岩、石灰岩或未经风化的新矸石,施工通常采用分层填筑法,边回填、边压实,并按照《工业与民用建筑地基基础设计规范》对填筑工程进行质量评价。

4) 煤矸石水泥混凝土性能

华侨大学陈本沛、林雨生等人对煤矸石混凝土的强度和变形性能进行了研究,结果表明:①对于 C20～C30 的煤矸石混凝土,其轴心抗压强度与立体抗压强度的关系,与普通混凝土接近。②煤矸石混凝土的轴心抗拉强度,略低于普通混凝土,但可以满足规定的取值要求。

西南工学院的徐彬、张天石等人对大掺量煤矸石水泥混凝土的耐久性进行了研究,结果表明:①大掺量煤矸石水泥混凝土与普通混凝土相比,具有较好的抗冻、抗碳化、抗硫酸盐侵蚀和保筋性能,其原因在于大掺量煤矸石混凝土的结构较为致密,孔隙率低且有害孔所占的比例小,水泥水化产物中氢氧化钙的含量较低;②大掺量煤矸石水泥混凝土发生碱集料反应的可能性小于硅酸盐水泥混凝土。

3. 煤矸石间接利用

1) 煤矸石发电

煤矸石发电是煤矸石综合利用中社会、环境、经济效益相统一的最有效途径,也是矿井发展利用煤矸石的重头戏。根据当地煤矸石发热值和经济发展情况,通常采用流化床锅炉或循环流化床锅炉等较为先进的技术进行燃烧。使用煤矸石和劣质煤进行发电,自发自用,降低了开发煤炭的成本,节约了能源和创造了经济效益。煤矸石的发电减少了矿区的生态环境污染,还可以给选煤厂、矿井、生活区等地方供电。煤矸石发电后产生的灰、渣不会融化,具有一定活性,完全添加到水泥生产中去,做到了灰渣零排放和煤矸石的洁净燃烧。

2)煤矸石制备铝盐

煤矸石一般含有 $16\%\sim36\%$ 的氧化铝,是制备 $Al(OH)_3$、Al_2O_3、$AlCl_3$ 等铝盐很好的资源。由于煤矸石中的氧化铝活性差,需将煤矸石进行活化处理。一般生产铝盐的主要工艺流程是:煤矸石经粉碎→焙烧→细碎→酸溶→沉降→过滤工艺处理后。

在实际的制备铝盐的过程当中,需要根据制备相应的铝盐增加或减少相应的工序,然后在进行不同铝盐各自的制备流程。制备的氢氧化铝可作为塑性合成树脂,聚合物和合成橡胶等高分子材料的阻燃剂;可用作人造大理石、玛瑙、牙膏生产的填料;可生产的明矾、水化氯化铝净水剂;还可以生产抗胃酸药片等,其市场十分广阔。

3)煤矸石制取水玻璃

由于煤矸石的主要成分是 Al_2O_3 和 SiO_2,如果将其按照煤矸石制备铝盐的主要工艺流程进行处理,那么滤液中的 Al_2O_3 经过浓缩、结晶、热解、聚合、固化、干燥等过程,就可制成聚合氧化铝。滤渣中的 SiO_2 与 $NaOH$ 反应就可制成水玻璃。

第三模块　清洁的生产过程

模块重点

本章重点是清洁的生产过程相关知识,包括:无废少废的工艺、高效的设备、无毒无害的中间产品以及物料的再循环以及清洁的生产过程与清洁生产之间的关系。

模块目标

通过本模块的介绍,使受训者体会清洁的生产过程对于清洁生产的重要性,掌握无废工艺生产模式,工艺改革和设备优化,绿色化工实施无毒无害生产的具体途径,物料再循环所采取的方法。并通过具体案例分析,加深对清洁的生产过程的理解。

模块框架

单元序列	名　称	内　容
单元一	无废、少废的工艺	主要介绍无废、少废工艺的概念,理解无废生产的基本原则,通过案例分析,掌握无废生成模式特点
单元二	高效的设备	主要了解化工行业的特点,掌握工艺改革和设备优化所涉及的方案和内容,通过案例分析,加深工艺和设备的优化改革对清洁生产过程所起的作用
单元三	无毒无害的中间产品	主要介绍绿色化工所涉及的内容及其特点,重点掌握绿色化工实施无毒无害生产的具体途径,并通过案例分析加深无毒无害生产的理解
单元四	物料的再循环	主要介绍物料再循环所采取的方法,包括原料资源的综合利用、各种废弃物的处置和资源化技术以及建立无废区域生产综合体等

单元一 无废、少废的工艺

[单元目标]

1. 了解无废、少废工艺的概念。
2. 理解无废生产的基本原则。
3. 掌握无废生产模式。

[单元重点难点]

1. 无废生产的基本原则和生产模式。
2. 无废生产的内涵。

清洁生产不是凭空产生的,它的诞生有着深厚的理论基础,主要包括:环境资源的价值理论、环境承载力理论、物质平衡理论、可持续发展理论、生命周期理论和系统控制理论等。

自然界的生物圈中,通过食物链、食物网,进行着反复不断的物质循环过程,一种生物在生命过程中的产物,为另一种生物所吸收或分解,由于物质的循环,在自然界没有任何过剩物质的积累,没有废料和污染,一切都被自然界所消化、所净化,这就是生物圈这个最大的生态系统所具有的功能,人类也是这个生态系统的一部分。这种反复不断的物质循环是一个闭环过程。但是人类近200年来的生产活动,却完全是另外一种情形。由于工业的发展,人和自然界之间,除了进行生物性质的物质交换(这是生物圈中物质循环的组成部分)外,出现了具有社会性质和技术性质的物质交换,这种物质交换不再是闭环过程,而是开环过程。在这一过程中,自然资源不断地流向人类社会,经过人类的生产活动和生活消费,把大量的生产废物和生活废物送回到自然界,这就是现存的开放式经济体系。它使自然资源越来越少,逐渐匮乏和枯竭;而废物却越积越多,污染着自然环境。这一开环过程对生物圈的生态平衡产生了巨大的冲击。人类引为骄傲的现代化工业生产,正在破坏自然界,破坏人类自己的摇篮。

综上所述,资源的枯竭,环境的污染,已成为威胁人类生存的大问题,成为人类社会面临的最重要最迫切需要解决的一系列问题中的两个问题。在分析了200年来工业的发展、自然资源的消耗和废物产生情况可知,社会经济不能再在传统的工业生产模式下发展了,要解决这两个威胁人类生存的大问题,就要寻找工业生产以至整个社会经济发展的新模式,创建无废生产就是在寻找新模式过程中得出的结论。十几年前,前苏联科学院院士谢梅诺夫、彼特里亚诺夫-索科洛夫、拉斯科林及其他前苏联科学家,提出并发展了创建无废生产的思想。

创建无废生产的思想,来自自然界生态系统对我们的启示,就是按照生态系统的原则来组织生产和消费,最大可能地综合利用原料,一个生产过程所产生的废料,应当成为另一生产过程的原料;人类消费的商品在失去使用价值转化为废物以后,也应成为工业生产的原料,从而实现物质的闭路循环。无废生产所形成的是一种崭新的经济体系——封闭式的经济体系,这正是近年来经济学家所推崇和建议的未来经济体系。经济学家写道,应当把地球看成是一艘巨大的太空飞船,除了能量要靠太阳供给外,人类的一切物质要求都要靠完善的物质循环得到满足。这种经济体系的目标,是最大限度地减少自然资源的消耗和对环境的污染,从而从根本上解决人类和环境的矛盾。经济学家预言,这种未来的封闭式经济体系,必然取代现存的开放式的经济体系。

一、无废生产概述

(一)无废生产的概念

无废工艺的概念是建立在辩证唯物主义的哲学基础上的,目前,关于无废工艺,各国的提法不一致,有无废生产工艺、无废工艺体系、清洁工艺、无污染工艺技术等。1979 年,在日内瓦召开了在环境保护领域内进行国际合作的全欧高级会议,会议上通过了《关于少废、无废和废物利用的宣言》,在宣言中对无废工艺下了定义:"无废工艺乃是各种知识、方法、手段的实际应用,以期在人类需求的范围内达到最合理地利用自然资源和能量以及保护环境的目的。"1984 年,联合国欧洲经济委员会在苏联塔什干召开了关于少废工艺的国际会议,会上根据苏联学者的建议,讨论通过了关于无废工艺的以下定义:"无废工艺是一种生产产品的方法(流程、企业、区域生产综合体),用这种方法,在原料资源-生产-消费-二次原料资源的循环中,原料和能量能得到最合理的、综合的利用,从而对环境的任何作用都不致破坏环境的正常功能。"无废工艺的定义着眼于实际资源的循环,把传统工业的开环过程变成闭环过程,又强调了工业生产过程和自然环境的相容性,具有生态性。

创建无废生产是一个长期的过程,要解决工艺、经济、组织甚至心理及其他各个方面的问题。现阶段是由传统的生产模式向无废生产过渡的时期,可采用"少废生产"的方式。少废生产是一种生产方法(流程、企业、区域生产综合体),用这种方法,使生产对环境的有害影响不超过允许的环境卫生标准(最高容许浓度),同时,由于技术的、组织的、经济的或其他方面的原因,将部分原材料转化为长期存放或埋藏的废料。必须强调指出,无废、少废生产的基本点,不是处理废物,而是以一种新的方式组织生产,使原料的一切组分在原料加工过程中被充分利用,使原料中未利用的那部分组分(即废物),减少到最少量(少废生产),或者根本没有(无废生产)。

(二)无废生产的基本原则

根据以上无废生产的定义,组织无废生产应遵循如下基本原则。

1. 系统性

系统性要求我们不要孤立地看待问题,而是要把考察对象置于一定的系统之中,分析它在系统中的层次、地位、作用和联系。例如,开发一个流程,就要看到它在工业生产网络中的地位、原料来源、废料处置与其他生产的协调等;设计一个产品,则应从生产-消费-复用全过程加以考察,除了制定它的生产工艺,还要安排它使用报废后的去向。遵循系统性的原则,就可以打破"隔行如隔山"的心理障碍,把貌似不相干的事物联系在一起,把一些各自为政的环节统一起来。

2．原料资源的综合利用

原料资源一般都不是单一成分，而是一个复杂的体系。在无废生产中强调原料资源的综合利用，即利用原料中所有成分。原料通过一种生产过程加工，其中的一部分组分转化成为产品，其余的进入下一生产过程加工，又有一部分组分转化成为产品，直至所有的组分都加工成为产品为止。当然，在无废生产中并不排除有少量毒性强、危害性大、人类又无法利用的成分（如强放射性废料），对这些组分经过适当的处理后引出物质循环的闭环过程，长期存放或永久埋藏。

3．物质流的闭合性

无废生产的定义强调物质的循环，即物质在原料资源-生产-消费-二次原料资源这一闭环过程中的循环，这就是无废生产与传统生产之间的原则区别。在无废生产体系中，生产过程所排出的废物，以及产品经消费后所形成的废物，可以而且一定要返回工业生产中作为二次原料加以利用，这像生态系统中食物链的结构一样。当前最现实的是要将工厂的供水、用水、净水统一起来，实现用水的闭合循环，达到无废水排放。闭合性原则的最终目标是有意识地在整个技术圈内组织和调节物质循环。

4．对环境的无害性

无废生产的原则很简单，即在加工过程中不产生任何污染环境的废物，包括固体废物、废水（废液）、废气、烟尘等；不污染空气、水体和地表土壤，不危害操作人员和居民的健康，不损害风景区、休憩区和美学价值。无废生产是使工业生产成为生态上清洁的生产，是对环境无害的生产。这个原则的实现依赖于有效的环境监测和环境管理。

5．生产组织的合理性

生产组织的合理性包括合理利用原料、优化产品的设计和结构，降低能耗和原料，减少劳动力用量，利用新能源和新材料等。探索和开发无废工艺流程是一个十分复杂的综合性问题，不但需要消除行业间的壁垒，还要克服习惯心理的障碍，没有万能的方案，需对每个

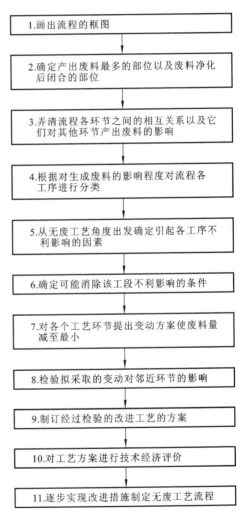

图 3-1　建立无废工艺流程的原则步骤图

具体问题具体分析，这就要求工程技术人员掌握生态思维原则，熟悉本行业及其相关行业的生产、消费过程，具有综合的能力。为启发思考，介绍一个以框图形式表示的建立无废工艺流程的原则步骤，见图 3-1。

二、无废生产模式

随着工业的发展,规模的扩大和密集程度的提高,工业排放的大量废料已经超出了自然所能容纳的能力,加上化学工业的兴起,产出大量人工合成的产品,这些产品原来在自然界是不存在的,因而有些不能被自然所消化吸收,这样就造成严重的工业污染,破坏生态平衡,危及人的健康。为此,我们对有害的污染物制定了一系列卫生法规,规定各种污染物在环境中最高容许浓度以及工业企业废弃物的最高容许排放标准。工业有害废弃物凡未经净化治理,没有达到最高容许排放标准的,即不允许排放或必须承担相应的经济责任。这就是目前我们所见到的工业发展的,在容许排放标准范围内进行的工业生产模式:在卫生法规容许的范围内进行生产。此时企业不但要考虑经济效益,而且在一定程度上要承担生态后果。随着人们对工业污染物生态危害性认识的深化,这些卫生法规所包含的项目将不断扩大,要求将越来越苛刻,越来越严格,使工业必须担负的"三废"治理费用呈指数型规律增长,且增长速度超过工业产值的增长,而"三废"治理不当还可能造成二次污染。

与此同时,资源的开采量也随工业规模的扩大而激增,廉价易得的资源渐趋耗竭,依靠剥夺环境来维持工业生产的局面难以为继。由此可知,工业发展的第二种模式有可能导致恶性循环,并不是解决自然-社会对抗的根本途径。于是人们认识到与采取"兵来将挡,水来土掩"的消极被动的对策,不如从根本上改造工艺,消除废料,这就推动工业发展采取"无废生产"的新模式。实现这个模式是按照生态原则来组织工业生产,寻求社会和自然最佳的协调状态,并将这种最佳状态加以保持。这是合理利用自然资源,有效保护生态环境的根本途径。图 3-2 给出了工业发展模式的示意图。

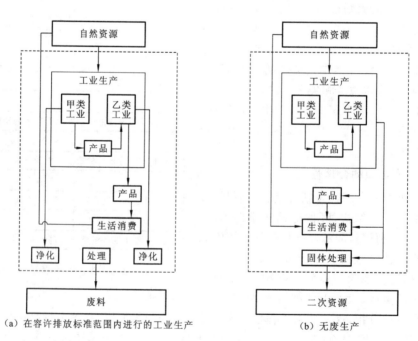

图 3-2　工业发展模式的示意图

综上所述,创建无废生产是工业发展的必然趋势。如果我们能及早自觉地把握这种趋势,就可以少走弯路,避免损失,充分发挥工业的积极面,克服它的消极面。

三、案例分析:苯胺的生产

自无废生产的概念提出以后,各国的学者、专家、技术人员对无废生产工艺进行了广泛研究,有的已经在工业生产上付诸实施。综合这些年来的研究成果和工业实践,人们提出了组织无废生产的几个主要途径或发展方向,如综合利用原料资源、实现物料的闭路循环、改革旧工艺、发展新工艺、废物资源化、建立无废区域生产综合体等。

组织无废生产对生产工艺流程有两个最基本的要求:一是要充分利用原料资源;二是不对环境产生污染。这两方面正是改革旧工艺、发展新工艺最基本的出发点。改革旧工艺,发展新工艺,可以从分析原有工艺流程的情况出发,找出产生污染的原因,然后开展有针对性的研究工作,解决有关的技术问题和经济指标问题,对旧工艺进行改革,或者提出新的工艺来代替。

改革生产工艺,首先要从分析现状出发,找出其薄弱环节,解决主要矛盾,这样才能做到花费小、收效大。一般来说,可以采取如下一些措施:

(1) 减少流程中的工序和所用设备。繁琐的工艺往往增加“三废”;

(2) 实现连续操作,减少开车、停车时的不稳状态,生产中的这种不稳状态往往造成不合格产品,增加废料量。

以下介绍用传统方法和新工艺生产苯胺的流程。

(一) 传统硝基苯的制备

例如,苯胺是一种产量较大的有机合成的半成品,用于橡胶制品、生产聚氨基甲酸酯树脂、染料和药品的生产。原来的流程是苯作为原料,先经硝化后得硝基苯,硝基苯再还原成苯胺,制取硝基苯的流程见图 3-3。

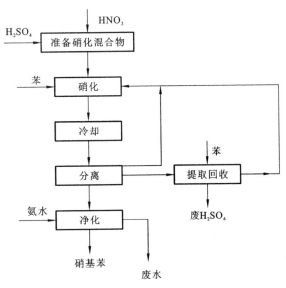

图 3-3 制取硝基苯的流程图

苯的硝化也可以只用硝酸,但硝酸必须大大过量,不及用硝酸-硫酸混合酸为宜。苯进行硝化后,冷却分离,未反应完的苯回到硝化工序,残余的废酸用苯抽提,提取过程中夹带的硝基苯,也回到硝化工序。此时排出的废酸中还含有 1.5%~2.5% 的硝基苯和 0.25%~0.5% 的硝酸。从分离器得到的硝基苯用氨水净化,除去其中溶解的酸以及硝化时生成的少量硝基酚。氨水洗涤后再用水洗涤,故得到大量废水。尤其难处理的是废硫酸,每生产 1t 硝基苯即产出 0.9~1.0 t,70%~93% 的废硝酸,不能复用,因其中含有硝酸和有机物,很难找到就近用户。

(二)传统铁屑还原硝基苯

硝基苯的还原也很困难,早先用铁屑还原废料量很大。图 3-4 为铁屑还原硝基苯的流程图。

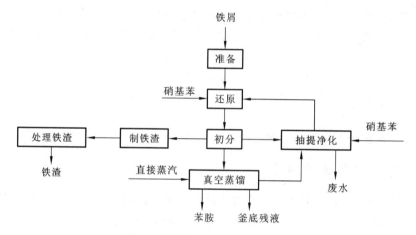

图 3-4　铁屑还原硝基苯的流程图

上述流程中每产 1 t 苯胺,产出 4 t 废水,其中含有苯胺、盐酸、氯化铵等污染物,还产出 2.5 t 固体氧化铁渣运到冶金厂。在生产过程中,制备铁屑很不容易,铁渣的脱水、储存、装卸和运输也很复杂。

(三)催化氢还原硝基苯

后来改用催化氢还原:

$$C_6H_5NO_2 + 3H_2 \xrightarrow{\text{催化剂}} C_6H_5NH_2 + 2H_2O + 596 \text{ kJ/mol}$$

还原反应在 170~350 ℃下进行,氢气的用量为理论量的 18~22 倍,铜催化剂定期再生,反应热可回收利用。

硝基苯铁屑还原改用催化氢还原后,原料消耗和能耗消耗都有所降低,废水量大幅度减少,且废水组成比较单一,只含少量苯胺,不含其他无机盐类。表 3-1 给出了这两种还原工艺流程技术经济指标的比较。

表 3-1　硝基苯还原工艺的比较

指标	铁屑法	氢还原法
产出 1 t 苯胺的消耗	—	—
硝酸苯/kg	1 350	1 350
铁屑/kg	1 400	—
氢气/kg	—	75(800/m³)
盐酸/kg	150	—
铜/kg	—	0.7～1.0
原料总费用(相对)	100	83.5
能耗/kJ	—	—
电/W	0.324	1 296
蒸汽/kg	16.3	5.4
能源总费用(相对)	100	79.5
生产 1 t 苯胺产出的废料	—	—
废水/kg	400	400
铁渣/kg	2 500	—
成本(未计废料净化费用)(相对)	100	85.5

（四）生产苯胺的新工艺

改革硝基苯的还原虽然取得了显著效果,但苯的硝化过程中产出大量废水(含难以生物分解的硝基苯)和废酸,这一问题仍然没有解决。

由此可见,要使整个苯胺生产无废少废化,局部的改革还不够,还必须从原料着手,从根本上改变工艺路线,为此改用酚作原料,采用与氨直接在气相中相互反应:

$$C_6H_5NO_2+NH_3 \longrightarrow C_6H_5NH_2+H_2O$$

流程示意图见图 3-5。

从图 3-6 中可以看出,用酚生产苯胺的工艺流程基本闭合,只产出少量釜底残液和反应中生成的水,每吨成品的废水量仅为 0.19 m³,废水中除苯胺外不含其他杂质,经抽提后进行生物降解。流程工序少,设备简单,投资仅为硝基苯装置的 25%,成品苯胺的质量大大提高,生产成本降低 10%～15%。

苯胺工艺的改进说明,建立无废生产最好的办法,不在于完善废料的净化方法,而在于根本上改进工艺,防止废料的产生。

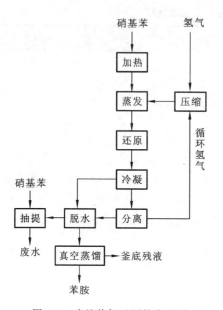

图 3-5 硝基苯氢还原的流程图

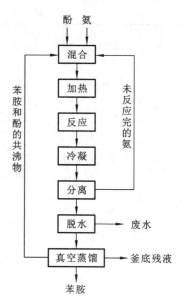

图 3-6 生产苯胺的新工艺

四、案例分析:维生素 C 的制备

维生素 C(Vc)又称抗坏血酸,分子式为 $C_6H_8O_6$,相对分子质量为 176.13,结构式为

$$
\begin{array}{c}
\text{C}-\text{C}=\text{C}-\text{C}-\overset{\overset{\displaystyle H}{|}}{\text{C}}-\overset{\overset{\displaystyle OH}{|}}{\text{C}}-\text{H} \\
\end{array}
$$

维生素 C 为白色至微黄色结晶或晶体粉末和颗粒,带酸味,熔点 190 ℃,遇光后颜色逐渐变为黄褐色,遇热不稳定,易溶于水,溶于乙醇,但不溶于乙醚、氯仿和苯等非极性溶剂。维生素 C 的水溶液 pH 为 3.4～4.5 时较为稳定,在中性及碱性溶液中易氧化分解。

维生素 C 在医学上起防治坏血病、贫血、牙龈脓肿、生长发育停滞等病症的作用,还具有防治感冒及增进健康的功能。维生素 C 不仅是重要的医药产品,近年来其应用范围已扩大到食品范围,如维生素 C 的强还原性,可被用作啤酒、果汁、无乙醇饮料等的抗氧化剂。维生素 C 应用范围的扩大使其需求量不断增大,其工艺也在不断改进。

(一)传统工艺

维生素 C 传统的生产方法是莱氏法,该方法早在 20 世纪 30 年代就研究开发成功,其合成路线见图 3-7。此工艺中两次用到酸催化,生产中会产生大量的废酸液,对环境污染严重,中间产物纯化难,而且反应步骤长,劳动强度大。

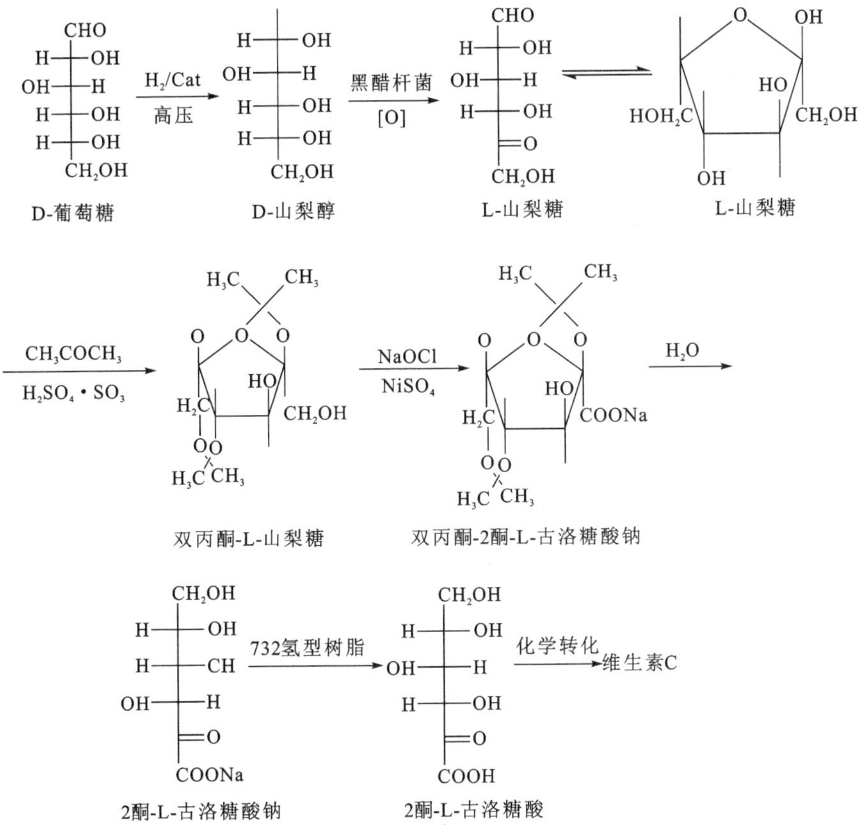

图 3-7 维生素 C 的莱氏合成法

目前工业上采用的是 20 世纪 70 年代研发的二次发酵法,该法由发酵、提取和转化三大步骤组成,属我国首创,其先进性已得到国际上的公认,合成路线如图 3-8 所示。该合成路线中以生物氧化过程代替莱氏路线中的部分醇化过程,利用假单胞菌选择氧化 L-山梨糖上的醇羟基成为羧基,省略了丙酮保护步骤,缩短了工艺,节约了原料,提高了收率;利用可再生的离子交换树脂进行酸化,避免了两次酸化,还避免使用发烟硫酸,减少对设备的腐蚀。

经过二次发酵后,发酵液中维生素 C 的含量只有 8%,且残余有菌丝体、蛋白质和悬浮微粒等杂质,因此从中分离提纯维生素 C 非常困难。传统上通常采用加热沉淀法,合成路线见图 3-9。该工艺具有明显的缺点,它是通过氢型树脂调节 pH 至蛋白质等电点后,再加热除去蛋白质,这样既耗能又造成有效成分的巨大浪费。发酵液直接进入离子交换树脂柱,导致树脂表面污染严重,交换容量下降,柱效率降低;两次通过交换树脂柱,会带进大量的水分,势必会增大浓缩过程的能耗。因此为了减少废物排放量,降低后期处理费用,必须改变传统的加热沉淀工艺。

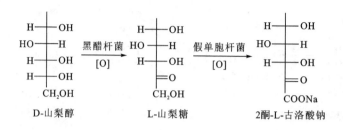

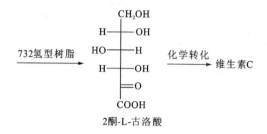

图 3-8 维生素 C 的二次发酵合成路线

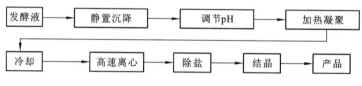

图 3-9 加热沉淀法分离维生素 C

（二）清洁生产工艺

1. 超滤法

超滤是一种膜分离技术。将维生素 C 的钠盐发酵液通过超滤膜,使维生素 C 的钠盐溶液与菌丝体、蛋白质和悬浮微粒等大分子杂质分离。超滤提取工艺如图 3-10 所示。

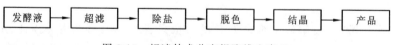

图 3-10 超滤技术分离提取维生素 C

维生素 C 发酵液控制在一定压力和适当流量条件下,通过纤维超滤装置,古洛酸钠清液透过膜流出,发酵液中残余的菌丝、蛋白质和微粒则被截留在膜另一侧,从而达到分离的目的,维生素 C 收率可达到 98%,超滤法主要优点如下。

（1）本工艺技术适合碱法和酸法转化生产维生素 C。超滤清液可用离子交换树脂酸化为古洛酸溶液,溶液脱色浓缩后获得古洛酸晶体。解决了树脂的污染问题,使树脂再生简化,树脂利用率大为提高,节省了树脂用量。

（2）超滤在常压下操作,无需降热,能耗低,收率高。由于避免了发酵池加热损失,可明显提高古洛酸的收率。

（3）简化了提取步骤,缩短了产品生产周期,提高了效率。

（4）大大减少了污染物排放,降低了生产成本。

2.双极性膜电渗析法

双极性膜电渗析法(简称 BME 法)可以在无需外加其他物料的条件下,将维生素 C 的钠盐(VcNa)转化为维生素 C,其工艺流程如图 3-11 所示。

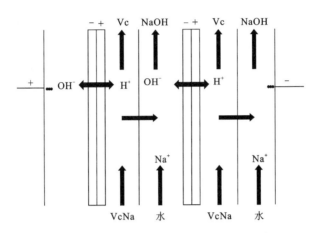

图 3-11　VcNa 的双极性膜电渗析法转化的工作原理

双极膜电渗析法由 BP-I 型均相双极膜和阳离子交换膜交替排列组成。在电流密度为 50 mA/m^2 的直流电场作用下,双极膜中的水被解离成 H$^+$ 和 OH$^-$ 离子。双极膜-阳膜侧出来的 H$^+$ 与 VcNa 中的 Vc$^-$ 酸阴离子结合成为维生素 C;VcNa 中的 Na$^+$ 阳离子在直流电场作用下通过阳膜,并和双极膜-阴膜侧出来的 OH$^-$ 离子结合生成 NaOH,生成的 NaOH 可以返回用于生产原料。该工艺过程的优点是:电流效率超过 70%,VcNa 转化率 97%,总收率可达 87.5%。

单元二　高效的设备

[单元目标]

1.了解化工行业的特点。

2.掌握工艺改革、高效设备对清洁生产过程的作用。

[单元重点难点]

1.改革工艺和设备的方案选择。

2.工艺改革和高效设备实现方法。

一、改革工艺和设备

推行清洁生产是持续发展国民经济的一项战略任务,控制工业污染要从产生污染的源头抓起,通过改革落后工艺技术设备,改进工艺操作条件和方法,大幅度地提高原材料能源利用率,最大限度地把污染消除在生产过程之中,但未引起各企业的重视。推行清洁生产是使经济效益、社会效益、环境效益相统一的必由之路,也是最经济、最有效地解决化工污染的根本途径。推行清洁生产不仅是老生产装置要通过清洁生产审计,把产生污染的工序及其技术与管理上存在的问题全部找出来,有针对性地采取措施加以消除,而且要对新建生产装置是否属于清洁生产进行评估,其目的都是为了不建或少建环保装置,以减少治理污染的投入。

化工生产的特点是生产一种产品有多种工艺技术和不同的原料路线,而选择优良的工艺技术和合理的原料路线,对减少污染起着决定性的作用。

改革工艺和设备,科学技术的发展,为推行清洁生产提供了无限的可能性。改革工艺和设备可考虑如下方案。

(1)简化流程。减少工序和设备是削减污染排放的有效措施。

(2)变间歇操作为连续操作。这样可减少开车、停车的次数,保持生产过程的稳定状态,从而提高成品率,减少废料量。

(3)装置大型化。提高单套设备的生产能力,不但可强化生产过程,还可减低物耗和能耗。

(4)适当改变工艺条件。必要的预处理或适当工序调整,常能收到减少废物排放的效果。

(5)改变原料。原料是不同工艺方案的出发点,原料改变往往引起整个工艺路线的改变,以下是几种改变原料的方法:①利用可再生原料;②改变原料配方,革除其中有毒有害物质的组分或辅料;③保证原料质量,采用精料;④对原料进行适当预处理;⑤利用废料作为原料;⑥配备自动控制装置,实现过程的优化控制;⑦换用高效设备,改善设备布局和管线;⑧开发利用最新科技成果的全新工艺。

随着科学技术的迅猛发展,不少新的物理化学过程成为新工艺的主体,开始使用于工业生产,如电化学有机合成、等离子体化学过程、膜分离技术、光化学过程、新型的催化过程等。在创建无废工艺时,应尽量考虑这些新工艺的潜力。下面我们以硝酸制备和制造纸浆的两项工艺为例进行介绍。

二、案例分析:硝酸制备

(一)传统方法

制备硝酸的传统方法是在铂钴催化剂上氧化氮,生成的一氧化氮进而氧化成二氧化氮,用水吸收而得硝酸。反应方程式如下:

$$4NH_3 + 5O_2 \longrightarrow 4NO + 6H_2O$$

$$2NO + O_2 \rightleftharpoons 2NO_2$$

$$3NO_2 + H_2O \longrightarrow 2HNO_3 + NO$$

$$NH_3 + 2O_2 \longrightarrow HNO_3 + H_2O$$

从其化学反应式可以看出,从氨制取硝酸时,仅利用了其中的氨,而合成氨时来之不易的氢键白白地变成了水。亦即白白地浪费了制氢的宝贵原料——天然气、重油或固体燃料。显然,这样的原料利用方式是不合理的。此外,合成氨是一个高温高压过程,工序多,设备复杂,氢氧化时需要用铂族金属催化剂。

(二)等离子体化学过程制备硝酸

利用等离子体化学制备过程可直接利用空气中的氨和氧制取硝酸,且通过物料闭路循环可实现无废生产。图 3-12 是这一新工艺的流程示意图。

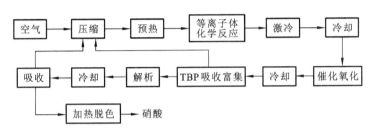

图 3-12　等离子体化学过程制取硝酸的工艺流程图

生产硝酸的原料空气或富氧空气经压缩到 10 atm,500 K,在进入等离子体化学反应器之前先用反应器出来的反应产物预热到 2 000 K。在反应器中温度达到 3 300 K,空气中的部分氮和氧即生成一氧化氮,氧化时间仅需几秒,由于一氧化氮在高温下的分解速度常数比其生成速度常数要高好几倍,为防止其分解,必须迅速冷却——激冷。激冷可用冷却后的部分反应产物,实现余热利用。含有一氧化氮的空气将部分热量用于原料的预热,部分热量用于余热利用,温度降到 570 K 左右,其大致组成约为 NO 1.8％,H_2O 1.2％,CO_2 0.5％,O_2 20％,N_2 76.5％。由于一氧化氮的浓度很低,还要应用催化法氧化。催化剂可用现在工业上用于一氧化碳转化的铁铬催化剂,催化剂氧化的最佳条件是 573～623 K,压力 10 atm。氧化时温度升高,因此可作为热流加热吸收剂——磷酸三丁酯(TBP),氧化率为 90％。氧化产物是二氧化氮,由于它的浓度较低,可先通过选择性吸收加以富集,吸收剂选用 TBP。

吸收在较低温度下进行,在较高温度下解吸,吸收率 97％。吸收尾气回至等离子体化学装置。经 TBP 吸收富集后,二氧化氮的含量达到 7.5％～8％,冷却后进入吸收塔,用冷水吸收,得到 55.6％的硝酸。吸收尾气返回等离子化学反应器中复用,此时需补充一定量的空气。吸收塔制得的硝酸经加热脱色后即为成品。据估算,采用这一工艺生产 1 t 硝酸,可节约天然气 450～500 m^3,基建投资仅为传统工艺的一半。目前在电力比较便宜的地区,这一工艺的生产成本已低于传统的方法。

新工艺在实现"变废为宝"的作用是无限的,关键是我们不能受传统工艺、传统概念的束缚,敢于探索新的路子,此外,还要加强基础研究工作,将最新的科学技术成果吸收到无废工艺中。

三、案例分析:制浆造纸

(一)制浆造纸工艺概述

造纸术是中国四大发明之一,也是人类文明史上的里程碑。纸张不仅承担着记录、传播文化的重任,同样也是不可或缺的重要物品,在包装、卫生、货币、装饰、餐饮等领域发挥着无法替代的作用。从用途上看,纸品可分为包装用纸、印刷用纸、工业用纸、文化用纸、生活用纸和特种纸等大类,每一类中又有许多品种,具备不同的特性,提供不同的用途,在人们生活中发挥其独特的功能。造纸工业也因此是世界上各个国家工业体系中非常重要的组成部分。

随着世界科技、文化、教育的发展,纸的功能不断拓展,世界造纸工业仍将持续稳定发展,被公认为"永不衰竭"的行业。据中国造纸协会调查资料,2013 年全国纸及纸板生产企业约 3 400 家,全国纸及纸板生产量 10 110 万 t,消费量 9 782 万 t。2004～2013 年,纸及纸板生产量年均增长 8.26%,消费量年均增长 6.74%,见图 3-13。

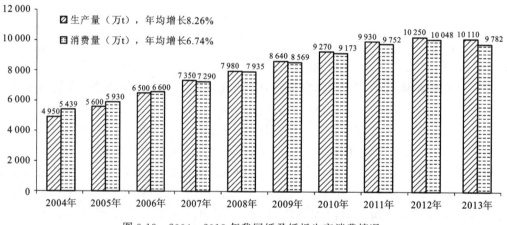

图 3-13 2004～2013 年我国纸及纸板生产消费情况

我国制浆造纸工业在取得了快速发展的同时也面临资源约束、环境压力等问题。现代造纸企业是资源、能源、技术、资金密集型工业模式,具备规模经济效益,为地方经济发展做出重要贡献的同时,也是排污大户和耗能大户。在我国造纸工业污染比较严重,尤其是各地仍存在大量的技术落后、设备简陋、原料结构不合理、技改资金不足的小纸厂。为了引导制浆造纸行业正确发展,国家发展和改革委员会于 2007 年出台了《造纸产业发展政策》,从产业政策的角度明确了节能、减排是造纸行业改造的重点,一大批适用于造纸行业的清洁生产、零排放、资源化利用技术也应运而生,为中小规模造纸厂的发展提供了技术支持。

1. 制浆造纸工艺介绍

制浆造纸企业是技术密集型企业,生产工艺和设备复杂,物料繁多。造纸纤维原料从原态到被制成可提供销售、使用的成品纸一般经历备料、制浆、抄造、后加工几个阶段。除了上述工艺段之外,制浆造纸企业还包括蒸汽制备、用水预处理、蒸煮液制备及回收、白水回收、污水处理等辅助工程和环保工程。

1) 备料

造纸所用的原料主要分为植物纤维和非植物纤维两大类,目前国际上的造纸原料主要是植物纤维,如针叶树木材和阔叶树木材(如落叶松、马尾松、杨木、桦木等)、草类植物(如芦苇、竹、芒秆、麦草、稻草、蔗渣等)、韧皮纤维和种毛纤维(如亚麻、黄麻、洋麻、檀树皮、棉花、棉短绒等)以及各类废纸等。

备料就是为满足生产需要对储存的原料进行加工处理的生产过程,对造纸纤维原料在化学蒸煮或机械磨解之前进行必要的处理,以除去杂质,并将原料按要求切成一定的规格。备料的基本过程大致分为:原料的储存、原料的处理、处理后料片的储存,原料种类不同,其备料过程也存在差异。

典型的原木备料工艺如图 3-14 所示。

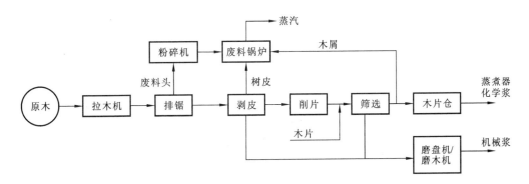

图 3-14 原木备料工艺流程图

典型的麦草干法备料工艺如图 3-15 所示。

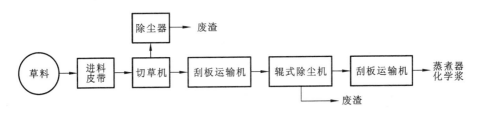

图 3-15 麦草干法备料工艺流程图

2) 制浆

制浆是将植物纤维原料分离出纤维而得纸浆的过程,主要可分为机械法、化学法和化学机械法。化学法制浆是用化学方法脱除植物纤维原料中使纤维黏合在一起的胞间层木质素,使纤维细胞分离或易于分离成为纸浆,主要的化学制浆方法有碱法制浆。

应用较为广泛的碱法制浆工艺主要是烧碱法和硫酸盐法,此外还包括多硫化钠法、碱性亚硫酸钠法、中性亚硫酸钠或亚硫酸铵法等,这些工艺中的蒸煮液均呈碱性,因而称之为碱法制浆。

（1）烧碱法制浆工艺。烧碱法制浆工艺属于较老的制浆方法，也是第一个被认可的化学制浆法。烧碱法是利用氢俯化钠的强碱溶液脱除原料中的木素，主要用于麦草制浆，用于木浆较少。烧碱法制浆工艺是硫酸盐法工艺的前驱。

典型的烧碱法制浆工艺流程图如图 3-16 所示。

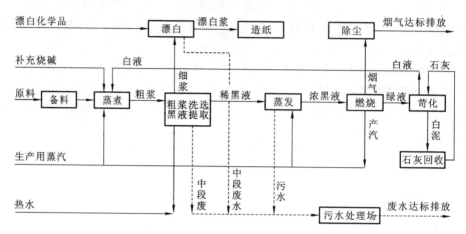

图 3-16　碱法制浆生产系统示意图

（2）硫酸盐法制浆工艺。硫酸盐法是德国的达尔在 1884 年发明的。该工艺中蒸煮液的有效成分是氢氧化钠（烧碱）和硫化钠，但因用硫酸钠补充硫化钠在生产过程中的损失，故被称为硫酸盐法。硫酸盐法蒸煮废液中的化学药品和热能易于回收，所得纸浆的机械强度较好，适用于几乎各种植物纤维原料，因而在工业上得到了最广泛的应用。典型的硫酸盐法制浆工艺流程图见图 3-17。

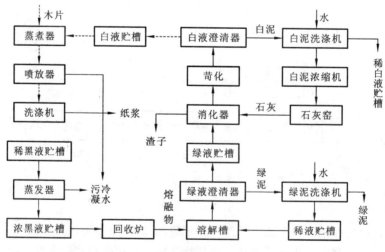

图 3-17　硫酸盐法制浆工艺流程图

（3）废纸制浆工艺。废纸制浆不但可以节约宝贵的木材资源，提高废物利用率，同时其产生的污染负荷也远远低于化学浆，对造纸行业来说具有重要的意义。

废纸制浆一般分为脱墨浆和非脱墨浆,以脱墨浆为主。非脱墨浆主要用来生产箱板纸、瓦楞纸以及低级的板纸等。脱墨浆按脱墨形式可分为洗涤法和浮选法,目前应用较广泛的是将二者相结合的工艺。脱墨浆的生产流程主要包括废纸的解离、废纸浆的筛选与净化、废纸浆的脱墨、浆料的浓缩与存储、热分散等。

以浮选法脱墨浆工艺为例,其流程如图 3-18 所示。

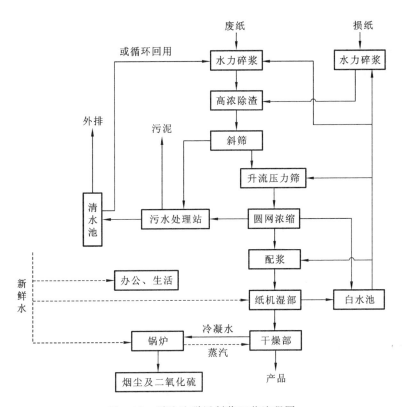

图 3-18　浮选法脱墨制浆工艺流程图

3）抄造

抄造是将纸浆加工为成品纸的过程,其主要工作是稀释浆料使其中纤维在网部均匀交织,然后经过脱水、干燥、压光、卷纸、裁切、包装,最终得到可以使用的纸张。抄造的方法可以分为干法和湿法两大类,其主要区别在于运载纸浆的介质不同。干法造纸以空气为介质,主要用于合成纤维抄造不织布、尿片等;湿法造纸以水为介质,适用于植物纤维抄纸,是目前应用最广泛的抄造工艺。抄造工艺主要包括以下几个过程。

筛选:将纸浆稀释成较低浓度,并借助筛选设备筛除杂物及未解离纤维束,保持上网前的纸浆品质。

网部:将经过筛选的稀浆料喷附在循环铜丝网或塑料网上,使其均匀分布和交织。

压榨:输送附有毛布的湿纸通过压榨辊,借压力和毛布吸水作用使湿纸脱水,纸质紧密及强度增加。

添料和施胶:通过添加化学助剂以提高纸张的某些物理特性(如不透明性、白度、平滑度等)、机械性能(如柔软性等)、适印性,以及抗湿和抗液体渗透能力。

烘缸:将湿纸经过多个内部通有热蒸气的圆筒烘缸表面,使纸张干燥。

卷取:由卷纸机将纸幅卷成纸卷。

抄造的总体工艺流程如图 3-19 所示。

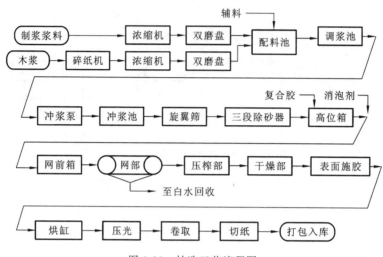

图 3-19 抄造工艺流程图

纸张抄造所用的设备分三大类,即长网造纸机、圆网造纸机和夹网造纸机。

长网造纸机的应用最为广泛,其主要特征是具有一个由无端网构成传送带式的成形部。由湿部(包括流浆箱、成形器、压榨部)和干部(干燥、压光、卷取)组成。根据成形器和干燥烘缸的数量,可分为单长网、双长网、多长网、长网多缸、杨克式等机型;按车速又可分低速造纸机和高速造纸机,一些大宗产品的造纸机车速可超过 1 200 m/min,幅宽达 10 m。

圆网造纸机是以圆网为成形器的造纸机,一般由 1～2 个成形器、一道压榨、一道托辊压榨和 1～2 个直径较大的烘缸组成,可用于文化用纸或包装纸类的生产。圆网造纸机结构简单、造价低,多为一般中小造纸厂采用。根据成形器和干燥烘缸配置数量的不同,又有单圆网单缸纸机、双网双缸纸机、多网多缸纸板机等。

夹网造纸机属于较为新型的造纸机。其主要结构特征是:流浆箱至于网部的上端,并设有对称安装呈楔形的两张长网,称为夹网成形器。该成形器可以通过贴合形式的控制来灵活调整生产纸品的需求。夹网纸机的干燥部、压光部、卷取部等结构均与一般长网造纸机基本相同,它的设计车速可高达 2 000 m/min,成纸质量较好,可生产各种文化用纸和生活用纸等。

2. 制浆造纸行业污染特征

1) 行业污染物排放概况

我国制浆造纸工业经过多年发展,环境管理水平整体有了长足的进步。据统计,造纸工业平均 COD 负荷已由 1998 年的 462 kg/万元产值降到 2004 年的 75 kg/万元产值,废水达标排放率已降为 87.5%。但由于造纸行业发展快、资源耗用量大、原料种类繁多、中小企业多、技术更新缓慢等,造纸工业仍是排污大户,尤其是废水排放量巨大,对环境影响比较严重。据统计,2009 年我国造纸工业每年废水排放量达 40 多亿 t,约占全国工业废水排放总量的 20%,COD 的排放量占全国 COD 工业排放总量的 28.9%,位于第一;氨氮排放量占全国工业排放总量也达到了 11.2%。除此以外,制浆造纸过程中的废气、烟尘和固体废弃物排放也不能忽视。据国家统计局 2005 年统计公报数字表明,造纸工业排放的 SO_2、NO_2 等废气总量约为 4 515 N・m^3,烟尘排放总量为 24.08 万 t;生物污泥、碱回收白泥、脱墨污泥和纸渣等固体废弃物排放量为 1 243 万 t。由此可见,未来造纸行业的节能、减排任务还相当艰巨。

2) 产污节点及污染物分析

根据制浆造纸的典型工艺流程,其各阶段的产污点如图 3-20 所示,主要分为制浆造纸废水、造纸企业大气污染物和固体废弃物。

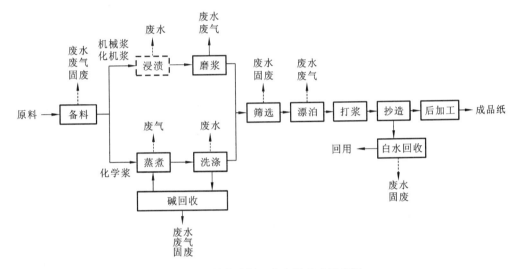

图 3-20　制浆造纸工艺产污节点示意图

各种制浆工艺中,碱法草浆工艺的废水污染最为严重。典型的碱法制浆造纸工艺中,废水按工序分为三类:一是制浆蒸煮废液,通称造纸黑液,其中所含污染物占全厂污染排放总量的 90% 以上;二是纸浆的洗、选、漂工艺段排水,也称中段水,是黑液提取不完全所剩下的部分,占总量 10% 左右;三是抄造过程中纸机排放的白水,可以处理后部分回用。

黑液排放是造纸厂污染的主要根源。造纸所用植物原料均含有纤维素、木质素和半纤维素(聚糖类)三大成分。造纸主要利用纤维素,蒸煮制浆就是尽可能地获得原料中的纤维素,并不同程度地获取半纤维素,而其他木素、剩余半纤维素和加入的蒸煮药剂则一起进入黑液舍弃。在数量上,以麦草为例,纤维素仅占 40%,木质素约 25%,半纤维素约 28%,即制浆厂仅利用了原料的 40%,而丢弃了原料的 60%,因而纸厂排放污染物数量是十分惊人的。

(1)蒸煮废液。我国绝大部分造纸厂采用碱法制浆而产生黑液。黑液是指用烧碱法和硫酸盐法直接蒸煮原料而产生的废水,其中含有有机物和无机物两大类物质。有机物主要是碱木素、半纤维素和纤维素的降解产物,如挥发酸、醇等;无机物中绝大部分是各种钠盐,如硫酸钠、碳酸钠、氢氧化钠以及硫化钠等。黑液具有高浓度和难降解的特性,它的治理一直是一大难题。一般碱法制浆废水成分见表 3-2,黑液成分见表 3-3。

表 3-2 某企业碱法制浆废水成分

成分	原料						
	红松	落叶松	马尾松	蔗渣	苇	稻草	麦草
W(固形物)/%	71.49	69.22	70.33	68.36	69.72	68.70	69.00
W(有机物)/%	41.00	43.90	37.00	34.10	42.40	—	31.60
木素/%	7.84	11.48	11.35	16.20	12.68	17.70	13.30
挥发酸/%	51.16	44.62	51.62	49.70	45.02	—	52.70
W(无机物)/%	89.60	90.60	87.00	60.80	85.00	—	—
总碱/%	3.64	1.89	2.25	3.30	5.30	—	—
Na_2SO_4/%	0.75	1.89	0.75	7.44	8.83	15.00	23.90
SiO_2/%	6.01	7.51	10.00	28.46	0.87	—	—

表 3-3 某企业碱法制浆黑液成分

指标	pH	波美度°Bé'	总碱/(g/L)	有机物/(g/L)	固形物/(g/L)	木质素/(g/L)	COD/(mg/L)	BOD/(mg/L)
数值	12	7.3	31.3	93.2	129	23.5	93 000	43 344

（2）中段水。制浆中段废水是指经黑液提取后的蒸煮浆料在筛选、洗涤、漂白等过程中排出的废水,颜色呈深黄色,占造纸工业污染排放总量的 8%～9%,吨浆 COD 负荷 310 kg 左右。中段水浓度高于生活污水,BOD 和 COD 的比值在 0.20～0.35 之间,可生化性较差,有机物难以生物降解且处理难度大。中段水中的有机物主要是木质素、纤维素、有机酸等,以可溶性 COD 为主。其中,对环境污染最严重的是漂白过程中产生的含氯废水,如氯化漂白废水、次氯酸盐漂白废水等。次氯酸盐漂白废水主要含三氯甲烷,还含有 40 多种其他有机氯化物,其中以各种氯代酚为最多,如二氯代酚、三氯代酚等。此外,漂白废液中含有毒性极强的致癌物质二噁英,对生态环境和人体健康造成了严重威胁。

（3）白水。白水即抄纸工段废水,主要来自打浆、纸机前筛选和抄造等工序。这类废水中含有悬浮固形物如纤维、填料、涂料等,还有添加的施胶剂、增强剂、防腐剂等。纸机排水中含有溶解性物质(5～10 kg/t)和悬浮物(5～50 kg/t),COD 浓度一般在 300～1 000 mg/L 之间。污染物主要来自原料、辅助化学品及助剂。辅助化学品在纸浆中保留率较高,而助剂(如防腐剂、杀菌剂、消泡剂等)在纸浆中保留率较低,相当大的一部分随白水排出。现在几乎所有的造纸厂造纸车间都采用了部分或全封闭系统以降低造纸耗水量,节约动力消耗,提高白水回用率,减少多余白水排放。

（4）硫酸盐法制浆大气污染物。硫酸盐浆厂大气污染物质的排放点主要是蒸煮锅、喷放锅、洗浆设备、黑液蒸发系统、塔罗油回收装置、碱回收炉、熔融物溶解槽、石灰窑、石灰消化器、造纸机、锅炉等几乎所有工段。在蒸煮过程中产生的含硫气体物质主要成分是硫化氢、甲硫醇、甲硫醚以及二甲基二硫化物。蒸煮过程还产生一定数量的乙硫醇、异丙基硫醇、丙硫醇、甲基、乙基硫醚、二乙硫醚等，以及少量水溶性无硫有机挥发性物质，如甲醇、丙酮、乙醇、丙基甲基酮、萜烯类化合物等。除蒸煮过程外，黑液蒸发、料浆洗涤，特别是黑液碱回收系统还散发出一定数量的硫化氢、甲硫醇、甲硫醚、二甲基二硫化物，以及大量的二氧化硫、CO_2 和少量氮的氧化物等污染气体。动力锅炉系统还是二氧化硫、NO_x 及 CO_2 等污染气体的重要散发源，随所用的燃料种类不同，各种污染物质散发量差异很大。硫酸盐浆厂排放的粉尘主要是指来自碱回收炉的碱尘（Na_2SO_4 和 Na_2CO_3）、熔融物溶解槽的含钠化合物、石灰窑的含钙化合物、燃烧和木材燃烧的烟尘等。

（5）亚硫酸盐法制浆的大气污染。亚硫酸盐法制浆的大气污染物包括粉尘、二氧化硫和 NO_x。粉尘主要来源于酸回收系统废渣的燃烧，对没有酸回收的工厂，则主要来源于制酸过程。气态污染物主要是二氧化硫，它来源于蒸煮、纸浆洗涤、红液蒸发、红液燃烧以及蒸煮酸设备等。NO_x 则是来自红液燃烧和铵盐基的亚硫酸盐法蒸煮。在特殊情况下碱性亚硫酸盐废液回收炉因在还原条件下燃烧，将散发出少量硫化氢。亚硫酸盐浆厂二氧化硫主要散发源有以下几种：蒸煮锅的喷放池；废液蒸发系统；废液燃烧系统或废液回收系统；浆料洗涤系统。间歇蒸煮主要是放锅时产生污染物，热喷放时产生的二氧化硫较多，冷喷放时较少。连续蒸煮系统不会产生较多的大气污染物。纸浆洗涤系统会散发少量二氧化硫。

（6）造纸企业固体废弃物。造纸企业在生产过程会产生一定量的固体废弃物，包括备料过程产生的废渣、碱回收车间产生的白泥、污水处理过程中产生的污泥、脱墨浆的脱墨污泥、纸浆筛选和白水处理中的浆渣等，以及供水、供气等工段产生的沉渣、煤渣等。

由于造纸厂规模较大，固体废弃物量也不容忽视。目前造纸企业对于固体废弃物的处置主要有以下方式：干法备料产生的树皮、草屑等可采用特殊锅炉燃烧，或外售用于堆肥；各种污泥则交由有资质单位进行填埋，或用于回收再利用。例如，碱回收产生的白泥，近年来随着真空脱水设备效率的不断提高，白泥固含量已经能够达到 70% 以上，使得用白泥脱硫、用白泥制造造纸填料、塑料制品填充物、制作建材等成为可能。

（二）制浆造纸清洁生产工艺

制浆造纸工业是国民经济耗能和耗水的大户，虽然没有被列入"高耗能、高污染"的六大行业中，但节能减排仍然是造纸行业一项重要和紧迫的工作，也是一项必须承担的社会责任。从我国造纸工业发展历史和现状来看，造纸一直是节能减排、污染治理的重点行业，主要是因为国内目前仍有不少能耗高、配套设施不到位的落后生产线，给造纸业的节能减排工作带来了非常大的压力。但我们也应同时看到，造纸工业本身的清洁生产潜力巨大：造纸所依赖的纤维原料来源广泛，为可再生资源，产品可循环利用，蒸煮主要化学药品的回收工艺日趋成熟，生产用水循环利用率仍有提升空间。此外，一些具有广泛适用性的清洁生产技术也在迅速发展，对造纸业循环经济的发展具有积极的推动作用。

1. 全湿法及干湿法备料

备料的主要目的是去除原料中的杂质,筛选出优质的部分并加工为易于后续蒸煮的规格形态。稻麦草备料主要是除去谷壳、杂草和尘土等,芦苇需要去除影响品质的杂料、尘土,以及苇梢、苇穗、枝节、外皮等。

传统干法备料主要工序包括进料、切料、筛选除尘等。切料是保证原料被适当切断,便于输送、筛选、除尘,并有利于药液的渗透;筛选除尘是除去原料中的杂质,提取出有用部分,较普遍采用的是平筛除尘加双锥除尘或羊角除尘的两段除尘工艺。

干法备料有工艺简单、投资少、能耗较低、无备料废水、操作容易等优点,但同时也存在飞尘污染、灰尘等杂质去除不尽而导致制浆用碱量较高、纸浆得率低、质量差等缺点。

1) 全湿法备料工艺

全湿法备料技术适用于具有一定规模的麦草制浆生产线,可与连续蒸煮工艺配套使用。全湿法备料包括水力碎解机、螺旋脱水机、圆盘压榨机、输送设备及废水的净化系统等设施,根据国内调研,该工艺一次性投资为 $5\sim7$ 万元/(t 浆·d),单位产品运行成本 $100\sim150$ 元/t 浆。

全湿法备料的一般流程如图 3-21 所示。

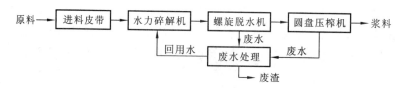

图 3-21　全湿法备料工艺流程图

草料经皮带输送机送入水力碎解机,在碎解机底刀和涡流作用下,草料被打散、切碎并穿过筛孔由碎解机底部泵送至螺旋脱水机脱水,不能通过筛孔的重杂质由碎解机底部的排渣机连续排出。在螺旋脱水机中,草片中的泥沙、尘埃以及被碎解的草叶、草穗、霉草的碎屑等,随同废水穿过螺旋机下半部的筛板排出,从而使草片得到较好的清洗和净化。出螺旋脱水机的清洁草片再经圆盘压榨机压榨,使干度提高到 $25\%\sim35\%$,成饼状草块。草块经预碎机分散后送至蒸煮工段。同时,由螺旋脱水机和圆盘压榨机排出的废水,经振框筛和锥形离心除砂器二级处理,处理后的废水约 70% 被送至碎解机回用。

与干法备料相比,全湿法备料具有以下优点:

(1) 草捆直接投入水力碎解机,因而无干法备料的噪声和粉尘,同时工作环境和劳动强度都得到改善;

(2) 由于水的洗涤作用,草叶、泥沙等废料去除率高,净化效果好,使灰分、苯-醇抽出物含量降低,减少了蒸煮和漂白的化学药品用量,尤其是二氧化硅的减少有利于黑液的碱回收;

(3) 草片被纵向撕裂,草节部分被打碎,有利于后续的药液浸透;

(4) 送入蒸煮前的草片水分稳定,有利于控制料液比,尤其是对连续蒸煮工艺非常有利;

（5）纸浆得率高，强度好，易于滤水。

但该工艺也存在一定的缺点：

（1）设备一次性投资较高，维护成本也较高；

（2）设备动力消耗大，导致生产成本会有所提高；

（3）增加了工艺用水量和废水排放量，水耗可达 $40\sim60~m^3/Adt$，废水污染负荷也较高，增加了废水处理的负荷。针对用水量增加的情况，部分企业通过利用碱回收工段的蒸发冷凝水作为备料的清洗水，节水效果明显，是值得推广的思路。

2）干湿法备料工艺

干湿法备料工艺是将干法备料和全湿法备料二者进行了结合，在干法备料的后端加上一段湿法处理，湿法处理环节可以减低粉尘的排放。干湿法备料的一般流程如图 3-22 所示。

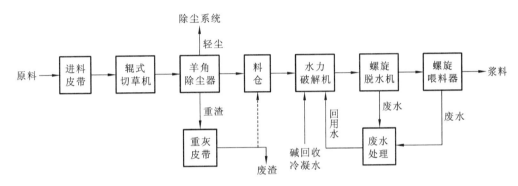

图 3-22　干湿法备料工艺流程图

干草料先经辊式切草机切料，然后经除尘器干法除尘，土、石、砂等较大的重杂质经由重灰皮带送出，作为废渣处理，草叶、草穗、灰尘等轻杂质可送除尘器进一步除尘，除尘系统整体净化效率较高，可显著减轻湿法除杂的负担，提高设备处理能力。经过干法除尘后的草料经皮带送至水力碎解机湿法碎解、洗涤处理，草料在旋转的转子与固定的齿盘间被切断、撕裂、碎解，与此同时也被洗涤，大部分砂石等废渣从排渣口进入刮板排渣机排出。合格的草片通过草片泵，输送到螺旋脱水机进行脱水，同时将混在草片与水中的细小砂、尘、麦粒等杂质也随水通过螺旋脱水机的筛孔滤出，然后通过螺旋喂料器送去蒸煮工段。

与全湿法备料类似，干湿法备料技术也可以显著降低备料工段粉尘类污染物的产生，大大改善工作环境。干湿法备料技术在水资源和能源消耗以及污染物排放方面较全湿法备料技术具有更好的经济性，备料废水量平均约 $20~m^3/Adt$，电耗 $110\sim130~kW\cdot h/Adt$。

干湿法备料可使用碱回收的冷凝水或其他回用水，减少新水用量。干湿法备料技术可使后端蒸煮黑液中二氧化硅较干法备料减少 30% 左右，黏度降低一半，可提高黑液的提取率得到较高浓度的黑液，利于黑液燃烧，同时降低蒸发器结垢，提高蒸发效率。由于湿法净化时冷水抽出物的溶出，二氧化硅含量的降低，减少了蒸煮的用碱量 1%～2%，浆料易于漂白，可减少漂白剂用量。草叶、鞘等较多的除去减少了薄壁细胞、杂细胞数量，使浆料滤水性增加，利于黑液的提取和浆料筛选，可为提高纸机车速创造条件。干切、除尘、湿法净化虽较干法备料增加了设备投资,操作时动力消耗较大,但带来的是成浆质量的提高,化学药品消耗的减少,且更利于碱回收操作,综合效益大于干法备料。

2. 连续蒸煮工艺

连续蒸煮的核心设备是连续蒸煮器。在蒸煮器进料端,原料与蒸煮液不断地加入,排料端连续地排出已蒸煮完成的浆料。连续蒸煮工艺几乎适合所有的纤维原料,并且与间歇蒸煮相比,连续蒸煮工艺可以显著降低能耗和污染,大大提高了生产效率和木素脱除效率,而且降低了废液中有机污染物的浓度。

目前在工业上应用的连续蒸煮器种类很多,有卡米尔连续蒸煮器(立式连续蒸煮)、潘迪亚连续蒸煮器(横管连续蒸煮)、鲍尔 M&D 连续蒸煮器等类型,其中以前两者应用最广。立式连续蒸煮多用于化学木浆的生产,而横管连续蒸煮则多用于半化学浆和草类纤维原料的蒸煮。

1) 立式连续蒸煮

立式连续蒸煮系统中的设备可分为木片喂料系统、蒸煮器系统、蒸煮器热回收系统、黑液过滤系统、蒸煮器冷凝水系统和木片仓排出气体冷凝器系统(图 3-23)。

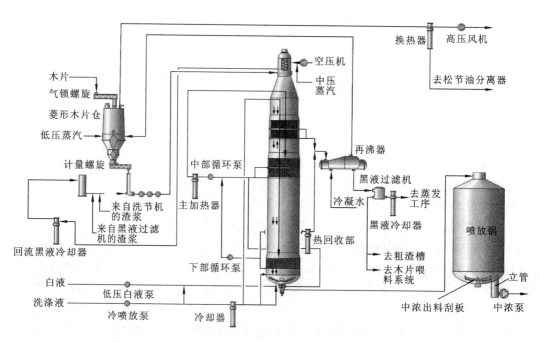

图 3-23 立式连蒸流程示意图

木片喂料系统是指将木片送入蒸煮器的系统,喂料系统运行的好坏将直接影响蒸煮系统的运行情况。喂料系统内的设备包括气锁螺旋喂料器、木片仓、木片计量螺旋、木片溜槽和缓冲槽、木片泵、顶部分离器和除砂器等。蒸煮器系统所包含的设备很少,只有蒸煮器和卸料器两个设备,其中蒸煮器是整个蒸煮系统的核心,是将木片转变成粗浆的主体设备。蒸煮器一般可分为气相加热区、浸渍区、上抽提区、上蒸煮区、下蒸煮区和洗涤区 6

个区域;另一种分区方式是将蒸煮器分为顶部预浸区、上抽提区、中循环区和洗涤区 4 个区域,木片依次通过这些区域完成浸渍、加热、蒸煮、洗涤等工艺过程。木片与药液一起缓慢地从顶部下移,先进入浸渍区,浸渍温度 115 ℃,浸渍时间为 40~60 min。然后进入上下两个加热区,木片加热到 171 ℃后,进入蒸煮区,通过时间约 60 min,木片通过蒸煮区后,即进入热扩散洗涤区,这时木片已经成浆,但仍保持着木片形状。热扩散洗涤就是用 120~130 ℃的稀黑液与木片进行逆流洗涤。热扩散洗涤时间根据总洗涤效率通常为 1.5 ~4 h。

2) 横管连续蒸煮

横管连续蒸煮工艺适用于草类原料化学浆或半化学浆的制备,其一般流程为:原料→料仓→洗涤→脱水螺旋→回料螺旋→计量器→预热螺旋→螺旋进料器→止逆阀(T 形管)→蒸煮管→中间管→出料器→喷放锅(仓)。

横管连续蒸煮的特点是原料在密闭的蒸煮器内直接由蒸汽迅速加热至蒸煮最高温度约 170 ℃,根据原料、蒸煮药剂、浸渍条件、成浆质量要求的不同,蒸煮时间为 10~50 min,因此总体蒸煮时间较短,效率高。经筛选过的草片由料斗落入计量器内,一对相对旋转的辊子将草片连续定量地送入双辊混合机中。从混合机的顶盖喷嘴按比例将蒸煮液洒到草片上,借两条桨式螺旋输送器进行混合,使草片均匀浸渍,之后由排料口送入预压螺旋内,将已吸收了蒸煮液的草片预先压紧,然后由螺旋进料器被均匀地挤压成料塞,送入压力约为 1 000 kPa 的蒸煮管。为了防止蒸汽反喷,与进料器扩散管相对位置装有一个由压缩空气操作的气动止逆阀,加热蒸汽及补充药液由此喷入。料塞落入蒸煮管后便分散为小块,像海绵一样吸收药液,同时受到加热,进入蒸煮阶段,原料体积也基本恢复到原有状态。原料依次由各蒸煮管中的螺旋输送器翻动并推向前进。原料由最下面的一根蒸煮管落入排料装置,经刮料器碎解后由喷放阀喷入喷放锅中。连续蒸煮器的生产能力为 40~300 t/d,如需要可采用两套并行的进料装置,配置相对灵活。

连续蒸煮相对间歇蒸煮而言(间歇蒸煮主要指蒸球或蒸锅蒸煮)具有下列突出的优点:

(1) 生产连续化,单位容积的生产能力是间歇蒸煮的 5 倍以上;

(2) 电力及蒸汽的消耗等均衡稳定,无高峰负荷;

(3) 耗汽量和耗药量可明显降低,可减少污染和废液回收费用;

(4) 纸浆得率高,质量稳定,均匀,便于生产高档纸和浆;

(5) 自动化程度较高,工人劳动强度低。

3. 洗浆筛选技术

1) 多段逆流真空洗浆技术

多段逆流真空洗浆技术是通过多台真空洗浆机串联洗浆的一种方式,该技术除最后一台设备需加入新鲜水进行洗涤外,其余各洗浆机均使用前段洗涤后的废液作为洗涤水。

多段逆流真空洗浆系统的主体设备是鼓式真空洗浆机,它是以真空负压产生的抽吸作用为推动力,将废液透过浆层滤出而得以分离的洗浆设备。真空度的要求一般为200~

400 mmHg^①。在整个真空系统负压部分均应严格密封,各排出管也必须实行水封避免空气回窜影响真空管。此技术洗涤用水量可降至 40 m³ 以下,黑液提取率一般可达 80% 以上,提取的浓黑液 COD 为 120 g/L 左右,稀黑液 COD 为 10～12 g/L,SS 为 18～22 g/L。浓黑液直接送入厂内碱回收工段进行处理,稀黑液一部分送入电厂进行废气脱硫,一部分送入中段水处理工段处理,剩余部分残留在纸浆中进入后续工段。鼓式真空洗浆机由一个圆筒转鼓在浆槽中回转而构成的,转鼓内部分为若干互不相通的隔室,当转鼓旋转时,相应的隔室借助于真空作用吸附浆液,形成附在转鼓表面的连续浆层,通过黑液吸滤、喷淋洗涤、抽吸过滤等过程洗涤浆料,多台该装置串联洗涤,可得到理想的洁净浆料。

多段逆流真空洗浆技术适用于所有化学法制浆企业。

2) 封闭式筛选技术

封闭式筛选选用封闭式的粗筛代替开放式的跳筛,以减少空气的混入以及泡沫的产生,有效分离、置换出节子与浆渣中夹带的草纤维和黑液;由于提高了进浆浓度,也减少了稀释水的用量。传统的粗浆洗涤和筛选是两个独立单元,清水分别加入各自系统。筛浆机是低浓常压筛,如 CX 筛,属于开放式筛选,用水量及废水量均较大,废水处理负荷高,能耗高。新的洗筛流程是把两者结合在一起,筛选置于最后一台洗浆机之前,采用中浓压力筛进行封闭式热筛选,清水从最后一台洗浆机加入,进行逆流洗涤。压力筛选用新型的楔形波纹筛板和低排渣率转子,最大限度地解决了浆料筛选增浓问题,省去了低浓除砂器和圆网浓缩机。

封闭式筛选净化系统工艺流程简单,占地面积小,筛选效率高,成浆质量好,适用于所有化学法制浆企业。与常规筛选相比,封闭筛选可节水节电 50%,吨浆水耗只有 30～40 m³,废水回用率 100%,废水量降低 60% 以上。采用全封闭的热筛选,可以大大减少泡沫的形成,而且可以减少系统排放的废水量。该系统的筛选工段会定期排渣,常见的废渣处理处置方式是进行回收纤维或进行深度处理。

4. 无氯漂白工艺

无氯漂白技术主要分为无元素氯漂白技术(ECF)和全无氯漂白技术(TCF)。

无元素氯漂白工艺(ECF)是指采用 ClO$_2$ 代替氯气作为主要漂白剂的漂白工艺,第三段次氯酸盐漂白以过氧化氢代替。该技术可大大减少废水中可吸附有机卤化物(AOX,包括二噁英)物质的产生,并可减少废水的排放,同时纸浆的强度不变,白度高,返黄少。虽然该工艺也产生有机氯化物,但这些化合物氯化度低(90% 是一氯代苯酚),毒性较低,易分解,且没有生物毒性。目前国内木浆厂大多数采用此技术,一些规模较大的非木材纤维造纸厂也大多采用此技术。但由于 ClO$_2$ 必须就地制备,投资大,生产成本较高,因而限制了在草浆厂大量的推广使用。

全无氯漂白技术(TCF)不使用任何含氯漂剂,用过氧化氢、臭氧及过氧乙酸等含氧化学药品进行漂白。该工艺可大幅度降低漂白废水污染物的排放,从根本上消除漂白废水中有机氯化物的污染。但由于无氯漂剂的特点,纸浆白度不高,浆的质量也受到限制,浆

① mmHg 为非法定单位,1 mmHg＝1.333 22×10^2 Pa

的成本高,且大部分设备需要引进,所以目前国内化学浆厂采用此技术的很少。

5. 白水零排放技术

1) 白水分级回收循环

造纸机白水含某些溶解性有机物,易滋生微生物,造成腐浆,影响尾浆的回用;另外随着循环率增加,某些污染物质的积累(如阴离子杂质)和 pH 的不稳定,影响施胶效果,因此对造纸机白水需要进行比较完整的水处理(如气浮)后再进行循环利用。白水的处理后的水质应达到 COD 300 mg/L 以下,SS 100 mg/L 以下,pH6～7,Zeta 电位接近零。

为了充分利用造纸机上的白水,应尽量根据废水浓度的不同分级回收,因为从造纸机不同部位脱出的白水的浓度和组成是不同的。例如,造纸机网下真空箱之前的网下白水浓度是最高,简称浓白水;而真空箱和压榨部脱出的白水浓度较低简称稀白水,另外还有洗毛毯水中含有毛毯毛,应该与网下白水分开回收。造纸机系统还有许多地方须用清水作为冷却水来间接冷却,如真空泵、液压系统和磨浆机等,间接冷却水未被污染,因此必须与造纸机白水分开单独回收循环利用。

一般造纸机的白水可采用三级循环的方式来处理。其第一级循环是采取网部的白水,用于冲浆稀释系统。第二级循环是网部剩余的白水和喷水管的水等经白水回收设备处理,回收其中物料,并将处理后的水分配使用的系统。第三级循环是造纸机及其他工段的排水和第二级循环多余水,汇合起来经水处理设备处理,并将部分处理水分配使用的系统。

(1) 第一级循环。真空箱之前的浓白水,其水量及内含的物料量,都占网部排水的 60%～90%,这部分白水应全部用于纸料的稀释。一般来说,真空箱之前的纸层干度低于调浆箱处纸料的浓度,因此该部分白水往往可全部被用于稀释,不足的部分用真空箱白水补充。但如果流浆箱中消泡水、网上定边板的拦浆水,以及洗网的清水大量混入,浓白水将用不完,造成二级循环浓度升高,白水回收设备负荷增加,因此在设计和实践中,应尽量减少清水在浓白水中的混入。

第一级循环系统中还包括低浓除渣器各段渣槽的稀释。这部分水也应采用第一级循环的白水,最好用其中的稀白水。因为浓白水携带的物料量多,稀释到同一浓度所需的白水多,使总液量加大,从而增加净化设备的负荷,增大动力消耗。

(2) 第二级循环。第二级循环的白水,要经过白水回收设备回收其中纤维,再回用处理后的水,所以网部剩余的白水将全部投入第二级循环,其他白水则要根据其纤维含量及水的洁净程度,根据制浆造纸的各个系统的需要来加以选择,处理后的白水,因处理设备的性能不同、水质不同,可根据具体情况,选择用水部位。对于处理效果好的白水,可作为喷水管用水,一般则可送往打浆调料部分作为稀释用水。

(3) 第三级循环。该系统的水,含有许多树脂、油污、粗重杂质等,也含有可回用的填料、纤维,所以应该进一步地处理,以便回用其中的填料、纤维、水等资源,也利于环保。

常用白水处理技术有:多圆盘过滤机、气浮技术和单纯沉淀塔技术,气浮技术中又有近来开发的浅层气浮和涡凹气浮,以及较经典的压力溶气气浮和射流气浮,还有缺(厌)氧/好氧(A/O)法生化处理技术。一般气浮池不能获得高质量的水,要达到白水回用在造纸机上,可采用高效浅层气浮池。

2)白水浅层气浮工艺

气浮分离技术是指空气与水在一定的压力条件下,使气体极大限度地溶入水中,力求处于饱和状态,然后把所形成的压力溶气水通过减压释放,产生大量的微细气泡,与水中的悬浮絮体充分接触,使水中悬浮絮体黏附在微气泡上,随气泡一起浮到水面,形成浮渣并刮去浮渣,从而净化水质。浅层气浮是一个先进的快速气浮系统,其装置集凝聚、气浮、撇渣、沉淀、刮泥为一体。整体呈圆柱形,结构紧凑,池子较浅。装置主体由五大部分组成:池体、旋转布水机构、溶气释放机构、框架机构、集水机构等。进水口、出水口与浮渣排出口全部集中在池体中央区域内,布水机构、集水机构、溶气释放机构都与框架紧密连接在一起,围绕池体中心转动。对于密度接近于水的微小悬浮颗粒的去除,浅层气浮是最有效的方法之一。

(三)制浆造纸清洁生产工艺案例

1. 企业概况

某制浆造纸企业以芦苇为造纸原料,生产精制胶版纸、精制书写纸、静电复印纸、彩色复印纸、彩色双胶纸等中高档文化用纸和工业用纸,生产能力约为 5 万 t/a。该企业整个生产分为制浆、抄造、碱回收、白水回收、中段水处理、供水供气等车间工段,拥有职工 800 多人,总产值约 2 亿元人民币,是当地的重要经济龙头企业。

1)制浆工段

企业采用干法备料,采用烧碱法间歇蒸煮工艺,半封闭洗筛,加氯漂白得到成品浆。具体工艺过程如图 3-24 所示。

(1)蒸煮段。该工段通过皮带运输机将芦苇送入切草机切料,切碎的苇料经过除尘后加入蒽醌和碱液,进预浸机,后进蒸煮球加蒸汽进行蒸煮,蒸煮完成后物料存入喷放锅,准备进入洗筛段。

(2)洗筛段。该工段将蒸煮后的苇料存入混合箱,后通过洗浆、调浆、平筛、稳浆、CX筛、除砂、圆网浓缩等工艺,将苇料制成黄浆存入黄浆池,进入下一步的漂白段。

(3)漂白段。该工段将黄浆池中黄浆打入氯化塔加氯漂白,然后通过洗浆、混合机混合、加入碱液调节,然后再一次洗浆、进漂化塔、混合机混合,然后形成白纸浆存入贮浆塔,供造纸车间抄造。

主要设备包括切草机、除尘器、预浸机、蒸煮球、喷放锅、混合箱、洗浆机、贮浆塔、调浆箱、框式平筛、稳浆池、CX筛、中间池、除砂系统、圆网浓缩机、黄浆池、氯化塔、双辊混合机、漂化塔等。

2)抄造工段

该工段将苇浆通过打浆配料,经过上网、压榨、干燥、卷取、切选等工序,生产精制胶版纸、精制书写纸、静电复印纸、双胶纸等。工段产生的废水至白水回收工段处理后回用。该工段主要使用的设备包括卧式碎纸机、双盘磨、浓缩机、2 640 mm 八缸长网造纸机、框架式引纸复卷机等(图 3-25)。

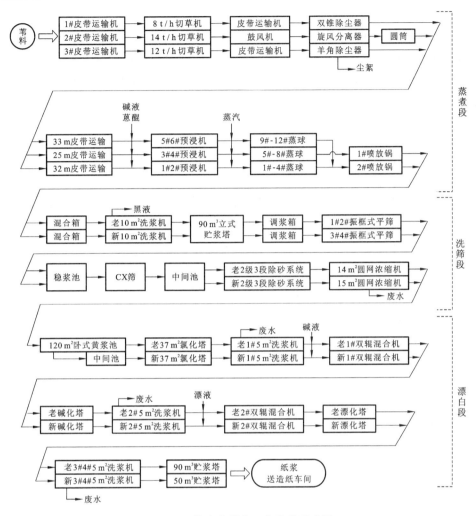

图 3-24 某企业制浆工艺流程示意图

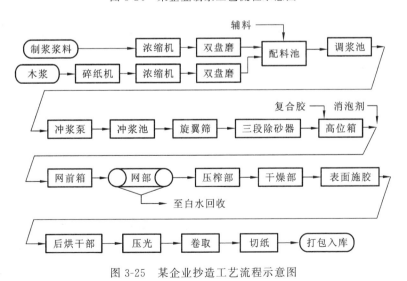

图 3-25 某企业抄造工艺流程示意图

3）碱回收工段

该工段将制浆工段产生的蒸煮黑液回收,经蒸发、燃烧、苛化等工序,回收其中的碱,其产生一定量的白泥废渣,外运处理,烟气经静电除尘排放(图 3-26)。废水未利用直接排放。该工段主要使用的设备包括五效蒸发器、板式冷凝器、碱炉、风加热器、电除尘器、消化器、苛化器、过滤机、澄清器、锅炉等。

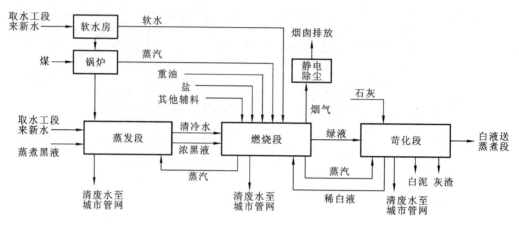

图 3-26　某企业碱回收工艺流程示意图

4）白水回收工段

该工段主要采用气浮工艺对抄造废水进行处理,处理后部分白水回用于制浆工段,其他废水处理后排放(图 3-27)。主要构筑物包括水泵、集水池、微滤机、反应池、澄清池、清水库等。

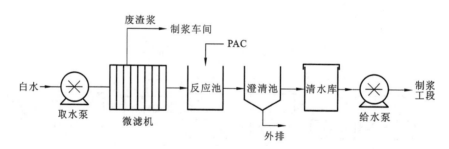

图 3-27　某企业白水回收工艺示意图

2. 产排污情况

企业废水由生产废水与生活污水组成。生产废水主要包括:制浆工段中产生的洗浆废水,抄造过程中产生的白水,碱回收工段产生的工艺废水,以及锅炉烟气水磨除尘产生的废水。生产废水的总产生量为 350 t/Adt。

制浆过程产生的废水主要有苇料蒸煮过程产生的蒸煮黑液和浆料洗筛、漂白过程产生的洗浆废水。其中蒸煮黑液含大量碱,全部送至碱回收工段回收利用,洗浆废水送至污水处理工段处理排放。洗浆废水中含有苇料的溶出物、细小纤维、蒸煮过程残留的烧碱、漂白过程残留的卤化物。该废水的 BOD$_5$ 为 315 mg/L，COD 为 1 700 mg/L，SS 为 770 mg/L，AOX 为 40 mg/L，pH 在 9.6 左右。

抄造过程需要大量的水对纤维进行输送并使纤维均匀分布，在纸张成型过程中从造纸机网部、压榨部脱出的废水为抄造白水。白水的主要成分为流失的纤维、残余的卤化物及浆料中添加的各种化学助剂。部分白水回用于制浆工段，其余外排。外排白水的 BOD$_5$ 为 60 mg/L，COD 为 335 mg/L，SS 为 650 mg/L，AOX 为 7.0 mg/L，pH 在 8.0 左右。

碱回收工段的工艺废水主要是蒸发过程的污冷凝水及其他工艺废水，该废水的 BOD$_5$ 未检出为 16 mg/L，COD 为 60 mg/L，SS 未检出，AOX 未检出，pH 在 7.15 左右。

企业单品污染物产生量分别为：COD 400 kg/Adt，BOD$_5$ 75 kg/Adt，SS 340 kg/Adt，AOX 9.4 kg/Adt。

该企业中段水工段主要处理洗浆废水、水膜除尘废水及部分有色纸抄造工段的抄造废水，采用百乐克工艺，处理后废水排入江河。该工段处理后出水水质 BOD$_5$ 为 33 mg/L，COD 为 316 mg/L，SS 为 83 mg/L，AOX 为 15 mg/L，pH 为 7.5。

与清洁生产标准比较，该企业绝大部分指标均不能达到三级标准，不达标项集中体现在资源能源利用率低，污染物产生量高，部分工艺不满足要求。该企业是旧造纸厂逐步升级扩产发展而来，企业盈利能力有限，工艺及设备相对陈旧，生产管理也不够严格，导致企业工艺取水量大，水重复利用率低，污染治理工艺比较落后。与国内其他先进企业对比来看，企业清洁生产潜力还是巨大的，主要体现在：改造白水回收工艺，可极大提高水重复利用率，从而减少取水量；改造现有落后的备料及制浆工艺，可大大降低制浆废水中污染物的产生量；此外，加强生产中的计量管理，提高整体的工艺控制水平，也能够进一步促进企业各项指标达标。

3. 清洁生产工艺改造及成效

1）白水回收工艺改造

企业原白水处理工段设备陈旧、工艺落后，使得处理后的白水水质较差，无法满足大量回用的要求。目前白水处理系统中，经过白水处理后的回用率仅 24%，大量的白水处理后排掉了，造成了极大的浪费。鉴于此，该企业通过新建一套白水浅层气浮处理设施，将现有的白水处理系统进行完善，并加强白水设施日常运行管理与维护，将白水回用率提高到 80%～85%。

新建的高效浅层气浮装置集凝聚、气浮、撇渣、沉淀、刮泥为一体。整体呈圆柱形，有效水深 400～500 mm，池内水力停留时间 3～5 min。原水在反应池中经投加聚丙烯酰胺（PAM）絮凝混合后由池底中心管流入，水表面的浮渣用撇渣器收集起来，然后排入中央污泥槽，排入相匹配的污泥装置，沉于池底的污泥由刮板收集至排泥槽排出，清水由中央集水机构收集排至清水池，回用于制浆等其他工段（图 3-28）。

该方案实施后，每年可减少取水量 150 万 t，白水回用率可达 85% 以上，具有十分重大的环保意义。项目投资约 80 万元，年运行费用较以往增加约 8 万元，但由于减少取水量及污水量而带来的年收益约 31 万元，因此该工程实施后每年综合效益可达 23 万元，项目 5 年内可收回投资，具有较好的经济效益。

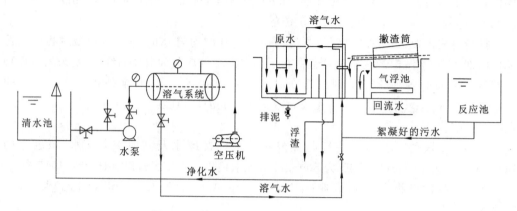

图 3-28　某企业白水回收改造工艺示意图

2）湿法备料及横管连蒸改造

该企业逐步停止原来陈旧的蒸球制浆设备，新建一套日产 120 t 苇浆的连续蒸煮制浆生产工艺线，并配套对原备料工段改造为干湿法备料工艺。

原干法生产工艺流程为：芦苇→切草机→羊角除尘器→刮板运输机→蒸球→喷放阀→喷放池，改为干—湿法备料。系统工艺流程为：芦苇→切草机→羊角除尘器→皮带输送机→料仓→皮带输送机→水力碎解机→芦苇泵→斜螺旋脱水机→销鼓计量器→螺旋喂料器→蒸煮管→喷放阀→喷放塔。

连续蒸煮器按设备主体的布置方式分为立式、横管式及斜管式几种。各种蒸煮器的主体部分均为容积较大的金属耐压容器，蒸煮过程的化学反应即在此容器内进行。连续蒸煮器设备复杂，投资高，操作管理水平要求也高，加热用汽负荷均衡，废热回收较易，所制纸浆均匀性好，适合于大型纸浆厂采用。

连续蒸煮的生产工艺具有以下鲜明的特点：

（1）生产连续化，单位容积的生产能力是间歇蒸煮的 5 倍，规模效应大；

（2）电力及蒸汽消耗均衡稳定；

（3）耗汽量和耗药量明显降低，可减少污染和废液回收费用；

（4）粗浆得浆率高、质量稳定均匀，可实现冷喷放、提高成浆质量；

（5）生产效率高、工人劳动强度低，可降低生产成本。

该生产线建成后，采用连续蒸煮的生产工艺可减少原来间隙蒸球所带来的如残碱外流、污水漫地及浪费原材料与蒸汽等缺点。该生产工艺在生产当量纸浆的基础上，可较间隙蒸煮工艺日节约蒸汽 10～12 t（相当于燃煤 3 t，年节约燃煤 1 000 t），年节约烧碱 100 t，氯气 10 t，节水 10 万 t，节电 $7×10^4$ kW·h。该方案预计投资 650 万，建设时间 2 个月，该设施建成后每年可减少煤渣 400～500 t，节约生产成本 110 万。

3）蒸汽循环利用改造

该企业原生产工艺纸机供热方式为无蒸汽循环方式，即由总供气管道直接将蒸汽送往各烘缸内，冷凝水由装有疏水阀或阀门的冷凝水管排出，直接排进下水道，既浪费了能源又增加了废水排放量。

为了提高蒸汽利用效率,该企业实施了三段通气改造,即将蒸汽送入一段烘缸,用完之后加汽加压后送入二段烘缸,再加汽加压送入三段烘缸,各段冷凝水均回用于造纸工艺,将 80 ℃的冷凝水通过闪蒸罐作用产生二次蒸汽,再经过热泵输送重复利用二次蒸汽(图 3-29)。

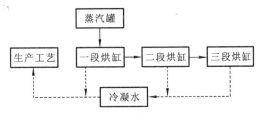

图 3-29 某企业蒸汽循环工艺示意图

该方案主要设备包括气动校正器、加压气胎、支臂、气动元件、加粗轴头、大瓦合、不锈钢耐热清水泵、网毯洗涤器、不锈钢阀门、不锈钢除砂器、高位箱、稳浆箱、旋簧筛、不锈钢管道等,方案投资 145 万,实施后各段冷凝水均回用于造纸工艺,改造前每吨纸用气 3.5 t,改造后各段蒸汽压力可降低 0.2 MPa,每吨纸用气 2.8 t,三段通气改造每吨纸(用气量降低 20%/t 纸)可约 0.7 t 蒸汽,年产量按实际生产 10 万 t 纸计算,每年可节约蒸汽 7 万 t,并减少废水排放量 7.0 万 t,年节省各项费用可达 7 万元。

4)原料堆场改造

该企业目前的 8 万 t 老原料堆场不规范,有的地方是自然堆场,对原料的储存存在极大的不利,特别是梅雨季节,芦苇霉变而造成"难蒸难煮"现象,浪费大量蒸煮药剂,影响浆料质量,并且能耗大大增加。

新建或改建的堆场将按标准化堆场进行建设,保证原料堆存期间堆场的通风状态良好,此外对堆垛方式等进行严格的规定。改造后的堆场将保证正常储存 4 万 t 芦苇。料场改造要求包括以下几点。

(1)排水畅通。为了避免芦苇原料受潮霉烂和原料场积水影响垛基稳固性,原料场在下雨后排水必须通畅,因此原料场垛基比周围地面高 300~500 mm,同时垛基面层有 0.3%~0.5%的坡度,以利于排水,垛基周边排水沟宽 200 mm,深 100 mm,坡度 0.12%。

(2)通风要求良好。通风条件好是原料保管好、堆存好的重要条件之一,原料在储存过程中有降低水分、均匀水分的作用,为此必须保证料垛有良好的通风条件,否则会使原料引起强烈发酵,导致自燃或霉烂变质。料垛间保持垛间距 6~8 m 以利于通风,料垛内设置纵向或横向通风孔道,且分层设置,料垛长度方向与常年主导风向应成 45°角。

(3)通风孔道设置。从垛基面开始,横向每 15~20 m 设置通风孔道一条,沿高度方向,每 2~2.5 m 设置一条横向通风孔道,通风孔直径 200~250 mm。整个堆垛沿纵向设置一条通风孔道与横向孔道联通,高度与横向孔道相同。

(4)芦苇堆垛方式。芦苇收割后进行机械打捆,规格 $\phi400\times2\ 500\sim2\ 600$ mm(方夹),每捆质量 35~40 kg,$\phi3\ 500\times4\ 500\sim5\ 000$ mm(凤尾夹),每捆质量 50~55 kg。上垛水分控制在 20%~28%之间。

(5)堆垛规格。芦苇在原料场均采取尖顶式堆垛储存,垛长 40~60 m,垛宽 12~15 m,直堆段高 6 m,尖顶段高 6~7 m,总高度控制在 12~13 m 之间。芦苇堆垛必须堆置平整并逐步收缩成尖顶避免雨水漏入,同时必须注意各部松紧一致,避免发生倾斜、凹陷和压垮现象。

该方案预计投资 430 万,建设时间 3 个月。建成后每年可减少霉变的芦苇 500 t,按每吨芦苇收购成本 600 元计算,节约生产成本 30 万;通风可减少芦苇中的水分、蛋白质、淀粉、果胶、脂肪等高分子有机物,降低碱耗,吨纸蒸煮成本可减少10元,每年节约生产成本40万,风干消化掉蛋白质、淀粉、果胶、脂肪后可减少蒸煮过程中产生的COD,每年至少可减少COD 2 000 t,按处理每吨COD成本4元计算,可减少污水处理成本0.8万元,风干后的芦苇在备料方面也容易,可减少备料的电耗及机械磨损等,每年可节约生产成本约10万。综合计算,每年可直接节约生产成本近70万。

酸碱行业是"三废"——废气、废水、废渣产生的大户,因此在酸碱行业推行清洁生产刻不容缓。我国酸碱生产技术较发达国家明显落后,是造成资源浪费、环境污染和生态破坏的主要原因。大力开展酸碱行业清洁生产技术的研究及实施推广应用,对实现我国可持续发展战略有重大意义。

单元三　无毒无害的中间产品

[单元目标]

1. 了解传统化工的危害。
2. 理解绿色化工的内容和特点。
3. 掌握无毒无害中间产品实现的途径。

[单元重点难点]

1. 化学工业实现无毒无害生产的途径。
2. 实施无毒无害生产的思维方式和技术应用。

一、无毒无害中间产品的概述

自19世纪以来,由于化学工业的迅猛发展,工业"三废"的大量排放导致地球生态环境的急剧恶化,由于传统的化学工业给环境带来的污染已十分严重,目前全世界每年产生的有害废物达3亿~4亿吨,给环境造成极大的危害,并威胁着人类的生存和发展。化学工业能否生产出对环境无害的化学品? 甚至开发出不产生废物的工艺? 中间产品能否做到无毒无害? 因此,倡导人类与环境友好相处的崭新理念——"绿色化学"营运而生,绿色化学的核心就是要利用化学原理从源头消除污染,绿色化学将使化学工业改变面貌,为子孙后代造福。

绿色化学是利用化学的技术和方法去减少或消灭那些对人类健康、社区安全、生态环境有害的原料、催化剂、溶剂和试剂、产物、副产物等的使用和生产,实现"零排放",从而实现保护人类健康、社会安全和生态环境的化学。

有关绿色化学研究的主要内容、主要特点、主要原则以及实现途径,前面章节已有详细的介绍,这里不再累述。

绿色化学是设计没有或只有尽可能小的对环境产生负面影响的,并在技术上、经济上可行的化学品和化学过程的科学。事实上,没有一种化学物质是完全良性的,因此,化学品及其生产过程或多或少会对人类产生负面影响,绿色化学的目的是用化学方法在化学过程中预防污染。绿色化学的发展还可能将传统的化学研究和化工生产从粗放型转变为集约型,充分地利用每个原料的原子,做到物尽其用。要发展绿色化学意味着要从过去的污染环境的化工生产转变为安全的、清洁的生产。

现代人类离不开化学产品,又不愿在使用化学产品的同时造成对自身的危害,那么绿色化学产品就成了人类最好的选择,换句话说绿色化学产品就是对人类和环境无毒无害的化学产品。

对于无毒无害的中间产品,涉及的内容包括:绿色合成路线、绿色反应条件、设计绿色化学品、涉及绿色化学品等。对于绿色合成路线,美国 DOW 化学公司和德国的 BASF 公司共同研发了利用过氧化氢作为氧化剂制备环氧丙烷的新路线;对于绿色反应条件,Merck&Co Inc 公司和 Codexis Inc 公司研制了一种改进的转氨酶,使二型糖尿病的治疗药物 Sitagliptin 合成条件更符合绿色产品要求;对于设计绿色化学品,Clarke 公司合成了一种改进型的多杀菌素,对灭杀蚊子幼虫非常有效,他们还利用生物技术,开发了利用 CO_2 合成长链醇的方法,实现 CO_2 的循环利用等。

二、案例分析:氯碱工业

在氯碱工业中,采用食盐电解得到烧碱和氯气,主要有三种方法,即:以汞作为电解槽阴极的汞法,阴阳极之间设置石棉隔膜的隔膜法,以及 70 年代中期发展起来的离子交换膜电解法(简称离子膜法)。长期以来,汞法由于可得到高纯度和高浓度的 NaOH 溶液,产品质量好,电耗也低,因此是最主要的生产烧碱的方法。但是由于工艺过程中有汞存在,不论是最终产品(烧碱、氯气、氢气),还是排出的废水、泥渣,以及通风排气中,到处都有汞的踪迹,目前我国汞法生产的烧碱中汞的流失量达 $200\sim400$ g/(t 碱)。因此,汞的污染是该法最突出的问题。日本水俣病事件发生后,汞害问题越来越引起人们的关注。氯碱工业向无废目标发展的重大进展是改革传统的汞法生产工艺,采用离子膜法来生产烧碱。随着高性能离子交换膜的开发成功以及有关技术问题的解决,1975 年日本旭化成公司将离子膜法生产烧碱工艺投入了工业应用,随之日本开始了由汞法向离子膜法转变的进程。经过十几年的努力,到 1986 年 6 月,汞法已全部停用;1990 年年底,日本离子膜法烧碱生产能力已占到总生产能力的 85% 以上。离子膜法工艺在世界其他国家也获得了迅速发展。1990 年世界离子膜法烧碱生产能力已达 600 万 t,占总生产能力的 17%。1990~1992 年年间世界新建离子膜法烧碱生产能力达 150 万 t/a。历经半个多世纪,我国氯碱工业取得了长足发展,2006 年烧碱产量约 1 470 万 t,已经超过美国,成为世界上最大的氯碱生产国和消费国。据不完全统计,截至 2006 年年底,我国离子膜法烧碱生产能力达 1 105.61 万 t/a,我国已逐步淘汰汞法工艺,离子膜法占主导地位。

(一)烧碱制备的传统方法

烧碱制备的传统方法有水银法和隔膜法。

1. 水银法(M 法)

水银法是在电解过程中采用汞阴极生产氯和烧碱。水银法电解食盐水的生产工艺能获得高纯烧碱。该方法可以直接制得 50%(质量分数)的液态碱,不需要蒸发可直接使用,产品质量好、纯度高、含盐低、成本低、投资省,能满足对高纯度烧碱的质量要求。但该法汞污染相当严重,汞的流失主要来自盐泥、废水及含汞气体的泄漏。汞对人体健康及生态环境会造成极大的危害,如曾经在日本发生的"水俣病"事件,就是汞中毒的一种典型病例,该事件的发生使日本政府决定限期将全部水银法电解槽转换成非汞法。

2. 隔膜法(D法)

电解工艺制烧碱要求阳极材料既能导电又能耐氯、耐氯化钠溶液腐蚀。传统的石墨阳极隔膜电解槽存在着明显缺点:石墨阳极随着运转时间的延长逐渐损耗,使得极距增大,溶液的电压降逐渐增加,因而电耗增大。随着氯碱工业的逐步发展,人们开发出钛基涂钌的形稳性金属阳极,逐步取代石墨阳极,使氯碱工业的发展迈上了一个新台阶。

隔膜法电解是将阳极产生的氯和阴极产生的氢氧化钠与氢分开,这样不至于发生爆炸和生成氯酸钠,较理想的隔膜材料是石棉隔膜,利用真空将石棉绒(纤维)吸附在阴极网上。隔膜法电解的初级阶段采用的是立式吸附隔膜电解槽,该装置在氯碱工业发展史上曾经起到了一定的进步作用,但也给操作工人的健康带来危害,产生了环境污染。世界卫生组织已把石棉列为致癌物质,为消除石棉使用过程中对人体和环境的污染,人们研制出非石棉隔膜和以聚四氟乙烯纤维为主体的改性隔膜,用以代替石棉隔膜。

隔膜电解法生产流程如图 3-30 所示。盐水送入电解槽进行电解,利用直流电的作用,电解槽中产生氯气、氢气和烧碱。电解槽中出来的氯气、氢气含有大量水分,因此不能直接使用,需要冷却、干燥或洗涤,然后加压输送出厂或再加工。电解槽出来的烧碱含 NaOH 仅 10%~20%,需经过蒸发以提高碱浓度,还应将盐从碱中分离;分离后的食盐中仍有少量烧碱,可将其回收化成盐水后送至盐水精制工段再使用。上述流程即为电解食盐水溶液制烧碱和氯气的全过程。

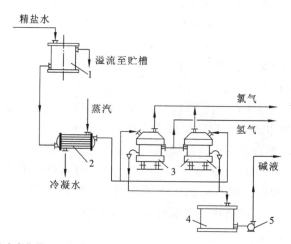

1—盐水高位槽;2—盐水预热器;3—电解槽;4—电解碱液集中槽;5—碱液泵

图 3-30　隔膜电解法生产流程

隔膜法制备的产品质量纯度不高(NaOH 浓度约为 10%,浓缩至 40%~50%NaOH 溶液中仍含有 1%~2%NaCl)。另外隔膜法的能耗大,NaOH 浓度从 10%浓缩至 40%~50%,需消耗大量的蒸汽。

（二）清洁生产工艺

1. 离子膜法

离子膜法利用离子交换膜具有对离子的选择透过性。氯碱工业中用于氯碱电解槽的离子交换膜能选择性地透过钠离子,因此被称为阳膜,是由高分子共聚物制成的耐腐蚀、寿命长的复合膜材料。离子膜法的具体原理如下所述:用阳离子交换膜分隔阳极和阴极,在电解槽中对食盐进行电解,由于阳离子交换膜液体透过性相当低,在膜两侧有电势差,只有钠离子伴随少量水透过离子膜,所以进行电解时在阳极产生氯气;同时钠离子透过离子交换膜流向阴极室,在阴极产生氢氧根离子和氢气,氢氧根离子由于受到阳离子交换膜的排斥不易流向阳极室,因而在高电流密度下产生氢氧化钠。而阳极室中的氯离子,因为膜的排斥很难透过膜,因此在阳极上生成氯气。

离子膜法生产工艺流程如图 3-31 所示。通直流电的情况下,阳极室盐水中的钠离子透过离子膜进入阴极室,并与氢氧根离子结合生成烧碱;盐水中的氯离子不能透过离子膜而直接在阳极上放电生成氯气,而阴极室中的氢离子直接在阴极上放电生成氢气。该工艺特点是对盐水的精制要求高,一次精制后还要用离子交换树脂进行二次精制,去除微量杂质后才可送电解。电解出来的烧碱浓度可达 30％ 左右,仅含微量盐,也可根据需要进行蒸发浓缩。

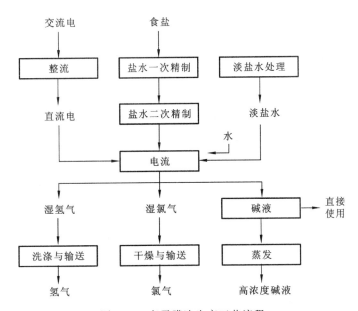

图 3-31　离子膜法生产工艺流程

离子膜法制备烧碱是利用离子交换膜作隔膜,采用电解法生产烧碱、氯气及氢气。离子膜法生产的产品纯度高、能耗低、无汞及石棉等污染。早在 1952 年就有研究者提出用离子膜作为电解制碱的隔膜,到 20 世纪 60 年代中期,美国杜邦公司开发出全氟磺酸阳离子交换膜,并成功应用于氯碱电解,1975 年日本旭化成公司首先实现了该工艺的工业化。

离子膜法制碱技术被世界公认为当代氯碱工业的最新技术成就。离子膜法是隔膜法的一种衍生,它仍然采用以隔膜来分离阴极、阳极产物的原理。离子膜具有离子选择透过性和特殊的化学性能,在较大电流密度($3\,000\sim4\,000\ \text{A/m}^2$)下运行仍可保持低电耗。目前国内离子膜法制备每吨碱电耗为 $2\,250\sim2\,350\ \text{kW}\cdot\text{h}$,甚至更低;日本氯工程公司每吨碱电耗为 $2\,098\ \text{kW}\cdot\text{h}$,美国 ELTECH 公司每吨碱电耗为 $1\,600\ \text{kW}\cdot\text{h}$。

目前我国烧碱生产主要采用隔膜法,水银法已基本淘汰。引进的先进离子膜烧碱技术和装置大大改变了我国烧碱的品种结构,增加了高纯碱产量供纺织、化纤等工业的应用;同时大大提高了我国制碱工业的技术水平,在消除石棉危害和环境污染等方面起到积极作用。我国把离子膜烧碱工程作为化工重点建设工程,把发展离子膜烧碱作为烧碱产品结构调整的方向,使得我国离子膜烧碱产量得到大幅提高。

隔膜法电解生成的碱液仅含约 $10\%\text{NaOH}$,制成 $30\%\sim50\%$ 的成品碱液需消耗大量蒸汽,制得 30% 烧碱的汽耗量一般大于 $5\ \text{t}$ 蒸汽/t 烧碱,且产品质量较差。离子膜法可直接制得 30% 以上的烧碱。若需制得 50% 的烧碱,采用三效蒸发器浓缩,所耗蒸汽量为 $0.6\ \text{t}$ 蒸汽/t 烧碱,总能耗比隔膜法低 $1/3$ 左右,且产品质量好。

离子膜法采用高聚物制成的离子交换膜,能使溶液中的离子在电场的作用下做选择性的定向运动。离子膜是用四氟乙烯和磺化或羧化全氟乙烯酯的共聚物制成的耐腐蚀、高强度的膜材料,使用寿命较长,可达两年。由于离子膜电解法选择性好且使用先进的阳极材料,电耗比隔膜法大为降低,是当今烧碱工业生产的发展方向。

与传统的水银法和隔膜法相比,离子膜法具有如下优点。

(1)产品质量好。离子膜法生产的成品烧碱盐含量 $30\sim50\ \text{mg/kg}$,可以满足化纤、制药等行业对高纯度烧碱的质量要求。另外,所产生的氯气纯度(99%)及氢气纯度(99%)也比隔膜法高。

(2)能耗低。离子膜法可以直接制备 30% 以上的烧碱,但隔膜法制备的碱液浓度仅含 10% 左右,要制备 $30\%\sim50\%$ 的成品碱液需要经过浓缩工序,产品质量也较差。离子膜法与隔膜法相比,节省蒸汽 80%,且能耗大为降低。

(3)环境较为友好。离子膜法不存在水银法制备烧碱的汞污染和隔膜法制备烧碱的石棉纤维废物等引起的污染问题。

离子膜法生产烧碱技术在 20 世纪 70 年代实现工业化以来,在全世界氯碱工业得到广泛发展。2005 年,离子膜法生产烧碱约占世界烧碱总产量 40%。我国在 20 世纪 80 年代中期引进第一套离子膜法生产烧碱装置,目前我国离子膜法生产烧碱约占国内烧碱总产量的 35%。

2. 双极膜法

双极膜是近十年来发展较为迅速的新膜,它是由阳离子交换层和阴离子交换层复合形成的一种离子交换膜。双极膜在通直流电的情况下能将水解离成氢离子(H^+)和氢氧根离子(OH^-)。在阳离子交换膜和阴离子交换膜之间可以加入第三层物质(中间反应层)促进水的解离。作为一种新型的膜,双极膜及其水解技术在轻工、化工、食品、冶金、资源回收利用及环境保护等领域都有着十分广泛的应用。

图 3-32 是由食盐制备盐酸及烧碱的双极膜系统示意图。双极膜电渗析制备烧碱的三室电渗析膜堆(三隔室池单元)由双极膜、阳离子交换膜、阴离子交换膜、盐室、碱室及酸室组

成。在通直流电的情况下,盐阴离子(Cl⁻)通过阴离子交换膜进入酸室,与双极膜解离的氢离子(H⁺)生成盐酸(HCl);盐阳离子(Na⁺)通过阳离子交换膜进入碱室,与双极膜解离的氢氧根离子(OH⁻)形成烧碱(NaOH)。生产条件为:温度 50 ℃;电流密度 50~250 mA/cm²;三膜堆电压 1.5~2.5 V;酸生产浓度为 1~2 mol/L,碱生产浓度为 3~6 mol/L。

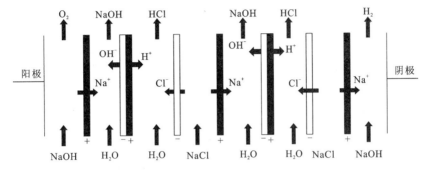

图 3-32　食盐制备盐酸及烧碱的双极膜系统

双极膜法的主要具有如下优点。

(1) 生产成本低。水解离过程没有气体产生,因此能量消耗低。

(2) 装置结构紧凑,投资费用少。对于一般电解过程,每张膜需要一对电极,而对于双极膜,几十对乃至上百对膜组合只需要一对电极。因此,装置结构紧凑,投资费用少。

(3) 电极无腐蚀。由于未发生氧化还原反应放出氢气、氧气及氯气,因此电极不产生腐蚀。

(4) 环境友好。生产过程中无氯气产生,不需要建立尾气处理装置。离子膜法生产烧碱过程中会产生一定量低浓度的废氯气,需要进一步处理才可达到排放标准。

(三) 氯碱工业的三废治理

氯气是电解法制烧碱过程的副产品,属于剧毒物质,对人体、农田、树木、花草和周围环境影响极其恶劣,因此不可泄漏,更不允许直接放空。但是通常由于某些意外原因,如突然停电、停车等,电解出来的氯气压力升高,若超过氯气密封器内的液封静压时,氯气就会泄漏,对人体和环境造成严重危害。许多氯碱企业为保证安全运行,在电解槽与氯压机之间的湿氯气总管上增设一套事故氯气吸收装置,在各种异常和复杂的断电状况下,当系统压力超过规定指标将出现气体外溢时,装置自动连锁瞬时启动进入工作状态,在装置内以液碱为吸收剂循环吸收氯气,并按规定及时更换新鲜吸收剂,达到处理事故氯气、消除氯气排放污染的目的。

氯碱生产过程中的废水主要来源于蒸发、固碱、盐酸、氯氢处理、电解等工序的酸性、碱性和含盐废水。废水量可达 1 km³/d,混合后偏酸性,水温 35 ℃左右,其中氯离子含量为 0.7~0.8 g/L,盐含量 1.0~1.2 g/L,并含有少量 Ca²⁺,Mg²⁺ 等阳离子。废水直接排入水体后,会使水的渗透压增高,对水生生物也有不良影响。另外 Ca²⁺,Mg²⁺ 会使水的硬度增高,给工业和生活带来不利影响。强酸或强碱流入水体后,会使水体 H⁺ 浓度(pH)发生变化,对水生生物会产生毒害作用。水的 pH 较低时对金属及混凝土设施具有腐蚀性,较高时则会发生水垢沉积。

废水处理流程如图 3-33 所示。收集的废水经过废水集水管进入配水槽进行初次沉降除砂,经油水分离器除油后进入调节池内,在调节池内进行充分混合发生酸碱中和反应,反应完全后进入隔板混合反应器进行絮凝反应,再进入二级斜管沉淀池,沉淀后的水经三级滤池过滤。若废水含盐浓度低(未超标)时,则滤池出水直接进入清水池;若废水含盐浓度高(超标)时,则滤池出水需再经过电渗析除盐处理。处理后的淡水进入清水池由水泵送至车间循环利用,浓盐水进入浓盐水池,经耐腐蚀泵送盐水工序回收利用。

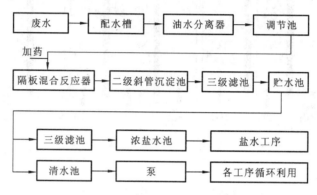

图 3-33 废水处理流程示意图

盐泥也是氯碱企业的污染物,含固体物 10%～12%,其余为水。各企业盐泥主要成分大体相同,因盐种不同,其组成部分略有差别。一般盐泥中含 NaCl 1.8%,CaO 19%,MgO 14%,SiO_2 22%,Al_2O_3 7.4%,Fe_2O_3 2.4%;盐泥黏度为 1.2～1.5 MPa·s,粒度低于 1.5 μm 的占 35%,粒度为 1.5～9 μm 的占 62%;盐泥 pH 为 8.5～11。对盐泥的处理方法为在盐泥中通入 CO_2 气体,使 CO_2 与盐泥中的 MgOH 发生反应,生成可溶性 $Mg(HCO_3)_2$ 进入液相,经固液分离后用蒸汽直接加热溶液,析出 $MgCO_3$ 后再进行固液分离,将精制的固体 $MgCO_3$ 经 850 ℃ 灼烧后即可制得轻质氧化镁。轻质氧化镁可用作油漆工业、橡胶工业、造纸工业的填充剂,还可用于制镁砖、坩埚等优质耐火材料。

三、案例分析:硫酸制备

硫酸是人类发明最早、工业生产最早的酸,其用途最广,产量大,是化学工业中的重要产品之一,也是许多工业生产中的重要化工原料。硫酸的年产量和消费量曾认为是反映一个国家化学工业水平的重要标志。在我国,硫酸消耗量最大的是化肥生产过程,硫酸主要用于制造磷肥,我国生产过磷酸钙所消耗的硫酸量约占全部硫酸生产量的一半。在冶金工业中,特别是在轧钢和机械制造等重要过程,都要用硫酸洗去钢铁表面的氧化铁皮。在有色金属生产过程中,用电解法精制铜、锌、镍时,需要用硫酸来制备电解液。在石油工业中,硫酸主要用于原油处理过程,用硫酸除去其中的硫化物、不饱和烃和胶质,精制柴油、润滑油也会消耗不少硫酸。在无机化学工业中,用硫酸与其他酸的盐作用,可以分离出其他酸类,因此硫酸也广泛应用于酸类、硫酸盐、化学药品和无机颜料的制造。在有机合成工业中,硫酸用于磺化反应和硝化反应中,在染料、农药和医药工业中有广泛用途。

在化学纤维工业中,生产黏胶纤维、己内酰胺、聚丙烯腈纤维和维尼纶纤维都需要用到相当量的硫酸。在塑料工业中,生产环氧树脂、聚四氟乙烯和有机玻璃时都需要硫酸。在国防工业中,主要的炸药和发射药如硝化棉、三硝基甲苯、硝酸甘油和苦味酸等都需要用到硫酸。在原子能工业中,需要用硫酸提炼铀。由以上可见,硫酸在生产各个部门应用都非常广泛,在国民经济中具有极其重要的地位。

(一) 传统工艺

当今世界上绝大部分的硫酸都采用接触法生产。接触法生产硫酸的工艺流程,包括二氧化硫炉气制备、二氧化硫炉气净化、二氧化硫的催化氧化和三氧化硫吸收四个工序。硫酸制备的传统工艺流程为以硫铁矿为原料,一转一吸生产工艺过程,如图 3-34 所示。硫铁矿在原料工序经破碎、筛分和配矿后,由斗式提升机送入原料仓内,然后经皮带喂料机送入沸腾炉内进行沸腾焙烧。在沸腾炉前由炉前鼓风机向沸腾炉内鼓入空气,沸腾炉内生成的二氧化硫炉气由设在干燥塔后的二氧化硫主风机抽吸,使沸腾炉顶保持微负压状态,避免炉气从加料口和溢渣口逸出。炉气经过净化设备时,由于受到设备阻力使其压强降低,到达主风机进口时,炉气压强已下降到 $-12 \sim -15$ kPa(表压)。为克服主风机后热交换器、转化器和吸收塔等设备的阻力,主风机出口也需保证相应的正压强值。

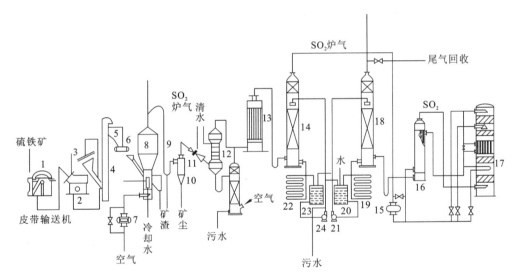

1—颚式破碎机;2—反击式破碎机;3—振动筛;4—斗式提升机;5—原料仓;
6—皮带喂料机;7—炉前鼓风机;8—沸腾炉;9—炉气冷却管;10—旋风除尘器;
11—第一文氏管;12—泡沫冷却塔;13—电除雾器;14—干燥塔;15—主风机;
16—外热交换器;17—SO_2 转化器;18—SO_3 吸收塔;19—98.3%酸冷却器;
20—98.3%酸循环槽;21—酸泵;22—93%酸冷却器;23—93%酸循环槽;24—酸泵

图 3-34　一转一吸工艺流程

出沸腾炉后炉气中的二氧化硫浓度较高(12%～13%),经过泡沫冷却塔后补充来自脱吸塔的空气,以提高炉气中氧浓度,使二氧化硫浓度降低到进入转化器所需的浓度。为了维持干燥和吸收塔循环槽酸浓度的稳定,如前所述,需要将98.3%的吸收酸由吸收酸泵(或吸收酸循环槽)连续地送到吸收酸槽。当需要生产98.3%的浓硫酸时,从98.3%酸循环槽导出产品酸;当需要生产93%的浓硫酸时,则从93%酸循环槽中导出产品酸。

在我国硫酸生产以中、小企业居多,绝大多数企业仍沿用五六十年代落后的生产工艺,高投入、高消耗、低产出,导致许多原材料变成"三废"流入环境,造成严重的环境污染。现在全国硫酸行业中仍采用一次转化一次吸收加尾气吸收工艺的占70%,SO_2排放大大超标。一次转化接触法生产情况见表3-4。

表3-4 一次转化接触法 1 000 t(100% H_2SO_4)/d 的情况

催化剂	温度/℃		转化率/%		催化剂量/m³
	进口	出口	进口	出口	
第一层	435	575	0	70	37.0
第二层	450	490	70	90	45.0
第三层	435	448	90	96.5	64.0
第四层	433	436	96.5	98.0	80.0
合计					226

(二) 清洁生产工艺

为了达到硫酸企业的清洁生产,降低环境污染程度,充分提高硫的利用率,人们研究开发了两次转化两次吸收流程替代一次转化一次吸收的旧工艺。该工艺根据吕·查德里原理,即反应过程中降低生成物浓度,有利于平衡向正反应方向移动。将一次转化后的反应混合气中 SO_3 吸收除去(降低生成物浓度),同时又相应地提高了混合气中氧含量(提高反应物浓度),使得反应具有较高的 O_2/SO_3 比,因此在第二次转化过程中 SO_2 的氧化反应易于进行,且速度大大提高,结果可使总转化率达到99.5%~99.9%(表3-5),还能利用工艺本身解决尾气的污染问题,从而为设计和建设无尾气或少尾气危害的大型硫酸厂,提供了新的途径。

表3-5 两转两吸接触法 1 000 t(100% H_2SO_4)/d 的 2+2 型的情况

催化剂	温度/℃		转化率/%		催化剂量/m³
	进口	出口	进口	出口	
第一层	435	575	0	70	37.0
第二层	450	490	70	90(累计)	45.0
第三层	440	460	0	98.2(累计)	45.0
第四层	435	438	82	99.5(累计)	178(合计)

对四段转化器而言,两次转化两次吸收方式有两种。一种为"2+2式",即第一次转化先经过两段催化剂层,经中间吸收后,再进行第二次转化时经过另两段催化剂层。另一种为"3+1式",原料气先经Ⅰ、Ⅱ、Ⅲ段催化剂层转化后,通过热交换器冷却,进入第一吸

收塔(中间吸收塔),吸收后的气体经热交换器 1、4 升温后进入第四段催化剂层继续氧化,出来的气体经热交换器 4 冷却后送入第二吸收塔(最终吸收塔)进行吸收。

两转两吸流程,见图 3-35。原料气主要由 SO_2 7%,O_2 11.0%,N_2 82%组成,转化器分为四段,生产能力为 1 000 t(100% H_2SO_4)/d,对一次转化和两次转化的设计进行比较,由一转一吸改为两转两吸后,尾气中 SO_2 含量由 1 500~2 500 ml/m^3 降至 200~500 ml/m^3。当各 SO_2 吸收塔的吸收率为 100% 时,废气中 SO_2 分别为 1 560 ml/m^3 和 390 ml/m^3,可见后者为前者的 1/4。

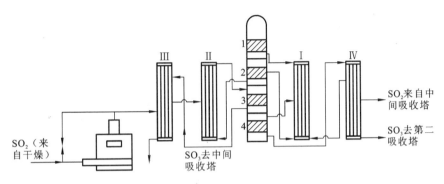

图 3-35 两转两吸流程

在两转两吸工艺中,由于有中间吸收,可以适当采用较浓的 SO_2 炉气,如可提高将 SO_2 含量提高到 9%~10%,与一转一吸工艺相比,当炉气中 SO_2 浓度由 7.5% 提高到 9.5%,SO_2 转化率从一次转化的 97% 上升到两次转化的 99.5%,去掉因阻力增大而减产的部分,采用两转两吸流程可增产 2.0% 以上。

采用两转两吸工艺,不仅提高了 SO_2 转化率,提高了设备的生产能力,还降低了尾气中 SO_2 含量,对控制污染和保护环境起到了重要作用。现在新建厂要求全部采用这种工艺,而且从环保和清洁生产角度需要,许多老厂也已按这种工艺改造。

(三)硫酸生产中的污染治理与回收利用

1. 尾气中二氧化硫的治理与利用

SO_2 对人体健康和生态环境有着较大的危害性,它对皮肤、口鼻、眼睛及呼吸器官有较强的刺激作用,而且会使森林、作物造成减产甚至死亡。SO_2 还能加速潮湿空气对金属材料和设备的腐蚀作用,被 SO_2 所污染的空气被认为是腐蚀性最大的一类空气。另外酸雾的毒性比 SO_2 大得多,酸雾附在飘尘上吸入肺部,会引起呼吸器官疾病,酸雾还会腐蚀设备、仪表及含碳酸钙的建筑材料。

有关硫酸厂尾气中 SO_2 回收处理的方法有多种,在有碱的工艺采用碱法回收,有氨的工艺采用氨法回收,缺碱缺氨的工艺采用高烟囱扩散排放,但高烟囱扩散排放不是解决问题的根本方法。对于吸收塔尾气中的酸雾,可通过电除雾器、玻璃纤维过滤器或金属筛网和四氟乙烯填料气体净化器等设备除去。另外对硫酸厂尾气中的 SO_2 污染问题,工业上可以通过工艺改革提高 SO_2 的转化率(如两转两吸法)或进行回收两种方法使最后排气中的 SO_2 含量达到排放指标。

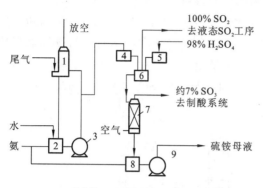

1—吸收塔；2—中和槽；3—循环泵；
4—循环母液槽；5—酸计量槽；6—混合器；
7—分解槽；8—硫铵母液槽；9—硫酸泵
图 3-36 氨-酸治理硫酸尾气工艺流程

碱法中的亚硫酸钠法常被中小型厂用来生产亚硫酸钠，该法用氢氧化钠或碳酸钠溶液作为吸收剂，在吸收塔内吸收 SO_2。该法的 SO_2 吸收率可达 95%，但其工艺发展受到原料价格及产品销路的影响。采用氨-酸法治理硫酸尾气，工艺流程如图 3-36 所示。从前面吸收塔出来的尾气，进入尾气吸收塔中用含氨的亚硫酸铵和亚硫酸氢铵溶液吸收。在反应过程中，与 SO_2 发生反应的是氨水，因此在吸收过程中需不断补充氨水，尾气中的 SO_2 将被氨水吸收生成硫酸铵。吸收后的尾气经除沫后由烟囱排空。此法的优点是用价格较低的氨作原料，可以得到高浓度 SO_2 和化肥，但需要就近有氨源，否则氨储运方面将出现困难。

2. 硫酸生产中酸性废水的治理

硫酸厂酸性废水主要来自净化工段、冲洗设备、地面水和定期排放等工艺或流程，当采用水洗净化时，废水量显著增大而且含砷、氟、铜、硒等有害物质。因此目前在我国，这部分废水是亟待治理的主要对象。在硫酸工业废水处理过程中，主要除掉废水中的硫酸、砷、氟及有色金属等杂质，其中砷最为普遍而又难于清除，并且危害也大。因原理与除砷类似一般在除砷过程中，重有色金属也得到处理。处理方法一般采用石灰、电石渣等中和法，并加入混凝剂以加速颗粒沉降。

硫酸生产中水洗净化流程废水量大，因此所需设备庞大，且会产生大量不易回收的沉渣，产生渣害及污染。因此，硫酸生产过程中改革净化工艺流程，解决酸性废水污染问题及清洁生产是一个值得认真考虑的问题。

3. 硫酸生产中废渣的治理与利用

1）硫酸烧渣的治理与利用

以硫铁矿为原料生产硫酸将会产生大量的废渣，一般每吨酸产生 0.8～1 t 废渣，废渣的主要成分是铁的氧化物，铁含量一般为 30%～50%，同时还含有一定量的铜、锌、铅等有色金属和贵金属金、银等。这些物质不仅对炼铁过程和产品质量会产生不良影响，而且有色金属若没有回收利用，排放对环境有害。所以对有色金属成分含量较高的矿料，应从其中回收有色金属后，再制备成炼铁原料送去炼铁。

氯化焙烧法处理废渣工艺流程见图 3-37。

按焙烧温度不同分为中温氯化焙烧（600～650 ℃）和高温氯化焙烧（1 150～1 250 ℃）。在中温氯化焙烧过程中，用食盐作氯化剂，使废渣中有色金属氯化物、硫化物转变为可溶于水和酸的氯化物和硫酸盐。焙烧炉气中含有 HCl，Cl_2，SO_2，SO_3 等气体，除尘后用水吸收，生成以盐酸为主、含有硫酸的混合物，该混合物可用来浸取氯化焙烧后的矿渣，浸出可溶性的有色金属化合物；然后，采用选择沉淀法从浸出液中分别回收有色金属，如用铁屑置换铜化

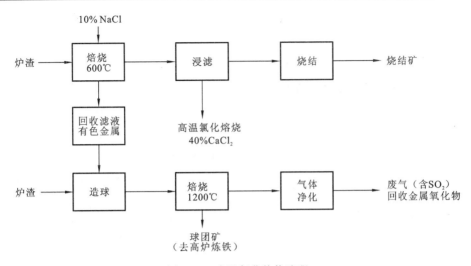

图 3-37　中温氯化焙烧流程

合物,通过加入硫化物得硫化锌等。浸出渣主要成分为氯化铁,经水洗、烧结工序后送去炼铁。高温氯化焙烧选用的氯化剂有氯气、氯化氢和氯化钙等。

氯化焙烧可同时回收有色金属,但工艺较复杂,对设备防腐蚀要求高,对矿渣中有色金属的种类、含量等条件也有一定要求。对废渣除了采用焙烧法外,还可将其用作水泥的助溶剂,用于掺烧制砖、筑路、制备脱硫剂和水处理剂等方面,总之通过对废渣的合理处置既消除了污染又充分利用了资源。

2) 废钒催化剂的回收与利用

回收的工艺流程如图 3-38 所示。废钒催化剂中含有 V_2O_5 5%～7%,除杂后进行粉碎,加水进行一次水浸,浸出液澄清后可直接水解分离出 V_2O_5,此时残渣中含 V_2O_5 2%左右。残渣继续加水搅拌进行二次水浸,并加入石灰乳和烧碱,调节碱度使 pH 为 8～10,此时浸出液中含 V_2O_5 为 0.3 g/L 左右。若残渣 V_2O_5 小于 0.2%,可直接排弃掉。搅拌浸出液并向其中加入可溶性铜盐,得到钒酸铜和氢氧化铝共沉淀,过滤后滤饼置于耐酸反应罐中,并向罐中加酸调节 pH 为 1.5～2.2,使 V_2O_5 水解析出并与氯化铜溶液分离,氯化铜溶液可返回循环使用作沉淀剂。水解析出的 V_2O_5 加烧碱溶解,再加氯化铵得到偏钒酸铵沉淀,经焙烧后得到粉状或片状 V_2O_5。

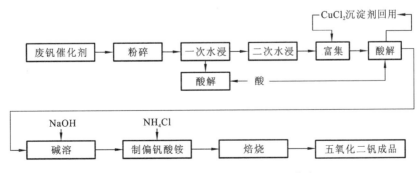

图 3-38　从废钒催化剂中回收 V_2O_5 工艺流程

该工艺具有良好的环境效益和经济效益:废钒催化剂中含 V_2O_5 5%～7%,经回收提取 V_2O_5 后残渣中 V_2O_5 含量小于 0.2%,达到国家安全排放标准;按年处理 4 000 t 废钒催化剂计,可回收利用 V_2O_5 160 t 左右,可创产值 1 200 万元,利税约 280 万元。

4. 硫酸生产的废热利用与回收

硫酸生产中会放出大量的热,根据理论计算,每生产 1 t 硫酸放热 544.3 kJ。

如何将这些热量最大限度地回收利用,是需要研究的一项重大课题。目前,通过废热锅炉、转化器各段的换热器、蒸发器和省煤器,回收高温热源的废热约占总热量的 57.5%;尾气排放和成品酸带走的热量不多,仅为 3.5% 左右;其余 39% 的热量在酸冷却过程中被冷却水带走,这部分热源由于温度较低并未很好利用。

作为蒸汽回收,每吨酸能产生蒸汽量为 1.1 t 的过热蒸汽(450 ℃)。如用于高压蒸汽发电,每吨酸可发电 140～200 kW·h,而生产 1 t 酸只消耗 40～90 kW·h。目前国内外已有多家硫酸厂将废热产生的蒸汽用于发电,不仅可满足硫酸生产的需要,还可向外输送节约能耗。

四、案例分析:四氯蒽醌的制备

繁琐的工艺往往增加"三废",所以要减少流程中的工序和所用设备。例如,染料工业中的蒽醌制取四氯蒽醌的老工艺十分冗长(图 3-39),产出大量有毒的含汞废液和废水。现在改革了旧工艺,不用汞作催化剂,而改用碘催化,大大简化了工艺流程(图 3-40),减少了废水量。

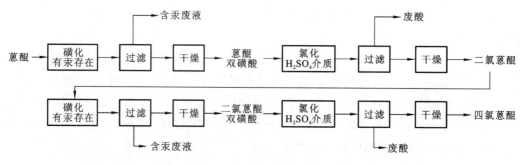

图 3-39　生产四氯蒽醌的老流程

图 3-40　生产四氯蒽醌的新流程

（一）汞法

汞法生产四氯蒽醌,具有工序长、收率低、劳动条件差等缺点。最主要的是汞废水污染严重,对于江河、水源以及人民健康有很大的危害。因此,迫切地希望非汞法工艺早日应用到工业中。

（二）氯化法

非汞法生产四氯蒽醌,彻底消除了汞害并缩短了 10 道工序(图 3-40),生产周期缩短了两倍,收率提高 13%,设备减少,操作人员变少,节约原料明显,收到了较显著的效果。但是新工艺仍有缺点,四氯蒽醌的熔点低(315～323 ℃,汞法为 345～348 ℃),合成的染料色光偏暗,经碱煮工序后(1 kg 四氯蒽醌需碱 4.5 kg),质量如下有显著的改进。

(1) 氯含量由 38.5%～39.5%降为 36.5%～37.5%。

(2) 滤液酸度由 89%～90%,提高至 91%～92%。

(3) 四氯蒽醌熔点提高 5～10 ℃。

国内已形成工业化生产的水平,经过多年来的研究,工艺路线又有了新的改进和突破,生产水平不断提高。

（三）纯硝酸硝化法

氯化法生产四氯蒽醌的缺点是,合成的染料一般稍暗。各种因素综合考虑,纯硝酸硝化法,调节酸度分离异构体等,是工业可行的较经济合理的方法。关键是,应配套稀硝酸的浓缩装置,以解决浓硝酸的供应问题、稀硝酸处理循环利用问题等。在硝化过程中,一硝化与二硝化平衡进行,这样使资源更能合理使用。

在有些生产过程中,采用有毒的原料或辅助材料。这些物料趋向于生成不易处理的废料,也应考虑加以革除或用其他物料代用。例如,在黏胶纤维生产中,黏胶纤维要在硫酸-硫酸钠-硫酸锌浴中成型。锌是重金属离子,对环境有相当严重的污染,建立一套锌的处和回收装置虽然在一定程度上能解决污染问题,但增加了流程的复杂性,需要额外的投资和耗费。为此,人们开发了无锌成型工艺,此成型浴只用硫酸和硫酸钠,而不用硫酸锌。为了改善成型条件、提高纤维质量,在溶解过程中,在黏腔中预先加入 1%～12.5%的尿素。尿素无毒性,常温下在酸性和碱性介质中均属稳定。黏胶中加入尿素后成型条件有所不同,要求在较低的硫酸浓度下成型,而且纤维的质量却有了提高。

单元四 物料的再循环

[单元目标]

1. 了解物料再循环的概念。

2. 理解原料资源的综合利用方法。

3. 理解无废区域生产综合体。

4. 掌握废弃物处置与资源化技术。

[单元重点难点]

1. 物料再循环所采取的方式。
2. 实施物料再循环的思维方式和技术应用。

一、物质流的闭路循环

组织无废生产的另一重要目标,是实现物质流的闭路循环。在现代工业社会中,人们把原料加工成为产品,同时产生大量废物,而产品经过消费(工业应用与生活消费)也转化成废物。也就是说,人类从自然界获取原料,通过生产活动和生活消费,全部都转化成废物。无废生产的要求是要将这些生产废物和生活废物作为二次原料返回到工业生产中,从而达到无废排放,实现原料资源-生产-消费-二次原料资源这一最高层次的物质流的闭路循环。为了达到这一总体要求,应当在各个层次上都尽可能地考虑实现各种物料的循环。这是组织无废生产的另一重要途径。这里所说的各个层次,是指单个生产过程层次、企业层次、企业联合体或区域生产综合体层次等。对单个生产过程而言,实现无废水、无废气排放是组织无废生产的重要组成部分。在很多情况下,水和气体(空气)是作为工作介质(反应介质、物料输送介质、载能介质等)而使用的,故应当尽可能地考虑实现水和空气的闭路循环。在单个生产过程层次上的物料闭路循环,有时在技术上难以实现,或在经济上很不合理,这时则要考虑在较高层次上的物料闭路循环,即一个生产过程所产生的废物(固体废物、废水、废气)应当考虑作为另一生产过程(在同一个企业内)的二次原料或工作介质,一个企业所产生的废物,作为另一个企业(在企业联合体或区域生产综合体内)的二次原料或工作介质而加以利用,从而实现在企业层次或企业联合体、区域生产综合体层次上的无废排放。

前苏联(乌克兰)哈尔科夫州的五一工业区包括了大型化工联合企业(生产氯、烧碱、塑料、植物保护化学制剂、合成洗涤剂及其他有机合成产品)、热电中心、建材工业基地和其他许多工厂。五一工业区作为一个整体(包括城市),建立了闭路水循环系统。该系统中包括了工业区各工厂内、车间内的闭路水循环系统,厂际间的废水利用系统,工业区的废水汇集系统、废水处理设施(包括废水深度净化设施)以及处理后废水返回利用系统等。五一工业区在建立闭路水循环系统后,每天可减少新鲜水耗量 146 200 m³,排入河中的废水量降为零(原来每天要排放废水 139 300 m³),废水的返回利用率达到 96.7%,取得了相当好的经济效益和环境效益。五一工业区是原苏联乃至全世界大型企业基本上实现无废水排放的典范。

在铀水冶领域建立闭路的水循环系统,实现无废水排放,一直是人们追求的目标之一。据报道,1981 年,南斯拉夫同美国弗劳尔采矿金属公司合作兴建的卢布亚那铀水冶厂,在常规搅拌浸出-清液萃取流程中增加了萃余水相处理工序,将处理过的萃余水相返回到磨矿操作中,建立了闭路的水循环系统。据称,这是世界上第一座不排放废水的铀水冶厂。

石油炼制和石油化工是最费水的工业部门之一。但在炼油厂和石油化工厂中,绝大部分水量(90%～95%)是用于产品的冷却和冷凝。这些过程大多是在密闭的换热器中进行的,水一般不与被冷却的物料直接接触,因此也不造成污染。另外 5%～10% 的水用作溶剂或产品的洗涤,这部分水污染较为严重。

为了减少冷却用水量,很多国家的炼油厂大力推行水冷改风冷。例如美国的炼油厂,风冷已承担了 30%～60% 的冷却负荷。另一些西方国家,这个数字已达到了 80%。测算表明,水冷改风冷可使常减压工段的用水量减少 40%,催化裂化工段减少 50%,铂重整工段减少 80%。根据前苏联的核算,风冷代替水冷可使基建投资降低 24%,运行费用减少 75%(表 3-6)。

表 3-6　风冷和水冷的比较

指标	风冷	水冷
建造供水设施和下水道的投资/千万卢布	1.01	1.31
新鲜水量/(m³/h)	275	910
循环水量/(m³/h)	7 085	23 140
净化后的废水量/(m³/h)	280	1 215
向水体排放的废水量/(m³/h)	183	825
新鲜水成本/(卢布/m³)	0.003 1	0.002 8
循环水成本/(卢布/m³)	0.000 8	0.000 65
净化后的废水成本/(卢布/m³)	0.008 8	0.008 2
净化废水的运行费用/(万卢布/a)	20.7	83.6

现代化的炼油厂一般都有两套下水系统。第一套下水系统接受地表水和盐分不超过 2 g/L 的生产废水和全厂性设施(如实验室、发电厂、车库、机修车间等)的废水。流入第二套下水系统的废水污染程度比较严重,污染物有石油产品、化学试剂、各种盐类等有机和无机化合物。两个下水系统中的废水量之比约为 8∶2。

第一类废水经过机械法、物理化学法和生物净化后可以全部复用;第二类废水复用前必须经过脱盐处理。目前采用的脱盐方法有加热蒸发法和反渗透法,后者较为先进。第二类废水实现复用即可消除向水体排放废水。

二、案例分析:综合利用原料资源

传统的工业生产,将矿产资源的 90%～95% 的组分变成了废物,弃之于自然界,污染着土壤、水源和空气,但其中却蕴藏着人们需要下矿井去寻找的有用组分。综合利用原料资源是无废生产的首要目标,是组织无废生产最基本最重要的途径之一,也是当前全世界解决资源短缺、环境污染问题的基本对策。同时,原料资源利用是否充分、合理,又直接影响生产过程的技术经济指标。为了实现原料资源的充分利用,最基本的方法是将其分离成各种独立的组分,然后对其分别进行加工,得到各自的最终产品。对于一些多组分的矿产品,目前已有一些实现了工业上的综合利用,大大减少了尾矿、尾渣的量,从而也减少了对环境的污染。

实现原料的综合利用,要求建立全国性的勘探资料库和原料性状的自动化情报检索系统,储入矿区地点、储量、矿藏物质组成,矿物学和岩相学特点、成矿特点、矿藏的开发方案、选矿工艺、加工工艺、产品形式等资料,同时还应储入矿区所在地的交通、动力、水源、环境以及经济发展特点等信息,作为开发时的决策依据。

实现原料的综合利用,要求解决一系列工艺技术问题,首先对原料的每个组分都应建立物料平衡,按此寻找用户和主管单位,列出目前和将来有用的组分,制订单独提取或共同提取的方案,考虑生产规模和应该达到的技术水平。由于矿产品位的下降,选矿具有了重要的意义,成为矿产综合利用的重要手段。对于多组分原料,选择正确的工艺顺序,对原料的综合利用效果影响极大。

实现原料的综合利用,应实行跨部门、跨行业的开发,即建立原料开发区,组织以原料为中心的开发体系,规划各种配套的工业。影响原料综合利用的因素,除了技术上的难度外,往往在于部门之间、行业之间的人为壁垒。

实现原料的综合利用,还应建立附加的体系,利用已经生成和积存的工业废料和二次资源。

下面我们介绍一个利用核动力加工高硫石油的石油化工动力—工艺流程。图 3-41 为该流程的示意图。

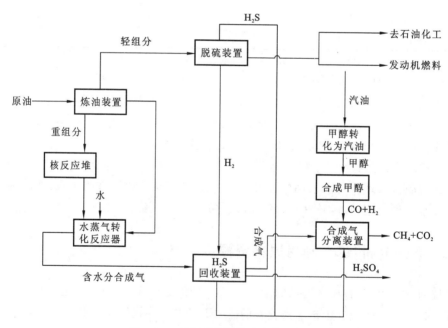

图 3-41　高硫石油的核动力加工流程

高温核反应堆的能量能有效地用来进行一些能耗颇大的石油加工过程,如裂解、热解、加氢净化、转化等,以节省宝贵的石油资源。在图 3-41 中,原油在 825 K 下进行一级和二级加工,生成发动机燃料、石油化工的原料以及重组分残液。后者通过核反应堆加热,在 1 073 K 下进行水蒸气转换,生成甲烷和 CO_2,经分离后部分作为产品,另一部分合

152

成甲醇,继而转换成汽油。这一流程有效地实现了一系列工艺过程,同时得到电能、燃料、氢气和其他有用的产品,从而不但合理地利用了石油,而且合理地利用了反应堆的热能。氢冷却的高温反应堆在石油化工中可广泛用于辐照和加热过程,制取乙烯。

从上面新举的几个例子可以看到,原料的综合利用不但要求不同部门、不同行业的协作,还要求开发新的工艺过程,以适应新的原料形式,提高利用效率。

俄罗斯的科拉半岛上有世界上最大的磷灰石霞石矿,该矿是综合利用原料资源实现无废生产的典范。过去,该矿只作为磷灰石矿开发利用,经选矿得磷灰石精矿,用以生产磷肥,而霞石则作为尾矿,废弃于矿区附近的伊曼德拉湖中,同时,在磷肥生产中,产出大量的磷石膏废料未被利用,因此,原料的利用率很低。近年来,在创建无废生产的思想指导下,人们对该矿的综合利用开展了大量的研究工作,开发了独特的工艺流程,并用于工业生产,取得了相当大的经济效益。首先通过选矿将原矿分成磷灰石精矿和霞石精矿。磷灰石精矿通过硫酸分解生产磷肥或复合肥料、氟化物盐类等,产出的磷石膏可作为生产水泥和硫酸的原料,生产的硫酸返回用于分解磷灰石精矿。霞石精矿通过加工生产氧化铝、碳酸钠、碳酸钾等,剩余的霞石渣经洗涤后用于生产水泥。

三、案例分析:废物资源化

工业废料资源化,相当于废料以副产品的形式出厂。而作为其他工业的原料,应该符合一定的要求。首先它的组成,形态不能波动很大,产出的数量也应基本上保持恒定。这样才有利于建立企业间比较稳定的供求关系。其次,它们出厂时需要进行必要的处理,如脱水、干燥、破碎、粒化、包装等,以便于运输和进一步加工成产品。为了满足这些要求,需要统筹规划,组织企业间的横向联系。尤其重要的是要组织跨部门的科研协作,联合攻关。针对具体的废料,广开利用的新途径,建立有效的工艺,并切实解决装备问题。

例如,黄铁矿烧渣是用黄铁矿或含硫尾矿作原料焙烧制取硫酸时得到的固体废料,除含铁30%~50%外,一般还含有银、锌、铜、铅、砷等元素。我国每年排出烧渣约300万t,大多废弃于环境之中,有些则直接用于水泥生产,其中含有的有色金属不能有效利用。比较合理的处理方法是尽量回收其中的有效组分,进行综合利用。图3-42是黄铁矿烧渣的综合利用流程。

分选的方法有重选、磁选、浮选、电选等,也可将不同的方法配合使用。分选前一般还要经过破碎、筛分等预处理步骤。

分选的精矿与制碱废料氯化钙均匀混合,制球干燥后在1 100 ℃以上的高温下进行氯化焙烧。由于氯化铜、氯化砷、氯化铅、氯化银、氯化金的沸点相应地为650 ℃,732 ℃,954 ℃,1 550 ℃和265 ℃,

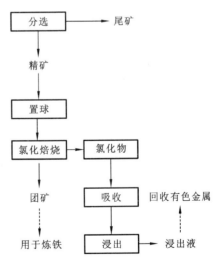

图3-42 黄铁矿烧渣的综合利用图

所以焙烧时这些元素全部转成挥发性的氯化物,用循环液吸收后再作进一步的分离和提取。氯化焙烧后得到坚硬的团矿,可用于高炉炼铁。

废物资源化是组织无废生产的重要途径之一,是基于以下原因。

(1) 在目前的工业生产中还不能避免废物的产生。

(2) 过去的工业生产积聚了大量的废物。

(3) 工业生产用的产品以及生活消费用的产品,经过使用和消费后,也要变为废物。

为了消除对环境的污染,按照无废生产物质流的闭合性原则,所有这些废物应当转化为二次原料资源,返回到工业生产中利用。工业废物的资源化,包括固体废物(含过去工业生产中积聚的固体废物)、废水(溶液、悬浊液和各种其他废液)、废气(含其中的粉尘)等的资源化。应当强调指出,工业废物资源化,相当于废物以副产品的形式出厂,它的属性已不再是随意丢弃的废物,而是有某些具体用途的二次原料。根据它的具体用途,对它的质量也要有一定的要求。为了做到这一点,有时应当对产生它的加工过程进行必要的改革。例如,在考虑粉煤灰资源化时,为了使产出的粉煤灰满足某些用途的要求,应当考虑改进煤的燃烧工艺,如稳定燃烧温度,调整其颗粒大小和矿物组分,添加必要的掺和料等。

关于工业生产中和生活中产品在使用和消费后形成的废物的资源化问题,已经越来越受到人们的重视。在有色金属废料的收集利用方面,发达国家中,以美国、日本、德国、英国、法国、意大利和瑞典发展较快。在一些国家,为了从消费者手中收集废铝罐,在商店、小吃部、电影院及其他场所设置了一种自动收集器,这种自动收集器不仅可以收集废铝罐,而且可以完成分清洗、破碎等预备性加工手续,因而取得了较好的效果。因此,对自动收集器不断地进行研究,推出新的型号,如美国的一些公司推出了可进行压缩、称重、付款的自动收集器;适用于收集铝的、玻璃的和塑料的包装罐的自动收集器,能进行付款、称重、破碎,能将罐材与纸分开,并通过磁分选器将铁制罐检出的自动收集器。前苏联的国营有色金属回收加工托拉斯建成了一条对低质量铝合金废料进行预加工的生产线。该生产线中设置了 2 台电磁分选机,可选出含铁物质;1 台电动式分选机,可从非金属材料(皮、塑料、木材)中选出铝合金;1 台线状物分选机,可选出线状物(线材、废布、皮);1 台锤式破碎机和 1 台圆筒筛分机。该生产线的运行结果表明,它在加工低质量铝合金废料时取得了满意的效果。

为了使产品在使用和消费后能成为二次原料为工业生产所利用,对产品的设计及其生产过程应当提出新的要求:产品的设计不但要考虑它的使用价值、生产过程的经济性,而且要考虑产品在使用过程和使用后的生态效果,考虑产品在使用后的出路,使其易于回收利用。可以预料,在未来的年代里,各种二次原料收集、加工、利用的产业将有着广阔的发展前景,成为人类生产活动原料资源永不枯竭的源泉。

四、案例分析:废酸碱处置与资源化技术

在轻化工行业生产中,经常会产生大量的废酸废碱液。其中,有些废酸废碱液不仅排放量大,而且酸碱浓度高。这些废酸碱的直接排放不仅造成严重的环境污染,也造成了资

源的严重浪费。下面介绍钢铁清洗废氢氟酸及硝酸回收、铜电解贫液中硫酸的回收、烟道气脱硫碱液再生利用的新方法与技术。

（一）钢铁清洗废酸回收

HF/HNO_3 是钢铁工业中使用的混合酸,用于酸洗不锈钢。对酸洗过程排放出的废酸的合理利用已经成为企业及环保工作者共同关注的问题。大多数工厂没有建立酸的回收设备,有的工厂仅采用中和法简单处理后排放。中和法处理废酸耗碱量大,资源流失严重(酸及其中所含重金属成分未能回收利用),会产生大量的含重金属污泥形成二次污染。下面介绍喷雾焙烧及双极膜技术回收酸洗工艺排放出的废酸。

1. 喷雾焙烧工艺

经过清洁生产审核,可以采用喷雾焙烧法回收利用不锈钢酸洗废水的资源。工艺流程如图 3-43 所示,废酸收集于储存罐,用泵输送进焙烧反应炉,分别产生含 HF/HNO_3 及 NOx 的酸性气体及金属氧化物粉尘。酸性气体从炉顶排出后,利用酸洗线排出的最终漂洗废水经两级喷淋洗涤和吸收浓缩,成为可以返回该酸洗工序的再生酸。含 NOx 气体经脱氮处理后排放。金属氧化物粉尘从炉底排出,经造粒后返回炼钢工艺或进行重金属提纯。

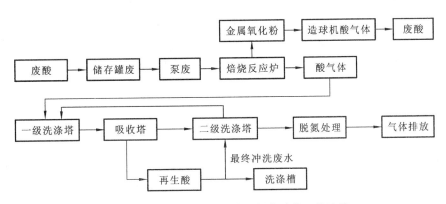

图 3-43　回收酸洗工艺排放出的废酸的工艺流程

该工艺既减少了中和排放量,又可以回收酸及金属资源,减少环境污染,具有较好的环境效益及经济效益。该工艺的主要技术参数及指标如下。

废酸回收率:HF 97%～99%,HNO_3 70%～80%。

金属盐回收率:82%～90%。

经济效益:按处理 $2 \ m^3/h$ 废酸计算,可回收 HF(55%)约 1 500 t/a,回收 HNO_3(65%)约 2 500 t/a,回收金属氧化球团 1 000 t/a,共得产值(收入)约 1 200 万元/a。

2. 双极膜技术回收工艺

当酸的浓度较高时,用扩散渗析法回收酸的经济效益较为明显。但扩散渗析法是以浓度差为推动力,因此回收后的残液中仍含有少量酸。对低浓度酸洗废水,采用扩散渗析法回收是不经济的。1987 年,美国宾夕法尼亚州的华盛顿钢铁厂率先采用双极膜技术从酸洗的 HF/HNO₃ 混合酸废水中回收 HF 及 HNO₃,这是双极膜技术第一个成功实现商业化应用的例子。

双极膜电渗析法具体的工艺流程如图 3-44 所示。废酸首先用 KOH 中和沉淀其中的金属离子(pH 调至 10),然后将金属氢氧化物沉淀过滤;含有 KF 和 KNO₃ 的滤液被送至三隔室电渗析池处理,被解离成 KOH 和 HF/HNO₃ 混合酸,KOH 返回中和槽循环使用,HF/HNO₃ 混合酸循环返回生产工艺的清洗工序中。

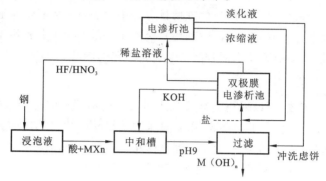

图 3-44　双极膜电渗析循环利用处理含 HF/HNO₃ 废酸的钢铁酸洗液的工艺流程

对于含 HF(1.8%)和 HNO₃(9%)水,三隔室有效膜面积为 $3×150 m^2$,通过三隔室电渗析池产生的 KOH 浓度为 1.5 mol/L,HF 及 HNO₃ 的浓度分别为 2%~5%,6%~10%,HF 和 HNO₃ 回收率分别为 90% 和 95%。双极膜使用寿命为 2 年,单极膜使用寿命为 5 年。采用该技术在减少酸洗废水对环境的危害的同时,还能有效回收酸和金属资源。

(二) 硫酸废液回收

在我国化工行业中,硫酸废液的回收利用率很低。工业生产中的硫酸废液成分复杂、酸性和腐蚀性强,因此不能直接使用生化法处理。目前硫酸废液的回收处理方法有浓缩法、氧化法、萃取法等。浓缩法是硫酸废液在加热浓缩过程中,其中所含的有机物杂质因发生氧化、聚合炭化等化学反应成为深色胶状物或悬浮物,冷却后过滤除去,从而达到浓缩、除去有机物杂质的目的。氧化法是指在合适条件下用氧化剂分解废硫酸中的有机物杂质,使其变为 CO_2、水、NO_x 等挥发性气体从硫酸中分离除去。萃取法选用对废酸中的杂质具有较大溶解度的溶剂,使杂质从废酸中转移到溶剂相中,从而使废酸得到净化。

传统的电解铜生产采用废石堆浸萃取电解工艺制备。因为浸出液中铁的含量较高,导致在电解过程中有铁的积累。如果将这一部分电解液返回堆浸则不利于维持稳定值,因此,需要将一部分电解液排出体系外以维持平衡。采用离子交换法效果不理想;用中和法除了损失酸和铜的资源外,还会造成二次污染。扩散渗析法回收废酸工艺是比上述各方法更有效的新技术。扩散渗析法具有工艺简单,几乎不需能耗(除泵输运液体外),无污染等特点。扩散渗析法是利用阴离子交换膜易透酸难透金属盐的性能,将酸与金属盐分离从而分别回收利用。扩散渗析膜技术已经广泛应用于钢铁酸洗废液、冶金废酸液、电镀废液及从钛白粉生产废酸中分离回收酸。在回收酸的过程中,整个系统构成一个封闭式的流程,既环保又降低操作成本。但扩散渗析法也有其局限性,它是以浓度差作为推动力的分离过程,因此传质速度慢,效率相对较低。其工艺流程如图 3-45 所示。

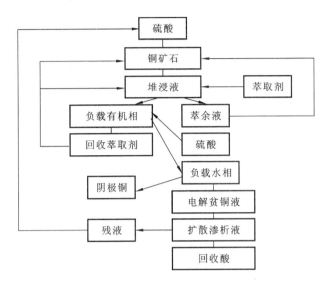

图 3-45　废硫酸的回收及其循环路线

来自工业应用的工艺指标数据表明:使用阴离子交换膜 DF 120 对铁的截留率大于95%,硫酸回收率大于85%。该膜在工业规模运行过程中,其基本性能几乎没有发生变化。经济分析表明,生产 1 t 铜所需要电解液 3.5 m^3,年产 2 000 t/a 的铜需要电解液总量7 000 m^3。废酸的含量为 173 g/L,酸回收率以 80% 计算,每年可以回收 963 t 硫酸。以硫酸当前的价格计算,每年可以节约硫酸费用 38.5 万元左右。与传统的中和法相比,该工艺减少了石灰的消耗以及因中和反应带走铜的损失。因此,该工艺每年可节约费用至少50 万。以生产能力为 5 m^3/d 的扩散渗析装备 18 万元计算,上述处理量只需要两台装置,投资回收期约为 0.7 年。

(三) 烟道气脱硫碱液再生利用

含硫煤在燃烧过程中会产生二氧化硫,导致严重的环境污染。烟道气脱硫技术按工艺特性一般可分为湿法、干法及半干法。湿法烟道气脱硫是利用液体吸收剂洗涤吸收二氧化硫,如石灰石(石灰)-石膏法。另外,还可采用其他碱性溶液如钠碱法、氨碱法等。其特点是脱硫效果好,技术成熟可靠,但其产物为废液或废渣,必须妥善处理才可避免二次污染。干法烟道气脱硫是利用粉状或粒状吸收剂吸收二氧化硫,特点是流程及设备简单,但脱硫效果较差。半干法是湿法与干法相结合的方法,它发挥两者优点,避免缺点。

氢氧化钠再生吸收法是湿法烟道气脱硫技术的进一步改进。它是吸收剂经再生后返回使用,再生出来的二氧化硫可以制备硫酸等产品。这种方法在治理烟道气二氧化硫污染的同时又能回收硫、碱资源。再生吸收法具体工艺如图 3-46 所示。

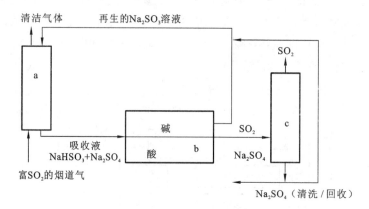

a—SO₂吸收器；b—渗析池；c—SO₂汽提塔

图 3-46　烟道气脱硫碱液再生利用工艺流程

首先，采用吸收器(a)中氢氧化钠溶液吸收烟气中的二氧化硫，二氧化硫和氢氧化钠发生如下的反应：

$$2NaOH + SO_2 \longrightarrow Na_2SO_3 + H_2O \tag{1}$$

$$Na_2SO_3 + H_2O + SO_2 \longrightarrow 2NaHSO_3 \tag{2}$$

$$Na_2SO_3 + \frac{1}{2}O_2 \longrightarrow Na_2SO_4 \tag{3}$$

反应(1)和反应(2)为 SO₂ 的吸收，生成 NaHSO₃。反应(3)表明亚硫酸盐被氧气氧化为硫酸盐。吸收溶液中各产物含量为：Na₂SO₃ 2.2 wt%，NaHSO₃ 22.5 wt%，Na₂SO₄ 7.4 wt%。其次，采用二隔室电渗析池(b)，使 NaHSO₃ 重新转化为 SO₂ 和 Na₂SO₃。然后，料液通过高真空汽提塔(c)获得 SO₂。最后，三隔室结构的电渗析池被用于将硫酸盐转化为低浓度酸液和碱液，碱液可以循环返回到吸收液中再用，同时生成的酸可以用于其他生产工序中。

对于一个 500 MW 的工厂(燃烧煤中硫含量约为 3%)，二隔室有效膜面积 5 000 m²，产生 NaOH 7.38 t/h，电流效率 92%，能耗 1 120 kW·h/t NaOH，工作时间 7 200 h/a。三隔室有效膜面积 560 m²，产生 NaOH 0.77 t/h，电流效率 86%，能耗 1 400 kW·h/t NaOH，工作时间 7 200 h/a。

五、案例分析：建立无废区域生产综合体

前面已经提到，为了组织无废生产，就要实现原料资源-生产-消费-二次原料资源这一最高层次的物质流的闭路循环。为了达到这一总体要求，首先应当考虑在较低层次(单个生产过程层次或企业层次)上实现物料的闭路循环，但由于技术上和经济上的原因，有时难以做到。这时就要考虑实现在较高层次(企业联合体或区域生产综合体层次)上的物料闭路循环，即一个企业所产生的废物应当考虑作为另一个企业的原料。事实上由于企业的联合，特别是跨行业、跨部门企业之间的协作，实现物料闭路循环的可能性大大增加了。因此，企业联合体或区域生产综合体为无废生产提供了现实的可能性。企业联合体是两

个或几个企业的联合体,而区域生产综合体则是在区域内若干个经济实体(包括工业、农业和其他实体)的联合体,两者之间只有范围大小的差异,并无原则的区别。以下我们将重点讨论建立无废区域生产综合体的问题。

应当强调指出,在无废区域生产综合体中,各企业、实体之间不是随意的加和,而是按照生态原则有机地结合在一起的。各企业、实体之间形成一种生产链,即一个企业(实体)排出的废物,供给另一个企业(实体)作为原料,同时各企业、实体的生产规模也要有一个平衡关系,从而达到没有废物积累、没有废物排放的目的。

为了建立无废区域生产综合体可采取如下具体措施。

(1) 围绕关键产品和优势资源,发挥横向联系,增加行业的多样性,通过不同部门、不同行业各实体之间的协作,形成物流闭合网络,建立全地区的物料平衡和能量平衡,使资源、能源得到充分利用。

(2) 消除工业废物引起的污染不在于单纯的治理,重要的是改革工艺,在各生产环节中尽可能地采用无废工艺,减少废物的产生。

(3) 统一规划、分配和管理全地区的水资源,实现全地区的闭路水循环,达到无废水排放。

(4) 充分利用能源,尽可能地利用余热、废热来提高地温,建造温室,增加农产品产量,发展温水养鱼等。

(5) 对于工业污染物实现局部净化与总体净化相结合,完善废物、废品的收集、加工、回收、利用系统,实现城市垃圾资源化,将二次资源的利用纳入本地区的物料平衡之中,在综合体内消化废物。

无废区域生产综合体的组建,取决于正确的规划、合理的组织和有效的管理,为此要采用系统分析的理论和方法,研究生产系统与环境的相互作用,尤其要着重分析和研究以下几个子系统。

(1) 无废水排放的水循环系统及水源保护。

(2) 工业用气和净化系统及大气保护。

(3) 固体工业废物和生活废物以及城市垃圾的二次资源化系统。

(4) 能量循环系统和本地区能源规划。

顺便指出,在建立无废区域生产综合体时,必须特别重视发挥建材工业吸收消化废物的能力,建材工业可以消化大量的工业废料,特别是矿山工业、冶金工业、电力工业、化学工业等产生的废料。因此,在无废区域生产综合体中,一般都要安排建材的生产。

建立无废区域生产综合体,为一些老工业区的改造指出了方向。在老工业区内,一般都排放一定的工业废料,为了防止污染,如果单从治理的角度去考虑,则需花费大量的投资建造庞大的净化设施。无废生产的概念表明,通过适当调整经济结构的方法,可以达到同样的目的。近几年来,我国的一些地方建成了"生态村""生态农场"等,从本质上说,这些即是无废区域生产综合体的雏形。

可以预料,无废区域生产综合体将逐步发展起来,成为经济发展的基本单元,无数个这种基本单元的总和,即构成未来的封闭式的经济体系。一个人类和自然相互融合、技术和生态相互融合的和谐发展、持续发展的新时代必将到来。

这些发展方向并不是互相孤立的,相反,它们之间存在着紧密的联系。事实上,要组织无废生产,往往需要各种途径互相配合,才能达到目的。

第四模块 清洁的产品

模块重点

本章重点是清洁的产品相关的基本知识,包括产品生命周期、产品生态设计、产品及环境影响,以及塑料清洁产品的开发与应用。

模块目标

通过本模块的学习,使受训者了解化工行业产品对环境的影响,意识到清洁产品的重要性,并能深刻体会产品生命周期和产品生态设计基本理论对生产清洁产品的指导意义,掌握清洁生产相关的基本概念及理论。

模块框架

单元序列	名　称	内　容
单元一	产品生命周期	主要介绍产品生命周期的概念、评价、阶段、意义,以及延长产品生命周期的方法
单元二	产品生态设计	简要介绍产品生态设计的含义与目的、需求和意义、类型、准则,重点介绍产品生态设计基本的理论、方法、步骤和阶段
单元三	产品生命周期的优化措施	主要介绍产品结构、原材料使用,以及产品生产过程和产品生命周期末端的优化方法
单元四	案例分析	以清洁的塑料产品为例,介绍产品生命周期理论和产品生态设计方法在生产清洁产品中的应用

单元一　产品生命周期

[单元目标]

　　1. 了解产品生命周期的概念。

　　2. 掌握产品生命周期理论。

[单元重点难点]

　　1. 产品生命周期的概念、阶段和意义。

　　2. 延长产品生命周期的方法。

一、产品生命周期概述

（一）产品生命周期的概念

　　产品生命周期理论是美国哈佛大学教授雷蒙德·弗农（Raymond Vernon）于 1966 年在其《产品周期中的国际投资与国际贸易》一文中首次提出的。

　　产品生命周期（product life cycle，PLC），是产品的市场寿命，即一种新产品从开始进入市场到被市场淘汰的整个过程。一种产品进入市场后，它的销售量和利润都会随时间推移而改变，呈现一个由少到多由多到少的过程，就如同人的生命一样，由诞生、成长到成熟，最终走向衰亡，这就是产品的生命周期现象。产品只有经过研究开发、试销，然后进入市场，它的市场生命周期才算开始。产品退出市场，则标志着生命周期的结束。

　　生命周期（life cycle）的概念应用很广泛，特别是在政治、经济、环境、技术、社会等诸多领域经常出现，其基本涵义可以通俗地理解为"从摇篮到坟墓"（cradle-to-grave）的整个过程。对于某个产品而言，就是从自然中来回到自然中去的全过程，也就是既包括制造产品所需要的原材料的采集、加工等生产过程，也包括产品储存、运输等流通过程，还包括产品的使用过程以及产品报废或处置回到自然过程，这个过程构成了一个完整的产品的生命周期。

　　生命周期的实质是"主要矛盾斗争产生的过程"，在产品的生命周期中矛盾的主要方面就是顾客的需求，实现需求和期望的能力是主要矛盾的另一个方面。

　　产品生命周期是一个很重要的概念，它和企业制定的产品策略以及营销策略有着直接的联系。管理者要想使他的产品有一个较长的销售周期，以便赚取足够的利润来补偿在推出该产品时所做出的一切努力和经受的一切风险，就必须认真研究和运用产品的生命周期理论。此外，产品生命周期也是营销人员用来描述产品和市场运作方法的有力工具。但是，在开发市场营销战略的过程中，分析研究产品生命周期却显得有点力不从心，因为战略既是产品生命周期的原因又是其结果，产品现状可以使人想到最好的营销战略。此外，在预测产品性能时产品生命周期的运用也受到限制。

（二）产品生命周期特点

1. 产品生命周期优点

产品生命周期提供了一套适用的营销规划观点。它将产品分成不同的策略时期，营销人员可针对各个阶段不同的特点而采取不同的营销组合策略。此外，产品生命周期只考虑销售和时间两个变数，简单易懂。

2. 产品生命周期缺点

（1）产品生命周期各阶段的起止点划分标准不易确认。

（2）并非所有的产品生命周期曲线都是标准的 S 形，还有很多特殊的产品生命周期曲线。

（3）无法确定产品生命周期曲线到底适合单一产品项目层次还是一个产品集合层次。

（4）该曲线只考虑销售和时间的关系，未涉及成本及价格等其他影响销售的变数。

（5）易造成"营销近视症"，认为产品已到衰退期而过早将仍有市场价值的好产品剔除出产品线。

（6）产品衰退并不表示无法再生。如通过合适的改进策略，公司可能再创产品新的生命周期。

（三）产品生命周期的意义

（1）产品生命周期理论揭示了任何产品都和生物有机体一样，有一个诞生→成长→成熟→衰亡的过程，不断创新，开发新产品。

（2）借助产品生命周期理论，可以分析判断产品处于生命周期的哪一阶段，推测产品今后发展的趋势，正确把握产品的市场寿命，并根据不同阶段的特点，采取相应的市场营销组合策略，增强企业竞争力，提高企业的经济效益。

（3）产品生命周期是可以延长的。作为一种有效的环境管理和清洁生产工具，生命周期评价发挥着重要的作用，主要体现在五个方面：清洁生产审核、产品和工艺的清洁生产技术规范制订、清洁产品设计和再设计、废物回收和再循环管理和区域清洁生产。

二、产品生命周期评价

（一）产品生命周期评价的发展

随着工业化的发展进入自然生态环境的废物和污染物越来越多，超出了自然界自身的消化吸收能力，对环境和人类健康造成极大影响。同时工业化也将使自然资源的消耗超出其恢复能力，进而破坏全球生态环境的平衡。因此，人们越来越希望有一种方法对其所从事各类活动的资源消耗和环境影响有一个彻底、全面、综合的了解，以便寻求机会采取对策减轻人类对环境的影响。目前，生命周期评价（life cycle assessment，LCA）就是国际上普遍认同的为达到上述目的的方法。它是一种用于评价产品或服务相关的环境因素及其整个生命周期环境影响的工具。以生命周期评价的定义出发，阐述生命周期评价的技术框架及主要内容，进而提出将生命周期评价作为环境管理的有力工具，从而促进整个社会系统的可持续发展。

产品生命周期评价的思想萌芽于 20 世纪 60 年代末到 70 年代初。在这一时期,全球爆发了石油危机,由于能源危机的出现和对社会生产的巨大冲击,人类意识到资源和能源的有限性,开始关注资源与能源的节约问题,生命周期评价的概念和思想逐步形成。生命周期评价最初主要集中在分析产品的能源和资源消耗,后来在生态环境领域有着广泛的应用。1969 年,美国中西部研究所开展的可口可乐公司的饮料包装评价研究,被认为是生命周期评价研究的开始标志。该研究旨在从最初的原材料采掘到最终的废弃物处理,进行全过程的跟踪与定量分析一次性塑料瓶和可回收玻璃瓶两方案对资源、能源和环境的影响,所采用的分析方法为当时已比较成熟的能源分析方法,也称资源与环境状况分析(resource and environment potential assessment,REPA)。与此同时,美国还开展了 50 多项 REPA 研究,欧洲一些国家也相继开展了类似的研究,如英国的 BOUSTEAD 咨询公司、瑞典的 Sundstrom 公司等,该阶段的主要特征为工业企业的内部决策行为,研究对象大多数为产品包装的废弃物问题。

20 世纪 70 年代中期到 80 年代末期,生命周期评价方法论得到了较好的发展。随着资源和能源问题不再如以前突出,其他环境问题也就逐渐进入人们的视野,生命周期评价方法因而被进一步扩展到研究废物管理的研究,最早的事例之一是美国国家科学基金的国家需求研究计划,该项目采用类似于清单分析的"物料—过程—产品"模型,对玻璃、聚乙烯和聚氯乙烯等包装材料生产过程所产生的废物进行比较与分析。然而,由于生命周期评价缺乏统一的研究方法论,分析所需的数据经常无法得到,实际上不能解决许多现实问题,导致工业界的研究兴趣逐渐下降。而学术界关于生命周期评价的方法论研究仍在有条不紊地进行,欧洲和美国的一些研究和咨询机构依据 REPA 的思想进一步发展了废弃物管理的方法论,更深入地研究环境排放和资源消耗的潜在影响,如英国的 BOUSTEAD 咨询公司针对清查分析方法做了大量研究,奠定了著名的 BOUSTEAD 模型的理论基础;瑞士联邦材料测试与研究实验室开展了有关包装材料的项目研究,首次采用了健康标准评估系统,后来发展为临界体积方法。

20 世纪 80 年代,"尿布事件"在美国某州引起人们的关注。"尿布事件"是禁止和重新使用一次性尿布引发的事件。一次性尿布的大量使用,产生了大量的固体垃圾,填埋处理这些垃圾需要大量的土地,压力很大,于是议会颁布法律禁止使用一次性尿布而改用多次性尿布,由于多次性尿布的洗涤,增加了水资源和洗涤剂消耗量,不仅加剧了该州水资源供需矛盾,而且加大了水资源污染,该州运用生命周期的思想对使用还是禁止一次性尿布进行了重新评估,评估结果表明,使用一次性尿布更加合理,一次性尿布得以恢复使用。"尿布事件"是生命周期评价比较典型的例子之一,影响较大。

20 世纪 80 年代中期和 90 年代初,产品生命周期评价研究得到快速的发展。区域性与全球性环境问题的日益严重和全球环境保护意识的增强,推动了可持续发展思想的普及和可持续发展行动计划的兴起。发达国家推行环境报告制度,要求对产品形成统一的环境影响评价方法和数据;一些环境影响评价技术,如对温室效应和资源消耗等的环境影响定量评价方法,为生命周期评价方法学的发展奠定了基础。1989 年,荷兰住宅空间计划及与环境部针对传统的末端控制环境政策,首次提出了制定面向产品的环境政策,涉及产品的生产、消费到最终废弃物处理的所有环节,并对产品整个生命周期内的所有环境影响进行评价。荷兰政府历时三年开展了"荷兰废物再利用研究",该研究的大量研究成果,尤其是 1992 年出版的研究报告《产品生命周期环境评价》,奠定了后来生命周期评价方法论的基础,即 1993 年国际环境毒理学和化学学会(SETAC)出版的《生命周期评价纲要:实用指南》报告,为生命周期评价方法提供了基本技术框架,成为生命周期评价方法论研究的里程碑。

20 世纪 90 年代初期以后,由于欧洲和北美 SETAC 以及欧洲生命周期评价发展促进委员会(society for promotion of life-cycle assessment development, SPOLD)的大力推动,生命周期评价方法在全球范围内得到较大规模的应用。国际标准化组织制定和发布了关于生命周期评价的 ISO 14040 系列标准。同时,各种生命周期评价软件和数据库纷纷推出,促进了生命周期评价的全面应用。生命周期评价在许多工业行业中取得了很大成功,并在决策制定过程中发挥重要的作用,已经成为产品环境特征分析和决策支持的有力工具。

综观生命周期评价发展历程,其发展可以分为以下三个阶段。

(1)起步阶段。20 世纪 70 年代初期,该研究主要集中在包装废弃物问题上,如美国中西部研究所(midwest research institute,简称 MRI)对可口可乐公司的饮料包装瓶进行评价研究,该研究试图从原材料采掘到废弃物最终处置,进行了全过程的跟踪与定量研究,揭开了生命周期评价的序幕。

(2)探索阶段。20 世纪 70 年代中期,生命周期评价的研究被引起重视,一些学者、科研机构和政府投入了一定的人力、物力开展研究工作。在此阶段,研究的焦点是能源问题和固体废弃物方面。欧洲、美国一些研究和咨询机构依据相关的思想,探索了有关废物管理的方法,研究污染物排放、资源消耗等潜在影响,推动了生命周期评价向前发展。

(3)发展成熟阶段。由于环境问题的日益严重,不仅影响经济的发展,而且威胁人类的生存,人们的环境意识普遍高涨,生命周期评价获得了前所未有的发展机遇。1990 年 8 月,国际环境毒理学和化学学会(SETAC)举办首期有关生命周期评价的国际研讨会,提出了"生命周期评价"的概念,成立了生命周期评价顾问组,负责生命周期评价方法论和应用方面的研究。从 1990 年开始,SETAC 已在不同国家和地区举办了 20 多期有关生命周期评价的研讨班,发表了一些具有重要指导意义的文献,对生命周期评价方法论的发展和完善以及应用的规范化做出了巨大的贡献。与此同时,欧洲一些国家制定了一些促进生命周期评价的政策和法规,如《生态标志计划》《生态管理与审计法规》《包装及包装废物管理准则》等,大量的案例开始涌现,如日本已完成数十种产品的生命周期评价。1993 年出版的《LCA 原始资料》,是当时最全面的生命周期评价活动综述报告。

欧洲生命周期评价发展促进委员会(SPOLD)是一个工业协会,对生命周期评价也开展了系列工作,近年来致力于维护和开发 SPOLD 格式、供清单分析和 SPOLD 数据网使用。联合国环境规划署于 1998 年在美国旧金山召开了走向生命周期评价的全球使用研讨会,其宗旨是在全球范围内更多地使用生命周期评价,以实现可持续发展,此次会议提出了在全球范围内使用生命周期评价的建议和在教育、交流、公共政策、科学研究和方法学开发等方面的行动计划。

国际标准化组织于 1993 年 6 月成立了负责环境管理的技术委员会 TC207,负责制定生命周期评价标准。继 1997 年发布了第一个生命周期评价国际标准 ISO 14040《生命周期评价原则与框架》后,先后发布了 ISO 14041《生命周期评价目的与范围的确定,生命周期清单分析》,ISO 14042《生命周期评价生命周期影响评价》,ISO 14043《生命周期评价生命周期解释》,ISO/TR 14047《生命周期评价 ISO 14042 应用示例》和 ISO/TR 14049《生命周期评价 ISO 14041 应用示例》。

(二)产品生命周期评价的概念

一种产品从原料开采开始,经过原料加工、产品制造、产品包装、运输和销售,然后由消费者使用、回用和维修,最终再循环或作为废弃物处理和处置,这一整个过程称为产品的生命周期。

以前 LCA(生命周期评价)是 life cycle analysis 的缩写,但在国际环境毒理与环境化学学会(SETAC)、美国国家环境保护局和 ISO 是使用的术语中,LCA 代表的是 life cycle assessment,assessment 带有更多的定量的含义。在欧洲和日本,经常用"ecobalance"代替LCA,表达完全相同的意思。

LCA 的中文名称为"环境协调性评价",也有的根据英文字面名称翻译为"生命周期评价"或"寿命周期评价"。由于 LCA 方法本身的复杂性和历史承袭的原因以及实施LCA 的目的不尽相同,对 LCA 的概念和方法历来有着不同的理解,甚至在 SETAC 和ISO 的文件中,LCA 的定义也在不断地修改和变化。但随着研究的深入发展,特别是ISO 进行的标准化工作,使得 LCA 方法已经逐步明确并定型。

在 1993 年 SETAC 的 LCA 定义中,LCA 被描述成这样一种评价方法:①通过确定和量化与评估对象相关的能源、物质消耗、废弃物排放,评估其造成的环境负担;②评价这些能源、物质消耗和废弃物排放所造成的环境影响;③辨别和评估改善环境(表现)的机会。LCA 的评估对象可以是一个产品、处理过程或活动,并且范围涵盖了评估对象的整个寿命周期,包括原材料的提取与加工、制造、运输和分发、使用、再使用、维持、循环回收,直到最终的废弃。总的来说,就是通过对能源、原材料的消耗及三废的排放的鉴定及量化来评估一个产品、过程或活动对环境带来负担的客观方法。

美国国家环境保护局(environmental protection agency,EPA)对 LCA 的定义是:对自最初从地球中获得原材料开始,到最终所有的残留物质返归地球结束的任何一种产品或人类活动所带来的污染物排放及其环境影响进行估测的方法。

在 1997 年 ISO 制定的 LCA 标准(ISO 14040)中给出了一系列相关概念的定义:LCA 是对产品系统在整个寿命周期中的(能量和物质的)输入输出和潜在的环境影响的汇编和评价。这里的产品系统是指具有特定功能的、与物质和能量相关的操作过程单元的集合,在 LCA 标准中,产品既可以指(一般制造业的)产品系统,也可以指(服务业提供的)服务系统;寿命周期是指产品系统中连续的和相互联系的阶段,它从原材料的获得或者自然资源的产生一直到最终产品的废弃为止,即是汇总和评估一个产品(或服务)体系在其整个生命周期的所有投入及产出对环境造成潜在影响的方法。

关于 LCA 的定义,说法较多,目前具有代表性的有以下三种。

(1) LCA 是一个评价与产品、工艺或行动相关的环境负荷的客观过程,它通过识别和量化能源与材料使用和环境排放,评价这些能源与材料使用和环境排放的影响,并评估和实施影响环境改善的机会。该评价涉及产品、工艺或活动的整个生命周期,包括原材料提取和加工,生产、运输和分配,使用、再使用和维护,再循环以及最终处置。(国际环境毒理学和化学学会)

(2)LCA 是评价一个产品系统生命周期整个阶段,从原材料的提取和加工,到产品生产、包装、市场营销、使用、再使用和产品维护,直至再循环和最终废物处置的环境影响的工具。(联合国环境规划署)

(3)LCA 是对一个产品系统的生命周期中输入、输出及其潜在环境影响的汇编和评价。(国际标准化组织)

总的来说,LCA 是一种技术和方法,指运用系统的观点,针对产品系统,对其整个生命周期中各个阶段的环境影响进行跟踪、识别、定量分析与定性评价,从而获得产品相关信息的总体情况,为产品环境性能的改进提供完整、准确的信息。对一种产品及其包装物、生产工艺、原材料、能源或其他某种人类活动行为的全过程,包括原材料的采集、加工、生产、包装、运输、消费和回用以及最终处理等,进行资源和环境影响的分析与评价。国际标准化组织给 LCA 做了一个简洁的定义:LCA 是对一个产品系统的生命周期中的输入、输出及潜在环境影响进行的综合评价。简单说,LCA 就是对某物从产生到消亡以及消亡后所产生的效应进行全过程的评价。

(三)产品生命周期评价的基本框架

在 SETAC 提出的产品生命周期评价方法论框架中,将产品生命周期评价的基本结构归纳为四个有机联系的部分,定义目标与确定范围、清单分析、影响评价和结果解释。

1976 年 6 月 1 日正式颁布的 ISO 14040《生命周期评价原则和框架》将一个完整的产品生命周期环境分析工作分为四个基本阶段:目标定义和范围界定、清单分析、影响评价、结果解释。

1. 目标定义和范围界定

目标定义是要清楚地说明开展此项生命周期评价的目的和意图以及研究结果的可能应用领域。研究范围的确定要足以保证研究的广度、深度与所要求的目标一致,涉及的项目有系统的功能、功能单位、系统边界、数据分配程序、环境影响类型、数据要求、假定的条件、限制条件、原始数据质量要求、对结果的评议类型、研究所需的报告类型和形式等。生命周期评价是一个反复的过程,在数据和信息的收集过程中,可能修正预先确定的范围来满足研究的目标,在某些情况下,也可能修正研究目标本身。

2. 清单分析

清单分析是量化和评价所研究的产品、工艺或活动整个生命周期阶段资源和能量使用以及环境释放的过程。一种产品的生命周期评价将涉及其每个部件的所有生命阶段,包括从地球采集原材料和能源,把原材料加工成可使用的部件,中间产品的制造,将材料运输到每一个加工工序,所研究产品的制造、销售、使用和最终废弃物的处置(包括循环、回用、焚烧或填埋等)等过程。

3. 影响评价

国际标准化组织、国际环境毒理学和化学学会以及美国环境保护局都倾向于将影响评价定为一个"三步走"的模型,即分类、特征化和量化。分类是将清单中的输入和输出数据组合成相对一致的环境影响类型(影响类型通常包括资源耗竭、生态影响和人类健康三大类);特征化主要是开发一种模型(如负荷模型、当量模型和固有的化学特性模型等),这种模型能将清单提供的数据及其他辅助数据转译成描述影响的叙述词;量化是确定不同环境影响类型的相对贡献大小或权重,以期得到总的环境影响水平。

4. 结果解释

结果解释即改进评价,是识别、评价并选择能减少研究系统整个生命周期内能源和物质消耗以及环境释放机会的过程。这些机会包括改变产品设计、原材料的使用、工艺流程、消费者使用方式以及废物管理等。美国环境毒理学和化学学会建议将改进评价分成三个步骤来完成,即识别改进的可能性、方案选择和可行性评价。

(四)产品生命周期评价的内容

产品生命周期评价实施主要包括目的与范围的确定、清单分析、影响评价和结果解释或改善评价四个阶段。

1. 目的与范围的确定

确定目标和范围是生命周期评价研究的第一步。一般需要先确定生命周期评价的评价目标,然后根据评价目标来界定研究对象的功能、功能单位、系统边界、环境影响类型等,这些工作随研究目标的不同变化很大,没有一个固定的标准模式可以套用,但必须要反映出资料收集和影响分析的根本方向。另外,生命周期评价研究是一个反复的过程,根据收集到的数据和信息,可能修正最初设定的范围来满足研究的目标。

2. 清单分析

清单分析的任务是收集数据,并通过一些计算给出该产品系统各种输入输出,作为下一步影响评价的依据。输入的资源包括物料和能源;输出的除了产品外,还有向大气、水体和土壤的排放。在计算能源时要考虑使用的各种形式的燃料和电力、能源的转化和分配效率以及与该能源相关的输入输出。

3. 影响评价

在产品生命周期评价中,影响评价是对清单分析中所辨识出来的环境负荷的影响作定量或定性的描述和评价。影响评价方法目前正在发展之中,一般都倾向于把影响评价作为一个"三步走"的模型,即影响分类、特征化和量化评价。

(1)影响分类。将从清单分析得来的数据归到不同的环境影响类型。影响类型通常包括资源耗竭、人类健康影响和生态影响三个大类。每一大类下又包含有许多小类,如在生态影响下又包含全球变暖、臭氧层破坏、酸雨、光化学烟雾和富营养化等。另外,一种具体类型可能会同时具有直接和间接两种影响效应。

(2)特征化。特征化是以环境过程的有关科学知识为基础,将每一种影响大类中的不同影响类型汇总。目前完成特征化的方法有负荷模型、当量模型等，重点是不同影响类型的当量系数的应用，对某一给定区域的实际影响量进行归一化，这样做是为了增加不同影响类型数据的可比性，然后为下一步的量化评价提供依据。

（3）量化评价。量化评价是确定不同影响类型的贡献大小即权重，以便能得到一个数字化的可供比较的单一指标。

4. 改善评价

根据一定的评价标准，对影响评价结果做出分析解释，识别产品的薄弱环节和潜在改善机会，为达到产品的生态最优化目的提出改进建议。改善评价是目前应用最少的。

（五）产品生命周期评价的方法

产品生命周期评价目前采用两种方法：一是 SETAC-EPA 生命周期评价分析方法，通常称为生命周期评价方法，是传统的、相当机械的看待市场发展的观点；二是经济输入-输出生命周期评价模式（EIO-LCA），是一种更富有挑战性，观察顾客需求是怎样随着时间演变由不同的产品和技术来满足的方法。

产品生命周期评价方法是一种非常有用的方法，能够帮助企业根据行业是否处于成长、成熟、衰退或其他状态来制定适当的战略。这种方法假定，企业在生命周期中（发展、成长、成熟、衰退）每一阶段中的竞争状况是不同的。例如，发展-产品/服务由早期采纳者购买，他们对于价格不敏感，因此利润会很高；而另一方面，需要大量投资用于开发具有更好质量和大众化价格的产品，这又会侵蚀利润。

SETAC-EPA 的生命周期评价分析方法是经环境毒理学与化学学会（SETAC）和美国环境保护局发展的方法，已纳入 ISO 14000 体系。我国在 1999 年和 2000 年先后推出了 GB/T 24040—1999 及 GB/T 24041—2000 等国家标准。

在这种方法中，由于假定事情必然会遵循一种既定的生命周期模式，这种方法可能导致可预测的而不是有创意的、革新的战略。

产品生命周期概念更有建设性的应用是需求生命周期理论。这个理论假定，顾客（个人、私有或公有企业）有某种特定的需求（娱乐、教育、运输、社交、交流信息等）希望能够得到满足。在不同的时候会有不同的产品来满足这些需求。

（六）产品生命周期评价的特点

1. 全过程评价

产品生命周期评价是与整个产品系统原材料的采集、加工、生产、包装、运输、消费和回用以及最终处置生命周期有关的环境负荷的分析过程。

2. 系统性与量化

产品生命周期评价以系统的思维方式去研究产品或行为在整个生命周期中每一环节中的所有资源消耗、废物产生及其环境的影响，定量评价这些能量和物质的使用以及排放废物对环境的影响，辨识和评价改善环境影响的机会。

3. 注重产品的环境影响

产品生命周期评价强调分析产品或行为在生命周期各阶段对环境的影响,包括能源利用、土地占用及排放污染物等,最后以总量形式反映产品或行为的环境影响程度。生命周期评价注重研究系统在生态健康、人类健康和资源消耗领域内的环境影响。

(七)产品生命周期评价在清洁生产中的作用

产品生命周期评价是对产品、工艺过程或生产活动从原材料获取到加工、生产、运输、销售、使用、回收、养护、循环利用和最终处理处置等整个生命周期系统所产生的环境影响进行评价的过程,在促进清洁生产方面有着积极的作用。

在企业方面,生命周期评价主要用于产品的比较和改进,典型的案例有布质和易处理婴儿尿布的比较、塑料杯和纸杯的比较、聚苯乙烯和纸质包装盒的比较等。在政府方面,生命周期评价主要用于公共政策的制定,其中最为普遍地适用于环境标志或生态标准的确定,许多国家和国际组织都要求将生命周期评价作为制定标识标准的方法。

近年来,一些国家和国际组织相继在环境立法上开始反映产品和产品系统相关联的环境影响。生命周期评价在工业中的应用正日益广泛。生命周期评价在工艺选择、设计和最优化过程中的应用更是引起工业领域的极大兴趣。国际上一些著名的跨国企业正积极开展各种产品,尤其是高新技术产品的生命周期研究。美国的一些企业开展了磁盘驱动器、汽车和电子数字设备部件的生命周期评价研究;欧盟的一些企业则广泛开展了电器设备和清洗器等产品的生命周期评价研究;在我国,在国家"863计划"的资助下,成立了材料生命周期评价中心,对钢材、铝材、水泥、陶瓷以及建筑材料等的生产制造技术和工艺进行生命周期评价。

三、产品生命周期的阶段

生命周期评价面向的是产品系统,是对产品或服务"从摇篮到坟墓"的全过程的评价,是一种系统性、定量化的评价方法,是一种充分重视环境影响的评价方法,是一个种开放性的评价体系。

由于受市场因素的影响,产品在其生命周期内的销售额和利润额并非均匀地变化,在不同时期或阶段,产品有着不同的销售额和利润,从这个角度,产品的生命周期可以以销售额和利润额的变化来衡量。

(一)典型的产品生命周期阶段

按照销售额的变化衡量,典型的产品生命周期一般可以分成四个阶段,即介绍期(或引入期)、成长期、成熟期和衰退期,四个阶段分别呈现出不同的特点。关于生命周期的讨论,大多数把一种典型产品的销售历史描绘成一条S形曲线,如图4-1所示。

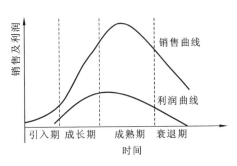

图4-1 产品生命周期曲线

1. 第一阶段：介绍（引入）期

新产品投入市场，便进入介绍期。在这一阶段，由于产品刚刚引入市场，产品品种少，顾客对产品还不了解，几乎无人实际购买该产品，只有少数追求新奇的顾客可能购买，销售量很低。销售增长缓慢，几乎没有利润甚至是负增长，企业不但得不到利润，反而可能亏损。其主要市场特征如下：

（1）与市场同类产品相比，新产品在经济、技术技能上表现出一定优势，在产品性能方面有所改进；

（2）由于技术方面的原因，产品不能大批量生产。生产批量小，生产费用和营销费用较高，销售缓慢；

（3）消费者对新产品还比较陌生，缺乏全面的了解和信任，市场需求量较小；

（4）同类产品较少，市场竞争环境较为宽松；

为了扩展销路，需要大量的促销费用，对产品进行宣传，产品也有待进一步完善。

2. 第二阶段：成长期

当产品进入引入期之后，便进入了成长期。成长期是指产品被市场迅速接受，产品通过试销效果良好，在市场上站住脚并且打开了销路，利润大量增加的时期。本阶段的主要市场特征如下：

（1）产品在市场上有较大的吸引力并已普遍被消费者接受，这时顾客对产品已经熟悉，大量的新顾客开始购买，市场逐步扩大，销售量迅速增长；

（2）产品大批量生产，生产成本大幅度下降，企业的销售额迅速上升，利润迅速增长，生产成本下降，企业经济效益明显提高；

（3）由于产品市场迅速打开，销售量迅速增长，竞争者看到有利可图，将纷纷进入市场参与竞争，市场竞争日趋激烈，同类产品供给量增加，价格随之下降，企业利润增长速度逐步减慢，最后达到生命周期利润的最高点。

3. 第三阶段：成熟期

成熟期是指产品进入大批量生产，市场竞争最激烈的时期。产品进入大批量生产并稳定地进入市场销售，经过成长期之后，随着购买产品的人数增多，市场需求趋向饱和，潜在的顾客已经很少，销售额增长缓慢直至转而下降，标志着产品进入了成熟期。该阶段的主要市场特征如下：

（1）产品的市场供应量虽然有所增长，但市场需求基本趋于饱和，销售增长率下降；

（2）市场上同类产品增多，市场竞争更加激烈，同类企业竞相开展多种多样的促销策略，试图扩大产品销售；

（3）销售增长率开始下滑，利润由缓慢增长趋向缓慢下降，原有消费者的兴趣开始转向其他产品或替代产品。

4. 第四阶段：衰退期

随着科学技术的发展，新产品或新的代用品出现，将使顾客的消费习惯发生改变，转向其他产品，从而使原来产品的销售额和利润额迅速下降。于是，产品又进入了衰退期。该阶段主要表现如下：

（1）产品老化,不再适应市场需要,随着科技的不断发展和消费需求水平的提高,老产品在技术工艺和经济性能上处于落后状态,市场上出现了性能更好的替代品;

（2）企业利润急剧下降;

（3）消费需求迅速转移,老产品销售由缓慢下降变为急剧下降,产品处于被淘汰的过程中。

产品进入淘汰阶段后,该类产品的生命周期也就陆续结束,以致最后完全撤出市场。

生命周期曲线的特点:在产品开发期间该产品销售额为零,公司投资不断增加;在引入期,销售缓慢,初期通常利润偏低或为负数;在成长期销售快速增长,利润也显著增加;在成熟期,利润在达到顶点后逐渐走下坡路;在衰退期间,产品销售量显著衰退,利润也大幅度滑落。

产品的生命周期并不是绝对的。对有的产品来说,如果没有实用性,可能在其引入期就已经夭折;对有的产品来说,可能其生命周期的某个阶段很长,以致不易觉察到其生命周期的存在;有的产品处于生命周期的某个阶段,而随着科技的发展或产品本身作了较大的改进而进入新的生命周期阶段。

（二）非典型的产品生命周期形态

典型的产品生命周期是一种理论抽象,是一种理想状况,在显示经济生活中,并不是所有产品的生命历程完全符合这种理论形态,将不符合这种理论形态的产品的生命周期,称为非典型的产品生命周期,非典型的产品的生命周期主要有以下几种形态。

1. 再循环型产品生命周期

再循环生命周期是指产品销售进入衰退期后,由于种种因素的作用而进入第二个成长阶段。这种再循环型生命周期是市场需求变化或企业投入更多促销费用的结果(图 4-2)。

2. 多循环型产品生命周期

多循环型生命周期是产品进入成熟期后,企业通过制定和实施正确的营销策略,使产品销量不断达到新的高潮(图 4-3)。

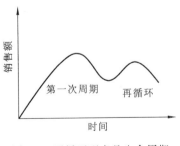

图 4-2　再循环型产品生命周期

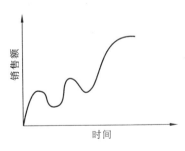

图 4-3　多循环型产品生命周期

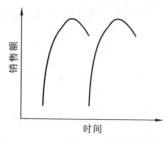

图 4-4　非连续循环型产品生命周期

3. 非连续循环型产品生命周期

非连续循环型生命周期是产品在一段时间内迅速占领市场，又很快退出市场，过一段时间后又开始新的循环，如大多数时髦商品的生命周期属于非连续循环型产品生命周期（图 4-4）。

四、延长产品生命周期的方法

一般可以通过下面的方法延长产品生命周期。

（一）加大促销 扩大购买

即使产品处于成长期或成熟期，企业仍然要重视提高产品质量和服务质量，综合运用人员推销、营业推广、广告宣传和公共关系等促销手段，培养消费者的品牌爱好，促成购买习惯，增加使用频率，以扩大销售。

（二）实施产品改革措施

实施产品改革措施，往往可以有效地延长产品的生命周期，特别是对那些处于成熟期的产品，可以通过对产品功能、质量以及特性等方面进行改进，以吸引新的消费者，使原本停滞不前、呈现下降趋势的销售量得以回升。产品改革的具体措施如下：

（1）产品外观改革，即通过不断地满足消费者审美观念的变化，使产品外观更加漂亮，以吸引更多的消费者；

（2）提高产品质量，即通过不断地提高产品的使用性能，以高品质的产品质量吸引更多的消费者；

（3）增加产品功能，即通过不断地给产品增加新的特性或功能，以此来扩大产品的适用性；

（4）加工材料的改革，即通过不断地研制或使用新材料来延长产品的生命周期。

（三）开拓产品新市场

由于不同区域市场消费存在着明显的差异性，企业可利用这种差异性开拓新的市场。如有的产品在本地市场已开始衰退，可以转销外地市场；城市市场滞销可以向农村市场发展；有的产品可以先争取女性顾客，再争取男性顾客；满足了儿童市场需求，再开拓老年市场等。

（四）拓展产品新用途

有的产品的用途随着生产力发展、科学技术水平和消费水平的提高而不断拓展。新的用途一旦开拓出来，其市场生命周期必然得以延长。

单元二　产品生态设计

[单元目标]

1. 了解产品生态设计的含义与目的。
2. 理解产品生态设计的理论、类型与方法。
3. 掌握产品生态设计的流程。

[单元重点难点]

产品生态设计的方法、步骤与阶段。

一、产品生态设计概述

（一）产品生态设计的产生与发展

全球性生态环境的迅速恶化是 21 世纪人类生存和发展面临的重大危机,现已成为国际社会普遍关注的焦点之一。目前,全球面临的严重挑战正是如何保持经济的发展,保证人们的生活水平得到持续稳定的提高,同时又能维持环境的质量,保护地球的生态环境。现阶段,资源枯竭已成为了各国工业坚持可持续发展不可回避的一大难题,能源成本不断上升使得企业在生产过程中必须从产品设计、工艺设计和设备选择等多方面加以考虑,并从源头上寻找和解决产品的资源、能源过度消耗等问题,最终目的是达成资源优化、环境保护和经济发展三者之间的一个最佳平衡。

产品作为联系生产与生活的一个中介,对当前人类所面临的生态环境问题有着不可推卸的责任。众所周知,产品的整个设计阶段正是产品性能和环境影响的源头,因此产品在制造和使用时的环境问题也只有通过合理地设计才能得以解决,这种再设计过程称为产品生态设计,又称环境意识设计、绿色设计或环境化设计。它是指为提高产品生命周期内的环境绩效,优化产品的环境影响,而将产品的环境因素引入产品的设计和开发的一种活动。

以产品为核心,把产品生产过程以及产品的使用和用后处理过程联系起来看,就构成了一个产品系统,包括原材料采掘、生产、产品制造和使用以及产品用后的处理与循环利用。在该产品系统中,作为系统的投入(资源与能源),造成了资源耗竭和能源短缺问题,而作为系统输出的"三废"排放却造成了工业污染问题,因此所有的生态环境问题无一不与产品系统密切相关。因此,从产品的开发设计阶段,就需要进行产品生态设计。

开发和设计对环境友好的产品已成为当前国际产业界可持续发展行动计划的热点,也是国际 ISO 14000 环境管理标准体系制定的目标之一。

产品生态设计已引起了国际产业界的广泛关注与参与。仅从飞速发展的互联网络上看,1997 年初,有关生态设计的主页只有 100 多个,而到 1997 年年底就发展为将近 1000个。在欧洲和美国,在很短的时间内,大量的生态设计公司纷纷成立。

为了将产品开发与企业发展尽快纳入 ISO 14000 及 ISO 14040 体系,一些具有远见卓识的国际大企业集团,纷纷对其产品进行生命周期评价,并尝试进行生态产品的设计、生产与销售。生态设计将是 21 世纪非常热门的学科和技术。

(二)产品生态设计的含义与目的

生态设计也称绿色设计或生命周期设计或环境设计,是指将环境因素纳入设计中,从而帮助确定设计的决策方向。任何与生态过程相协调,尽量使其对环境的破坏影响达到最小的设计形式都称为生态设计,这种协调意味着设计尊重物种多样性,最少限度地对资源进行剥夺,保持营养和水循环,维持植物环境和动物栖息地的质量,以有助于改善人类及生态系统的健康。生态设计要求在产品开发的所有阶段均考虑环境因素,从产品的整个生命周期减少对环境的影响,最终引导产生一个更具有可持续性的生产和消费系统。生态设计活动主要包含两方面的涵义,一是从保护环境角度考虑,减少资源消耗、实现可持续发展战略;二是从商业角度考虑,降低成本,减少潜在的责任风险,以提高竞争能力。在产品整个生命周期内,着重考虑产品环境属性(可拆卸性、可回收性、可维护性、可重复利用性等)并将其作为设计目标,在满足环境目标要求的同时,保证产品应有的功能、使用寿命、质量等要求。生态设计要求减少环境污染、减小能源消耗,产品和零部件回收再生循环或者重新利用。

产品生态设计即设计出的产品既对环境友好,又能满足人的需求的设计。换句话说,环境成为产品开发中考虑的一个重要因素,与一般的传统因素(如利润、功能、美观、环境条件与效率、企业形象和质量等)有同样的地位。在某些特定情况下,环境甚至比传统的价值因素更为重要。

1. 产品设计

产品设计是一个将人的某种目的或需要转换为一个具体的物理形式或工具的过程。传统产品设计理论与方法是以人为中心,以满足人的需要和解决问题为出发点进行的,以产品是否顺利在市场上实现经济价值作为评价设计成败的标志。在传统的产品设计中,主要考虑的是产品的基本属性,如产品功能、产品质量、寿命、市场消费需求、成本及制造技术和可行性等技术和经济属性,而没有将生态、环境、资源属性作为产品开发设计的一个重要指标。此外,传统的产品设计很少考虑后续产品使用过程中的资源和能源的消耗以及对环境的排放,更不关心产品生命周期结束后的问题。按照传统设计制造出来的产品,在其使用寿命结束后往往就变为一堆垃圾。

生态设计要求在产品开发时就对所有环节的环境因素加以考虑,从产品的整个生命周期减少物质和能源消耗以及污染物的排放。由于产品生命周期评价是一种系统分析评价产品整个生命周期环境影响的有效工具,因此基于生命周期评价的产品设计正成为当前以产品为对象实施清洁生产的研究和实践的热点。

2. 产品生态设计

产品生态设计(product ecological design)是指利用生态学的思想,在产品开发阶段综合考虑与产品相关的生态环境问题,设计出对环境友好的、又能满足人的需求的一种新的产品设计方法。将环境因素纳入产品设计之中,在设计阶段就考虑产品生命周期全过程的环境影响,从而帮助确定设计的决策方向,通过改进设计把产品的环境影响降低到最低程度。

产品生态设计是产品设计的新理念,是指产品在原材料获取、生产、运销、使用和处置等整个生命周期中密切考虑到生态、人类健康和安全的产品设计原则和方法。最终目标是建立可持续产品的生产与消费。开发和设计对环境友好的产品已成为当前国际产业界可持续发展行动计划的热点,也是国际 ISO 14000 环境管理标准体系制定的目标之一。

传统产品设计理论与方法是以人为中心,以满足人的需求和解决问题为出发点进行的,是一个将人的某种目的或需要转换为一个具体的物理形式或工具的过程,以人为中心,仅考虑如何满足人的需求和解决问题,而忽视产品生产及使用过程中的资源和能量的消耗以及对环境的排放。以产品是否顺利在市场上实现经济价值作为评价设计成败的标志。

产品生态设计的基本思想在于从产品的孕育阶段开始即遵循污染防治的原则,把改善产品对环境的影响努力凝固在产品设计之中。经过生态设计的产品对生态环境不会产生不良的影响,它对能源和自然资源的利用是有效的,同时是可以再循环,再生或易于安全处置的。

3. 产品生态设计与传统设计的比较

传统设计和生态设计是根据企业的实际情况的计划目标,通过市场调查和分析,综合运用企业的现有资源,开发符合市场需求并能给企业带来经济效益的产品的创新活动。

传统的产品设计是一个将人的某种目的或需要转换为一个具体的物理形式或工具的过程,以人为中心,仅考虑如何满足人的需求和解决问题,而忽视产品生产及使用过程中的资源和能量的消耗以及对环境的排放。

生态设计强调考虑产品可能带来的环境问题,并把对环境问题的关注与传统的设计过程相结合。产品生态设计从产品的孕育阶段开始即遵循污染预防的原则,把改善产品对环境影响的努力凝固在产品设计之中,是生命周期评价思想原则的具体实践。在这一过程中,产品发展过程的基本结构并未因考虑环境问题而发生改变,但要求设计人员在传统的设计过程中增加对产品环境影响的评估,要求新的设计能够减轻产品的环境影响。因此,需要设计人员收集各类与所设计产品有关的环境信息,从中筛选出可利用的有益信息,并把对这些信息的理解体现在新产品的设计之中。在生态设计过程中,设计人员经常会碰到如何使产品在满足环境要求和其他要求之间进行选择的困境,如在原材料的选择过程中是选择可以最大限度降低环境影响的材料,还是选择具有实用性但对环境保护作用不强,甚至是对环境有害处的材料。而在传统设计过程中,设计人员往往不需要考虑这些问题。

4. 产品生态设计的目的

产品生态设计的目的就是为了减少产品对环境的污染,提高产品废弃后的再生效率,降低产品对资源和能源的消耗,以减少产品整个生命周期内不利的环境影响,从而设计和开发更环保、更经济和可持续发展的产品系统。首先,产品生态设计通过限制有害物质的使用、采用高效的过程,既提高了企业能源利用的效率,又减少了产品污染的环境责任和废弃物的处置,降低了成本;其次,产品生态设计不断促进了企业产品革新和创新,增强竞争力,同时也改善了产品功能,满足或超越消费者的期望,提升了企业的品牌形象;再次,通过生态设计减少了产品对环境的负面影响,改进了企业内外信息的交流,密切了与供应链的关系,从而使企业降低了风险,提高了投资方的信任。总的来说,产品生态设计的目的是促进可持续资源的使用、可再生能源的开发;促进污染的预防;保护生态环境和人类健康,最终目标是建立可持续产品的生产与消费。

(三)产品生态设计的需求与意义

1. 产品生态设计的需求

1)环境的压力

我国是世界上最大的发展中国家,一方面发展经济的任务十分繁重,另一方面环境问题也十分突出,协调经济发展与环境保护的关系是我们面临的巨大挑战。我国的人口基本特点是人口基数大,新增人口多,人口素质偏低,这些都会直接影响社会经济发展和人民生活水平提高,对自然生态环境造成重大压力。我国的资源特点是资源总量大,种类比较齐全,但人均占有量少,同时分布不平衡,开发难度大以及开发不合理和不科学造成资源损失和浪费大。我国的环境存在着严重污染和破坏,环境污染主要表现为水体污染、大气污染等,环境破坏表现为水土流失、土壤沙化等。总之,我国面临的环境问题概括起来是人口多、资源少和环境污染破坏严重。生态环境日趋恶化,臭氧层破坏、全球气候变暖、酸雨、森林和沼泽地破坏、水体富营养化、烟雾、有毒和有害固体垃圾等环境问题正困扰着人类,而这些环境问题大多数来自现代化生产的产品。

2)政府的压力

环境问题促使各国政府制定更为严格的环境保护法规,发达国家的环保标准更为严格,并设置了相应的绿色贸易壁垒,这就迫使生产经营者必须摒弃以牺牲环境为代价的生产方式并积极参加到改善环境质量的各项活动之中。

在过去30多年中,中国经历了翻天覆地的变化。在20世纪70年代还是高度计划和中央调控的经济体制,现在已经成为举世瞩目的充满活力的市场经济体制。然而,在取得了空前的经济和社会进步的同时,中国也面临许多新的挑战,经济发展与环境保护之间的矛盾就是其中之一。幸运的是中国政府已经将这些问题摆在了重要位置。在2009年9月召开的联合国气候变化大会上,胡锦涛指出中国要"大力发展绿色经济,积极发展低碳经济和循环经济,研发和推广环境友好技术"。中国政府保护环境,走可持续发展道路的决心是巨大的。

我国《环境保护法》明确规定,政府对环境负有保护责任,这是我国推进政府部门依法行政历史进程的必然要求,是行政体制改革在环境保护领域的体现和进一步深化。为了给人民一个良好的生活环境,政府理所当然要把环境保护作为自己行政职能的一部分。

3)公众的压力

中国是世界上最大的发展中国家,面临着非常艰巨的环境保护任务,其公众的环境意识、参与状况等将直接决定着中国环境保护的未来走向,这也是中国政府及其地方政府制定有关政策法规的重要基础。

改革开放的 30 多年也是中国公众环境意识萌发和成长的 30 多年。政府教育部门大力加强环境宣传和环境教育,强化环境意识,更新观念,倡导"绿色消费"和"生态消费";加强教育培训,普及环境知识,尤其注重在大中小学校开展绿色系列创建活动,此外,我国公众的环境意识明显增强,公众对环境问题日益强烈的关注使得企业必须承担保护环境的责任,改善环境绩效,这就要求企业开展生态设计,生产符合环保要求和满足环境友好消费模式的产品。

4) 市场的压力

市场竞争是商品经济运动的客观规律。只要存在商品生产,就必然存在市场竞争。我们正面临着市场竞争的挑战,为了在竞争中取胜,有必要认真研究当前市场竞争的特点和我们的对策。市场竞争是商品经济发展的必然产物。

市场竞争是商品与生产者之间,为了争夺更好的销售和购买条件,从而获取更多的经济利益而展开的斗争。市场竞争就是在商品经济条件下,商品的生产者、经营者、消费者为取得自身的产、购、销条件,及生存、发展和利益进行的经济斗争活动。我国处于社会主义初期阶段,呈现出多层次地全民、集体、个体、合资、联营等相互竞争、相互补充的市场格局。市场竞争这种机制,是和商品生产紧紧地联系在一起的。只要商品生产还在继续,市场竞争就不会停止,就必然会每时每刻要起作用。

下游企业和最终用户的环境需求是企业提高产品环境属性的重要动力。一些企业通过成功实行环境政策(如组织通过 ISO 14000 认证)而降低成本并树立了绿色形象。市场竞争的逐渐增强和消费者环境意识的不断提高也促使企业必须生产生态产品,只有这样,才能在激烈的市场竞争中处于不败之地。

2. 产品生态设计的意义

产品生态设计的重要意义重大,首先,可以减少原材料和能源的使用,直接降低产品的成本。环境负荷的降低可以减少环保方面的投入,直接或间接降低产品的成本。其次,可减少企业的责任风险。随着 ISO 14000 标准的推行,有关的环境保护法律、法规对企业的要求会越来越严厉,制造商对产品的责任将要扩展,这就要求企业在生产过程中尽量不用或少用对环境不利的物质,而且要考虑产品使用功能结束后再处置方面的环境风险等问题。再次,产品生态设计可提高产品质量,改善产品的实用性、耐用性以及可维修性等,从而减轻产品对环境的影响。最后,产品设计可以积极引导和刺激清洁产品消费。随着消费者环境意识的提高,对清洁产品的需求将越来越大。另外,按生态设计思路所涉及的新的环境友好产品,有可能激起消费者的购买欲望,从而导致新市场的形成。

二、产品生态设计理论

(一) 循环经济理论

循环经济是由美国经济学家肯尼思·鲍尔丁在 20 世纪 60 年代提出的,是指在资源投入、企业生产、产品消费及其废弃的全过程中,把传统的依赖资源消耗的线性增长的经济转变为依靠生态型资源循环来发展的经济。20 世纪 90 年代,我国引入循环经济的概念,并从不同侧面逐步进行了多方面研究。

1. 循环经济概念

所谓循环经济,它要求运用生态学规律来指导人类活动的经济活动,其目的是通过资源高效和循环利用,实现污染的低排放甚至零排放,通过保护环境,真正实现社会、经济与环境的可持续发展。其中思想理论涉及生产、流通与消费过程中资源的减量化、再利用、再循环的"3R"设计原则正是体现了发展循环经济的核心要求。产品生态设计就是根据这一重要原则,针对如何降低资源、能源消耗等问题,着重考虑便于产品生产、使用后的废弃物回收再利用,以及包括流通、消费后废弃产品的拆解和回收,特别是产品元器件和材料的再使用和再循环。此外,产品生态设计还要求在从事工艺、设备、产品和包装物设计时,按照节能降耗和消减污染物的要求,优先选择采用无毒、易于降解、便于回收和便于再生利用的材料和设计方案,并尽可能减少包装物的体积和质量,减少包装废物的产生。这些理念都有利于促进循环经济的发展。

循环经济本质上是一种生态经济,它要求运用生态学规律而不是机械论规律来指导人类社会的经济活动。传统线性经济往往形成"高开采、低利用、高排放"的特征;循环经济要求达到"低开采、高利用、低排放"的结果。

2. 循环经济基本评价原则

由循环经济的概念内涵可以归纳出基本的评价原则,简称"3R"原则:

(1)减量化原则(reduce)。以资源投入最小化为目标,针对产业链的输入端——资源,通过产品清洁生产而非末端技术治理,最大限度地减少对不可再生资源的耗竭性开采与利用,以替代性的可再生资源为经济活动的投入主体,以期尽可能地减少进入生产、消费过程的物质流和能源流,对废弃物的产生排放实行总量控制。

(2)资源化原则(reuse)。以废物利用最大化为目标,针对产业链的中间环节,对消费群体(消费者)采取过程延续方法,最大可能地增加产品使用方式和次数,有效延长产品和服务的时间强度;对制造商(生产者)采取产业群体间的精密分工和高效协作,使产品-废弃物的转化周期加大,以经济系统物质能量流的高效运转,实现资源产品的使用效率最大化。

(3)无害化原则(recycle)。以污染排放最小化为目标,针对产业链的输出端——废弃物,提升绿色工业技术水平,通过对废弃物的多次回收再造,实现废物多级资源化和资源的闭合式良性循环,实现废弃物的最少排放。

(二)产业生态学理论

按照生态学原理,社会-经济-自然构成了一个复合生态系统。作为经济主体的产品生产,要求采用生态设计,遵循生态系统控制理论,社会-经济-自然和谐共处、共存共发展。这也就是要求工业的新陈代谢必须考虑生态平衡的原理来进行产品的输入、输出的设计。即在产品开发阶段就要综合考虑与产品相关的生态环境问题,设计出对环境友好的又能满足人类需求的一种新的产品设计方法。

近年来,在生态科学、环境科学、地理科学、产业经济学、区域经济学、复杂性科学、管理学、信息学、工学等多学科理论交叉、融合和支持下,以产业生态化为研究对象的产业生态系统理论体系逐步建立起来,并形成了较为完善的产业生态学。

产品生态设计运用产业生态学理论具体包括了以下设计理念和方法。

(1)尊重自然,优先采用可再生资源和能源的设计原则。

(2)同环境相协调,充分保护环境和自然资源的生态设计原理。

(3)发挥自然的生态调节功能与循环利用机制设计原理。

(4)生态、环境相协调与经济性原则。

(5)乡土化、方便性、人文性原则。

产业生态学理论对我国在社会、经济发展过程中充分利用资源、减轻环境压力、改造传统产业、提升产业水平都具有不可估量的指导意义。我国众多学者通过引进、消化和吸收国外先进的产业生态化理念、思想和理论体系后,已逐步使其中国化,并在产业生态化系统理论研究中取得了突破性进展。一是在资源与环境压力下,通过交叉融合多方面学科知识,创立了产业生态学理论体系,为产业生态化过程提供了理论指导。二是以产业生态学理论研究为先导,实践应用为前提,将产业生态化研究向纵横两向同步延伸。纵向研究逐步深入到产业生态链、产业生态工程、产业生态管理、产业生态评价等,横向研究逐步深入到产业间的生态化耦合协同机理、产业同步进化机制、产业间循环利用等。并由此构建起产业生态化过程的网络运作体系和知识体系。三是在产业生态系统理论指导下,世界各地创建了一批产业生态化示范园区,并在经济发展、环境保护、资源利用等方面取得了实质性成果,并形成了集理论性、科学性、可行性和实践性于一体的产业生态园区规划原则、设计思路、管理方法等,为未来产业生态化发展奠定了坚实基础。

(三)生命周期评价理论

产品生命周期评价是生态设计运用的重要工具。产品的环境影响在很大程度上是由产品生命周期各个阶段材料和能源的输入和输出而产生的。生态设计就是要做到降低产品全生命周期(从原料获取到产品最终处置的各个环节,包括原料的获取、加工、制造、包装运输和配送、使用、用后废弃处理与处置)的环境负荷,在产品设计时,运用生命周期评价,对产品生命周期各个阶段及可能产生的环境影响进行分析,在设计阶段寻求解决方案,进而改进产品的设计或重新设计产品,减少并预防环境影响的出现。

三、产品生态设计的类型、准则与方法

(一)产品生态设计的类型

产品生态设计的类型主要有以下几种。

(1)产品改善设计:产品本身和生产技术保持不变,以关心生态环境和减少污染为出发点进行的设计。

(2)产品再设计:产品概念不变,用替代技术改变其组成部分。

(3)产品概念革新:在保证提供相同功能的前提下,改变产品或服务的设计概念和思

想,如纸质图书变为电子图书等。

（4）产品系统革新：随着新型产品和服务的出现,须改进相关设施和组织,进行系统的变革。

（二）产品生态设计的准则

一个产品的设计方案选择要根据若干个因素来决定。产品的功能、成本、质量、服务和寿命是产品的基本属性；环境属性是指在产品生命周期内的各个阶段造成环境污染最小化；劳动保护或职业健康是指在生态设计中,产品生命周期内各阶段的工作条件对劳动安全和人体健康的影响最小化；资源有效利用是指原料资源和能源最佳有效利用；可制造性是指产品可制造性能的好坏,如制造工艺性、装配工艺性等；企业策略是指企业为迎合市场需求而制定的本企业的若干政策,如清洁产品战略、企业形象等；生命周期成本不同于传统产品设计的成本概念,它不仅包括设计成本、生产成本和某些附件成本,也包括使用成本和废弃产品的拆卸、回收、处理处置成本等。

产品生态设计不同于传统设计,在产品整个生命周期内,着重考虑产品的环境属性,包括自然资源的利用、环境影响及可拆卸性、可回收性、可重复利用性等,并将其作为设计目标,在满足环境目标要求的同时,并行地考虑并保证产品应有的基本功能、使用寿命、经济性和质量等。在产品概念开发阶段就引进环境变量,并与成本、质量、技术可行性及经济有效性等传统设计因子进行综合考虑。产品设计应遵循以下准则。

（1）环境准则：降低物料消耗,降低能耗,减少废物产出,减少健康、安全风险,生态可降解。

（2）性能准则：满足多项使用功能,易于加工制作,保证产品质量。

（3）费用准则：费用最低,利润最大。

（4）美学准则：符合当地的文化传统,满足消费者的审美情趣。

（5）社会准则：遵守当地法律法规及有关标准。

设计过程应遵循闭环设计、资源最佳利用、能源消耗最小、零污染和技术先进性的原则。具体到产品生态设计,应遵循以下几种具体原则。

（1）选择对环境影响较小的原材料。尽量避免或减少使用有毒的化学物质；如使用有害材料,尽量当地解决；尽量改变原料组分,使有害物质减少；选择丰富易得的材料；优先选择天然材料代替合成材料；尽量选择能耗低的原材料；尽量从再循环中获取所需的材料。

（2）减少原材料的使用。使用轻质和高强度材料,去除多余的功能,减小体积,便于运输。

（3）加工制造技术优化。减少加工工序,简化工艺流程；降低生产过程中的能耗；采用少废无废技术,减少废料产生和排放；减少生产过程中的物耗。

（4）减少包装造成环境问题。促进包装废料的最小化；减少包装材料的使用量；包装材料复用；包装材料回收；包装材料再循环,减少焚烧和填埋量；改变包装材料。

（5）减少使用阶段的环境影响。着重设计节电、省油、节水、降噪的产品。

（6）延长产品的使用寿命,节约资源、减少废弃物。提高耐用性；加强适应性；提高可靠性;易于保养和维护;组建式的结构设计;容易维护和保养。

（7）产品报废系统优化。建立有效的废旧产品回收系统;重复利用;翻新再生;易于拆卸的设计;材料的再循环;清洁的最终处理。

（三）产品生态设计的方法

产品生态设计的方法主要有以下几种。

（1）选择对环境友好的材料。这一方法要求选择对环境友好的原材料来进行生产,这些材料包括在生产、使用、焚烧和填埋过程中产生较少有害废物的清洁材料,可通过地球本身的新陈代谢而得到更新的可更新材料,在提炼和生产过程中耗能较少的原材料以及在产品使用后可以被再次使用的可循环材料。这些材料的使用可以减少不可再生资源的消耗。如现代许多产品在设计时大量使用竹子、藤条、芦苇、麻纤维等速生植物原料,就值得提倡。

（2）减少材料的使用。通过产品设计的改进尽可能减少原材料的使用,从而节约宝贵资源,减少运输与储备空间。利用废弃的产品零部件是减少材料使用的一种设计方法。

（3）优化生产技术。生产技术的优化可以通过以下方式实现:①选择产生较少排放物的技术,或通过设计上的改进使生产过程产生的废料最小化;②优化整个生产过程,减少生产步骤,通过技术改进需求较少或不必要的生产工序;③选择能耗小和使用天然气、风能、太阳能等清洁能源的技术等。

（4）延长产品生命周期。产品生命周期的延长是生态设计方法中的一个重要内容。通过产品生命周期的延长,可以避免产品过早地进入处置阶段,提高产品的利用效率,减缓资源枯竭的速度,符合可持续发展原则。具体的措施包括:提高产品的可靠性和耐久性,便于修复和维护;采用标准的模块化结构,在部分部件被淘汰时,可以通过即时更新而延长整个产品的生命周期;在产品废弃时某些易于拆卸的部件转换为其他用途等。

四、产品生态设计的流程

（一）产品生态设计的步骤

产品生态设计步骤一般包括确定产品系统边界,环境现状评价,设计要求分析,设计要求的详细表达,确定要求的优先次序,选择设计对策,设计方案评价等。

（1）确定系统边界。为最大限度地降低环境影响,设计人员一般不得不对所选系统的边界作出取舍,把重点放在某些或某个生命周期阶段或工艺过程。但首先应对产品的整个生命周期阶段进行综合考虑,然后根据对环境影响信息,选取重点设计的系统边界。

（2）环境现状评价。对环境现状进行分析可找到改进产品系统环境性能的机会,也可为公司制订短期或长期的环境目标提供依据。现状评价可通过生命周期清单分析、环境审计报告或检测报告等来完成。在现状评价以后,要明确提出当前和未来的目标。

（3）设计要求分析。准确描述产品系统设计要求是设计中最为关键的一步,决定最终设计方案。只有充分考虑了各种要求,并确定了设计方法后,才能进行有效的设计。在随后的设计阶段,要对设计方案进行评价,以确定其是否满足要求。

（4）确定要求间的次序。必须要达到希望达到的要求和具备辅助性功能。

（5）选择设计对策。能否找到满足所要求的对策，是生命周期设计成败的关键。多数情况下，不可能用单一的对策来满足所有的环境要求。成功的设计人员要采用一系列的对策来满足这些要求，有可能同时用到废物减量化、回用、循环利用和延长产品寿命等措施。

（6）设计方案评价。根据所选的设计对策，最终可能形成多个可供选择的方案，哪一个更能满足设计要求，必须从环境、经济和社会三个方面进行评价。采用的环境评价方法一般是简化或详尽的生命周期评价。评价后可从一系列方案中选出一组生态、经济和社会效益最优的设计方案。

（二）产品生态设计的阶段

根据产品设计的一般步骤，可将生态设计过程分为四个阶段：产品生态识别、产品生态诊断、产品生态定义、生态产品评价，其具体内容简述如下。

（1）产品生态识别。产品生态识别即首先根据产品的用途、功能、性质及可能的成本、原材料选择等建立一个参照产品模型，然后对该参照产品进行定量化识别，对各种环境因子的影响大小进行科学评估，对产品的总体潜在环境影响进行综合与评估。

（2）产品生态诊断。通过生态识别，对产品的生态环境影响有了定量和定性的初步结论，就必须进一步进行产品生态诊断。其目的在于确定参照产品最重要的潜在生态环境影响分析和潜在影响的主要来源；从产品生命周期角度分析确定哪一阶段的环境影响最重要，从产品结构角度分析确定哪一部分造成的环境影响最大。根据生态诊断的结果，需要进一步进行替代数据模拟，如改变产品中对环境影响最大的某个部件的结构或选择新的材料等，然后比较新的替代设计方案与原方案之间对环境影响的差别，为进一步进行生态产品定义提供科学依据。

（3）产品生态定义。产品生态定义即根据生态系统安全与人类健康标准，选择未来生态产品的生态环境特性指标。其目的在于确定产品的生态环境属性，使整个产品的商业价值中包含生态环境设计。产品生态设计必须根据生态识别和生态诊断的结果来进行。

（4）生态产品评价。根据生态诊断的结果，参考产品生态指标体系，提出改善现有产品环境特征的具体技术方案，设计出对环境友好的新产品，并对这一生态产品设计方案重新进行生命周期评价和生命周期工程模拟，并对该方案的生命周期评价结果与参照产品的生命周期评价结果进行对比分析，提出进一步改进的途径与方案。

因此，从产品生态识别到生态评价是一个多次重复、优化调整的过程，其目的在于能真正开发和设计对生态系统友好的生态产品。

单元三　产品生命周期的优化措施

［单元目标］

1. 掌握产品结构优化方法。

2. 掌握原材料使用优化方法。

3. 生产过程和产品生命周期末端的优化方法。

[单元重点难点]

1. 优化生产过程的方法。

2. 减少产品使用阶段的影响的方法。

一、产品的环境影响

(一) 产品对环境的影响

产品是人类与自然环境进行交互的中介,每一种产品都会对自然界施加作用,给环境带来影响。产品从原料提取、制造、包装、运输、销售、使用到报废处理的整个产品生命周期过程中,每一个阶段都是与资源、环境紧密联系的。在产品系统中,系统资源和能源的输入会带来资源能源的耗竭和生态系统的破坏;系统输出的废物会造成环境污染。因此,当前人类面临的所有生态环境问题都与产品系统有着不可分割的联系。

一个产品系统的影响作用,不仅会产生于产品的制造加工生产环节,而且有时更会突出地体现在产品的消费使用阶段,或者使用后产品废弃的处理处置过程。因此,仅注意产品生产过程本身的资源环境问题是远远不够的,还需要注意产品在流通、消费及其废弃后的处理处置等阶段环节的资源环境影响问题。产品是生产系统的最主要构成,虽然产品可以作为生产过程的清洁生产中的一个基本途径,但是就产品的清洁生产看,应当从产品系统着眼,在一个更广泛的范围内来考虑,从其原料提取加工、生产制造、使用消费、报废处理这一产品整个生命周期过程环境影响的角度,寻求更有利于环境的产品,以实现产品与环境的协调相容。

随着工业化的不断深入,进入自然生态环境的废弃产品和污染物越来越多,造成了严重的环境污染,对人类自身形成了威胁。同时,也破坏了全球生态环境的平衡。传统工业是以最大限度谋求经济效益为唯一目标的,加以被动式的以末端治理为污染控制方式,并没有完全改变环境恶化的趋势,而且使企业背上了沉重的经济负担。清洁生产是关于产品生产过程的一种新的、创造性的思维方式。清洁生产意味着对生产过程、产品和服务持续运用整体预防的环境战略以期增加生态效率并降低人类和环境的风险。

清洁产品是从产品可回收、可处置性或可重新加工性等方面考虑。即节约原料和能源,少用昂贵和稀缺的原料;利用二次资源作原料;产品在使用过程中及使用后不会危害人体健康和生态环境;产品易于回收、复用和再生;对产品进行合理包装;赋予产品合理的使用功能和使用寿命;废旧产品易处置、易降解。

(二) 减少产品对环境的不利影响的措施

在产品的设计过程中,应考虑减少这些方面可能造成的对环境不利的影响。

1. 降低产品使用阶段的消耗

很多耐用消费品在其使用阶段的能源消耗要大于其制造阶段,如电冰箱、洗衣机等,因此,在产品设计中需要考虑产品使用过程中的能耗。具体措施可以为:①选择节能组件,以降低产品的能耗;②预制电源关闭模式;③加载时钟开关,增加待机状态关闭开关以及其他不必要的耗电装置;④如果产品涉及长距离运输,应考虑采用轻质材料;⑤如果产品设计加热或冷却,应加隔离层;⑥考虑采用人力替代电力;⑦采用被动式太阳能加热或可充电电池。

2. 使用清洁能源

使用清洁能源可大大降低对环境有害的污染物排放,尤其是使用高耗能的产品。具体措施包括:选择危害最小的能源;不鼓励使用不能充电的电池;鼓励使用如低硫能源、沼气、风能和太阳能等清洁能源。

3. 减少相应的辅助品使用或采用清洁的辅助品

在满足功能的前提下,尽量减少对消耗品的需求。例如,将辅助材料的使用降到最低程度。如果辅助产品或消耗品为新产品所必需,则须对消耗品或辅助品进行生命周期评价,以保证其是清洁的。

4. 减少消费过程中的废物产生

使用者的态度可能会受到产品设计的影响。例如,产品上标示出的刻度,可以帮助使用者准确掌握辅助产品的用量,从而避免不必要的浪费。

因此,在设计上应遵循以下要求:

(1) 简单易用,操作指令明白清晰;

(2) 使产品减少使用中可能的浪费;

(3) 对可能的辅助品消耗予以明确表示;

(4) 表明产品的状况,如电源关闭或待机。

二、产品概念开发及结构优化设计战略

(一) 产品概念开发战略

从环境的角度考虑,生态设计的最终目标是要寻找到更加合理的、更具建设性的方案来长期地、持续地减少环境影响。这需要开发新的设计概念来构筑生态设计的长期战略。

联合国环境规划署出版的《生态设计:可持续生产和消费的希望之路》手册为产品生态设计提供了较为详细的实施步骤和方法。

1. 非物质化

由于地球资源的有限性,要求减少原材料的使用,这就需要在产品生产过程中尽量采用非物质化的策略。即通过非物质产品或服务替代有形的产品,从而减少生产商对有形产品的生产和使用,同时也减少消费者对有形产品的依赖。非物质化主要包括:产品体积小型化;产品质量最轻化;非物质产品替代物质产品,如用电子邮件替代普通邮件,用电子贺卡替代传统纸质贺卡;减少对物质的使用;减少基础设施的利用,如采用通信流替代物质流和交通流等。

2. 产品共享使用

人的需求是通过产品的使用来实现的,但对于部分产品来说,往往在特定的时间段内使用,在其他时间段内这种产品往往处于闲置状态,造成资源的浪费。生态设计鼓励生产出可以被多个客户共享的产品,从而提高产品的利用率,减少对资源的使用,提高社会的生态效率。

当多人共享使用某一产品时,可以使产品的使用效率大大提高。目前,瑞士和荷兰已经开展汽车共享系统,该共享系统在美国也迅速发展。现在生活中可以共享使用的产品其实很多,如复印机、洗衣机、建筑机械以及电器、电子产品等。因此,一方面可以考虑开发新的适用于共享的产品,另一方面要提高现有共享产品的共享率。产品共享的效益在于可以提高产品的使用效率,降低原材料和能源的消耗,降低产品的运输成本。产品共享也迫使产品制造商跟踪和服务于其产品的实验和用后处理,从而使制造商从产品的后期服务中获取利润。

3. 服务替代产品

人类或许并不真正需要物理的产品,而是需要产品所提供的功能和服务。当一个企业更多地考虑为消费者提供与产品相关的服务时,同样可以从出售这种服务中获取商业利润,有时可能获利更高。企业提供服务,意味着企业承担了该产品整个生命周期内的维护、维修、处置以及再循环等责任。消费者依据所接受的单位服务进行支付。企业提供服务就需要深入研究消费者的需求,而且企业需要对产品的开发与生产进行重要改变,从传统的销售产品型向服务型转变,这实际上也大大加强了企业与消费者的沟通与交流。

服务替代产品为产业生态转型和生态产品开发的一类重要战略。企业以社会的终端服务而不是物质产品为核心,在提供终端产品的同时,提供并不断更新和扩展与产品功能相关的柔性服务,承担维护、培训、处置和再循环以及生态和人文服务等责任,从而不断扩展自身的经营范围和可持续能力,减缓资源和市场环境变化带来的风险。

(二)产品结构优化设计战略

结构优化战略首先需要研究产品的市场定位和产品的环境特性。其目的在于:
(1)改善和优化产品的功能;
(2)从技术上延长产品的生命周期;
(3)改善产品的市场吸引力。

因此,通常需要在产品的技术试用期和产品的市场存在期之间进行平衡,有时可能需要设计可使用期很长的耐用品,有时有可能需要设计短期产品。

1. 产品功能组合

如果能够把需要由多个不同产品实现的功能由一个产品来实现,无疑可以节约大量的原材料和空间,减少资源和能源的浪费,提高整个社会的生态效率。例如,笔记本式电脑将键盘、显示器等合为一个小型的微机。最新出现的集打印机、传真机、扫描仪和复印机于一体的多功能复合机也体现了这种最新的设计思路。

2. 产品功能优化

当从总体上考虑一个产品的主要功能和辅助功能时,产品的某些组件可能是多余的。生态设计应当实现产品功能的最优化,识别出更能减少资源使用和减少污染的机会。例如,香水、化妆品等往往过度包装以示其豪华,但更为聪明些的设计也可能达到这个目标。

优化产品功能首先需要分析消费者对产品的主要功能和辅助功能的需求,并确定二者是否能有机地统一;其次要分析产品的制造成本,包括原材料、工艺、装配、劳动力及运行费用等,以优化成本;最后需要将二者综合起来考虑是否能用最小成本实现最大功能。

3. 可靠性和耐用性

可靠性是产品质量的一个主要方面。不可靠的产品,即使耐用,通常也很快就会被淘汰。可靠性应该在产品设计中就加以考虑,而不是在以后的检查中发现。在产品制造出来之后再筛选不可靠产品或者零部件是一种资源浪费,因为这种产品或者零部件必须修理或废弃。

有些设计方案可以使产品不附加资源且更加耐用。然而,在某些情况下,增强耐用性需要增加资源的使用。这种情况下,需要在延长产品寿命的收益和增加资源的使用之间做出选择。同样,设计产品或部件,其寿命不长于市场的预期使用寿命也很重要,如技术发展迅速的产品不适于增强耐用性。

4. 易于维护和维修

生态设计应保证产品易于清洁、维护和维修,以延长产品的使用寿命。维护和维修包括用户和制造两个方面。对用户来讲,厂家应为用户提供简单的维护或维修的文字指导,使用户能及时进行维护或维修,以避免或减少维护或维修的运输成本和其他成本。针对厂商的维修系统,在产品设计中需要考虑的是产品的易运输性,维护和维修的技能及有关工具的开发,产品拆解的难易程度,可否进行模块化维修。

具体的设计要点如下:
(1)应清楚标明产品如何打开以进行维护或维修;
(2)应清楚标明产品的某一部件以某种特殊的方式进行清洁或维护;
(3)应清楚标明产品中需要定期检查的部件;
(4)需要定期更换的部件易于更换。

5. 产品的模块化设计

模块化的产品设计可以最大限度地提高产品的可更新性,以满足不断变化的用户需求。同时,模块化设计也使得新技术能与已有落后产品迅速结合,使得在产品生命周期内对部件进行升级,以减少用户对新产品的需求。具体的策略有:可以为产品预留升级空间,如计算机内存模块的升级;更新已过时或破损的部件,如家具采用可以替换的表层,使得家具常换常新;将易损件整合为一个完整的模块,进行一次替换等。

模块化设计需要考虑是否具有或是否建立一个相关的零部件和系统整合方法的行业标准。非标准化的模块设计在后期的市场销售和维修中可能面临较大的困难和风险。

三、原材料利用优化策略

（一）采用清洁原料

这一策略要求选择环境友好的原材料来进行生产。它包括清洁的材料、可更新的材料、含能量较低的材料、可再循环的材料。最好避免使用在生产过程、产品焚烧过程或填埋过程时产生有害物质排放的原材料。

（二）尽可能采用可再生原料或可更新原料

可再生原料（资源）是指那些经使用、消耗、加工、燃烧、废弃等程序后，能在一定周期（可预见）内重复形成的，具有自我更新、复原特性的，并可持续被利用的一类自然资源。与不可再生资源相对应，是可持续发展中加强建设、推广使用的清洁能源，如水资源、可降解塑料袋、废旧物品等。优化原材料要求尽量避免使用不可再生的或需很长时间才能再生的原料，如矿物燃料、金属铜、金属锌等。

（三）采用低能值原料

在原料的采掘和生产过程中，需要的工艺过程越复杂，所需消耗的能源就越多。这种在采掘和生产过程中消耗大量能源的原料称为高耗能原料。但有时使用这种高能耗原料所耗能源却比普通原料少，例如，碳纤维材料属于高能耗材料，但其在后续的使用过程中因为具有良好的强度、硬度及抗老化等优良特性而节省能源；铝也是一种高能耗物质，因为在冶炼过程中需消耗大量的能源，但当铝被用于经常运输而又有回收系统的产品时，却是合适的。因此，使用这类原料时应综合考虑。

（四）采用再循环材料

在生产中尽可能使用再循环材料，这样可以减少原料在采掘和生产过程中的能耗。再循环材料一般在颜色、材质等方面具有一定的优势，如再循环纸张、铝、钢、其他金属和塑料。只要运用得当，这些再循环原料具有相当的吸引力。企业通过使用或重复使用再循环材料，可以最大限度地节约投入成本。再循环原料既可以来源于工业生产过程，也可来源于产品使用后的废弃阶段。企业可以通过回收计划对原材料或部件进行再循环利用。

（五）采用可再循环材料

可再循环材料是指那些较易再循环利用的材料，这主要取决于材料类型和现有再循环设备。当收集和回收系统还不具备时，也应考虑使用可循环利用的原料，除非可能导致其他环境问题。通过使用可再循环材料，可以减少后期的填埋废物，从而降低企业的成本，甚至可能是企业的一个新财源。

产品设计对材料的可循环性具有非常重要的作用，但在具体设计中需要遵循以下准则：①针对一种产品或部件仅选用一种可循环材料；②如果选择一种材料不可行，就选择某一组相互兼容的材料；③为了进行再循环，应避免使用那些难以分离的材料，如复合材料、叠层材料、填充材料、阻燃材料及玻璃纤维等；④尽可能选用市场上已经存在的可循环材料；⑤避免其他污染，如可能残留的黏合剂，其他有碍再循环的细小部件等。

（六）减少原料的使用量

产品生态设计应致力于产品体积的最小化和产品质量的轻型化，以减少原材料消耗，当然这不影响产品的技术寿命。由于产品质量的减轻，使用的原材料减少，从而节约宝贵的资源，相应产生的废物也减少，同时减少运输和储备的空间，减轻由于运输而带来的环境压力。产品和其包装体积的减小，使得同一运输工具可运输更多的产品，从而降低消耗和成本。

四、生产过程优化

生产过程的优化要求生产技术的实施尽可能减少环境的影响，即持续地利用生产过程和产品以最大限度地减少原材料的使用和能源的消费，减少对环境的污染，以及减少对人体健康和环境的风险。这要求通过清洁生产的实施进行生产过程改进。清洁生产技术应减少使用各种辅助材料和能源，避免使用危险化合物，以尽可能少的物质损失获取最高的生产效率，使废物产生最小化。清洁生产中工艺技术的改进是一个重要的手段，同时也是企业环境管理系统的一个主要内容。企业应尽快建立 ISO 14001 环境管理体系，对于推行清洁生产具有很大的帮助。而且不仅在本公司进行生产技术的最优化，还应要求供应商一同参与，共同改善整个供应链的环境绩效。

（一）选择对环境影响小的生产技术

一般产品设计与工艺设计是相互分离的，大多数情况下，设计人员并不总有机会去选择生产技术，但当这种机会存在时，应选择对环境影响小的生产技术。

（二）尽可能减少生产环节

生产过程通常包括若干环节，生产环节步骤越长，所使用的能源越多，其中间步骤代谢物常作为废物排放，因此所造成的污染机会也越大，可见减少生产环节是提高资源利用效率和减少污染排放的强有力的措施。假设一个生产过程有 4 个步骤，每一环节转化效率是 60%，那么总的转化效率是 12%，如果缩减至 3 个步骤，那么转化效率将提高至 21%。

（三）减少生产过程能耗或采用清洁能源

可以采取减少现有生产设备的能耗，推行节能管理方案。如建立热-电-冷联供系统等减少过程能耗；采用太阳能、风能、水能及天然气清洁能源等。

（四）减少生产废弃物

优化现有生产系统，以提高效率，减少废弃物的产生。具体的措施可以是选择合适的工业成型工艺，如在锯、压、扎、煅等工艺中尽可能减少边角料的产生；要求一线工人和供应商提高管理水平、减少废物；尽可能采用工艺内部再循环工艺对废物进行再循环利用。

五、产品销售网络与生命周期末端优化

（一）产品销售网络优化

销售网络需要确保产品能以最有效的方式从工厂运送到零售商和用户手中。这其中主要涉及产品包装、产品运输、储存方式及有关的后勤服务体系等。

1. 减少包装品用量、重复利用包装品并采用清洁型包装品

包装用得越少，可节约的原料越多，运输过程的能耗越低，相应的废物排放也就越低。在具体的设计方案中可以考虑几个要点。

（1）为了增加产品包装的美观，尽可能采用"瘦身"设计。

（2）对包装运输和大件包装，应考虑采用对包装品进行回收重复利用。包装品的设计应考虑回收系统的需求。

（3）对包装品的原料慎重选择。对不重复利用的包装品采用可再循环材料，对重复利用的包装品采用耐用材料。

（4）减少产品体积，可采用折叠和套装等手段。鼓励供应商减少产品的包装废物，可以大大减少废物的产生。

2. 减少产品运输过程中的能源消耗

产品运输过程中的环境影响主要来源于运输过程中的能源消耗和空气污染物排放。在运输过程中需要考虑的因子有价格、体积、可靠性、运输时间、运输距离及环境影响等。需要对各种运输方式中上述因子进行综合比较，也需考虑对运输工具的能源效率的改进。

（二）产品生命周期末端的优化

1. 重复使用设计

在许多情况下，设计可重复使用的产品可以显著降低与产品整个生命周期相关的污染。产品的原有成分或组件保留得越多，则对环境的影响越少。当主要的环境影响来自产品的生产阶段时，重复使用将会降低其整个生命周期的影响。但当环境影响与产品的销售、收集和清洗等过程有关时，重复使用设计则对总体环境影响不起作用甚至有负面作用。

如市场上销售的矿泉水、碳酸饮料、果汁等饮料的塑料瓶外形美观、设计时尚、携带方便，很受人们的欢迎。饮料喝完后，可以留着再利用，尤其是中小学生、环卫工人、出租车司机、农民工经常使用用过的矿泉水瓶装饮用水。老百姓也爱用这些塑料包装瓶装盛放油、盐、酱、醋、酒、茶及黄豆、绿豆等杂粮。这种重复利用是一种"低碳"的生活行为。

2. 为产品拆解而设计

在产品的设计中将产品的拆解加以考虑，可以促进维护与维修，有助于对产品组件的重复使用，也有助于对原材料的再循环以及促进对产品的回收等。

产品的可拆卸性设计在传统的产品设计中，通常考虑产品零部件的可装配性，而很少考虑产品的可拆卸性，但这显然不利于后续的维修和产品使用后的回收处理。因此，产品的可拆卸性是产品可回收性的一个重要条件，直接影响着产品的可回收再生性。可拆卸性设计是绿色设计的基本原则之一，是产品回收、运输和维修的需要。

在设计中，面向生命周期的拆卸设计准则有以下几点。

（1）制造过程中尽量减少连接件和模块化设计。通过产品的可拆卸性设计，减少连接件数量与零部件，使得产品易于组装，降低生产成本，在制造阶段节约资源提高产品的绿色性能。减少连接件数量和零部件可以减少安装程序，加快组装步伐，节约成本。连接件的模块化有利于产品的组装与拆卸，因为装配方式一样，省去了不同连接方式的学习过程，加快装配与拆卸速度，节省成本，实现产品的绿色。

（2）包装运输过程中尽量减少产品运输体积，由于运载工具体积有限，产品尽可能在运输时能够方便地拆卸分离，以减少所占的空间体积，同时也是在降低运输成本，实现运输阶段的绿色设计。

（3）使用过程中通过拆卸零部件可以重复利用。通过可拆卸性的连接方式，具备了功能多元化的特点，扩展了产品功能，以满足使用者多方面的需求。可拆卸性设计在一定程度上，节约了资源，实现了绿色设计。

（4）满足用户多种需求，便于产品维修。由于产品在使用过程中零件的缺失或者失效，需要更换或维修，这就需要常用零部件的连接易于拆卸，使更换和维修便利。

（5）回收过程中零部件以及材料易于分离。易于拆卸的连接方式的使用有利于产品有用零部件的回收，使其回收成为可能，不易拆卸不仅会使有用零部件以及贵重材料不能回收，并且还会使有害材料不能回收而对环境造成污染，所以有效回收的前提就是产品有用零部件易于拆卸分离。尽量少使用嵌入连接法，如在塑料材质中镶嵌金属材料，这样就会增加回收的难度。

需要重点考虑：

（1）尽可能采用可拆卸的连接方式，如榫、螺钉，而不是采用煅、焊、胶粘等；

（2）采用标准化的连接方式，以便采用一种通用的工具就可进行拆解，如只用同样尺寸的一种螺钉；

（3）适当定位连接点以便拆解，不至于将产品翻转后才能拆解；

（4）在产品上明确标明产品如何打开；

（5）将可能同期老化的部件集中在一起以利于更换；

（6）在产品上标明应予以定期进行维护的部件。

进行可拆卸性设计，首先应从观念上重视可拆卸性设计。设计人员应经常与用户、产品维护及资源回收部门取得联系，获取产品结构在拆卸方面存在的不足，并为可拆卸性设计的发展准备有关数据资料。其次，为便于拆卸，产品在整机设计时，就要从结构上考虑拆卸的难易程度,提出相应的设计目标和结构方案。对模块间、部件间的连接方式等问题要进行细致的研究与设计:在家电产品的设计中应尽量避免采用焊接、胶粘、铆接等不可拆卸连接方式,而尽可能优先选择易于分离的搭扣式连接。显然,可拆卸性与产品的其他要求,如刚度、强度、可靠性、寿命等可能会有矛盾。这就需要在产品设计时进行综合权衡,区别对待。

3. 产品再制造性

再制造就是将已用过的产品的性能恢复到接近于新产品的状态。它不仅可以延长产品寿命,而且有助于部件和材料的重复使用。通过在生命周期末端给其赋予价值,从而提高原始产品的价值。工业设备或其他不会因技术发展而改变的产品是再制造的最佳对象。例如,再制造在汽车和工业设备部门得到广泛应用。

4. 产品报废后的循环利用性

循环利用可分为三级。初始循环利用指物料按其原有的使用级别重新循环利用,如废旧容器回收等;第二级循环利用指物料降低使用级别重新循环利用,如废弃金属回收等;第三级循环利用指物料经加工后重新循环利用,如塑料分解后作为其他原材料。物料的循环利用首先考虑初级循环利用,其次是第二级和第三级循环利用。

单元四　案例分析

[单元目标]

　　1. 了解塑料行业清洁的产品。

　　2. 掌握聚苯乙烯的清洁生产工艺。

　　3. 掌握获得清洁的塑料产品的方法。

[单元重点难点]

　　1. 塑料的生命周期。

　　2. 将产品生命周期理论和生态设计方法贯穿塑料产品生产中。

一、塑料行业概述

(一) 塑料制品行业基本情况

中国塑料工业是以塑料加工为核心,包括塑料合成树脂、助剂及添加剂,塑料加工机械与模具在内的一个整体。50多年以来从无到有、从小到大、从弱到强健康发展。合成树脂、合成橡胶与合成纤维三大类合成高分子材料已成为人类生存和繁衍离不开的新型材料,新型材料已与钢铁、木材、水泥一起构成现代社会中的四大基础材料。塑料原辅材料的生产、塑料加工装备与技术的整体水平、塑料制品的研制开发及应用的深度和广度,都已步入世界先进大国行列。

塑料制品行业是近几年全国轻工业中发展速度较快的行业之一,增长速度一直保持在10％以上。2004年全部国有和非国有规模企业9 473家,比上年增长了11％;塑料制品产量达到1 846.61万t,比上年增长11.98％;工业总产值(现价)3 803.15亿元,比上年同期增长25.00％,占轻工行业总产值的10.14％,产值总额在轻工19个主要行业中位居第三,占国内生产总值136 515亿元的2.78％;实现产品销售率98.03％,高于轻工行业平均水平。产品销售收入3 681.13亿元,同比增长25.68％;实现利税231.02亿元,同比增长了20.93亿元;利润总额为141.67亿元,同比增长了10.64％,占轻工利润总额1 566.66亿元的9.04％。

中国的合成树脂产量是世界第七大生产国,聚乙烯(PE)、聚丙烯(PP)和聚氯乙烯(PVC)占86％;塑料产量居世界第二。塑料制品业的迅速发展,促使中国对合成树脂的需求稳步增长。尽管中国的树脂产量每年以10％的速度增长,仍然不能满足国内需求。聚苯乙烯(PS)75％的需求量通过进口,工程塑料的进口量也很大;在中国,塑料制品的年人均消费量为9 kg,而世界平均水平为24 kg,德国为120 kg,加拿大和美国大约为80 kg;在中国大约有2万多家企业生产塑料制品,中国是世界上主要的塑料制品生产厂家基地,其中农用薄膜、塑料袋以及制鞋为全球之最。

总体来说,我国出口的塑料制品大多是低附加值的低端产品,或者是一些国外出设计、出工艺的委托加工产品。与进口的同类产品相比,在技术含量、工艺设计等方面都有较大的差距。国内企业缺乏对国外市场、政策的了解,出口的塑料产品甚至连安全、环保等重要标准都达不到,从而在国外遭禁,2004年俄罗斯禁售从中国进口的部分塑料玩具就属于这种情况。因此,国内企业的眼光不能只局限于国内,而是要放眼世界,增加产品的技术含量和工艺水平,包括设计水平的提高。只有提高塑料制品加工工业设计能力,才能改变我国塑料产品出口"以量取胜"的现状。

(二)目前塑料产品发展特点

(1)包装器材是行业发展最快的领域。双向拉伸聚丙烯薄膜(BOPP)、双向拉伸聚酯薄膜(BOPET)、双向拉伸聚苯乙烯薄膜(BOPS)、流延聚丙烯(CPP)薄膜、热收缩薄膜、三层及五层甚至七层和九层共挤薄膜、真空镀铝或其他各种复合薄膜、高阻隔性聚偏二氯乙烯(PVDC)肠衣膜和涂覆膜等多功能和特色各异的包装用薄膜均已能够生产,多种规格和各种工艺生产的饮料瓶、中空容器各种规格品种(包括特种用途的容器)已无所不在,泡沫塑料和挤出网、挤出发泡片材、真空吸塑制品也得到广泛使用。

(2)塑料建材发展前景十分广阔。建筑用给排水管材、异型材门窗、装饰材料、地板革、地板块、地毯、各种涂料、外墙EPS板材和防水卷材。

(3)工业领域应用塑料种类繁多且数量大幅增长。电缆、光缆的绝缘材料和护套材料均已从橡胶、铅、纸等材料转为全塑材料;计算机、洗衣机、电冰箱、电风扇、空调器、吸尘器、电视机以及众多的家用电器使塑料材料真正找到用武之地;汽车工业发展的一个重要标志就是使用塑料材料的数量不断增加,目前几大汽车企业所使用的各种塑料材料和零部件在国内均可以生产。

(4)健康理念驱动抗菌塑料需求日渐旺盛。抗菌塑料制品在国外已广泛应用,美国、日本、英国等国已大量使用抗菌塑料生产冰箱、洗衣机、饮水机、洗碗机、卫生洁具、塑料水管、玩具、计算机键盘、鼠标、各类遥控器、食品器皿、周转箱和医用卫生材料等。

（5）塑料加工行业的整体素质明显提高。对外开放不仅带来了先进的技术和装备，还带来了先进的管理经验和现代化的生产手段。

（三）目前塑料产业发展规模

目前塑料产业积极推行 ISO 9000 标准和采用先进技术与产品标准，使塑料原辅材料生产、机械设备及模具制造和塑料制品加工协同发展。

（1）合成树脂。全球对合成树脂的需求从 1999 年的 140 万 t 达到 2010 年的 250 万 t，增长 78.5%。

（2）塑料助剂与添加剂。

（3）塑料机械设备与模具。

中国的塑料机械工业大约有 200 家，绝大多数生产注塑机；注塑机的平均使用寿命为 15～25 年；注塑机将从 2010 年的 10 万套发展到 2016 年的 17 万套。

（四）国内塑料加工业的主要问题

（1）总体装备水平低，产品结构不合理，中低档产品偏多。

（2）具有自主知识产权自行研究开发的塑料制品不多。

（3）大中型塑料企业（集团）少，产品未能形成集约化规模经营。

（4）塑料工业区域发展不平衡，差距不断扩大。

（5）国产原料供不应求，必须大量进口。

（6）塑料产业整体水平提升受困于塑机和新技术。

二、塑料行业清洁的产品

（一）环境友好塑料材料的研究和开发方向

传统材料主要追求完美的使用性能，一般较少考察其舒适性和与生态环境的协调共存性；而环境友好材料除了具有优异使用性能外，还应具有耗能低、环境污染小、可再生利用或可环境消纳等性能。研究和开发环境友好材料必须从材料的设计、取材、制造、使用、废弃直至再生的全过程进行，并注重其耗用资源的程度及对生态环境的影响。

由于塑料材料使用量大，使用期短，废弃物体积大，对环境的影响较明显。塑料与环保问题不仅仅是塑料"白色污染"的问题，它还包括塑料材料对环境适应性等重要问题。

从广义上讲，具有耐用、价格性能好、易于清洁生产、可回收利用、可环境消纳等性能的塑料材料，都应属于环境友好塑料材料的范畴。可环境消纳的环境友好塑料材料应同时具有可环境降解、可焚烧、可堆肥性能，其特点是对自然环境、人类、生物圈无害或相对危害较小。

从这个定义上看，在塑料配方和加工中添加以下两类物质，对环保均有一定的贡献。一是来源于并可回归于大自然的无机矿物；二是来源于光合作用并可环境消纳的蛋白质、淀粉、纤维等。因此矿物的超细化技术及偶联、增容技术，淀粉的接枝及脱水加工技术，纤维的增强技术是开发环境友好塑胶材料的技术支撑之一，应大力扶持发展。可见，目前大多数塑料科研单位和产品研发生产企业都在朝这方面努力,也都在为环保作贡献。

(二)塑料工业与环境协调发展的研究及开发方向

实现塑料工业与环境的协调发展是今后塑料行业的研究及开发方向。为了实现环境友好塑料材料对自然环境、人类、生物圈无害或相对危害较小,塑料行业的同行必须共同围绕以下五个方面开展基础理论研究和新产品开发工作。

1. 减量化:减少材料的用量

利用高新技术提高产品质量、功能和使用寿命,做到一物多用或减量使用可减少材料本身对环境的污染。

2. 资源化:可回收利用

提高废塑料改性技术、体现回收利用的经济效益是实现塑料废弃物资源化的前提,但回收利用的前提是不能重新危害环境和人类。因此应着重在以下 4 个方面开展系统的研究,将废塑料回收产业化的技术水平提升一个档次。

(1)大型家电、汽车等的塑料件在设计时应考虑回收方案,提高其回收率。

(2)优先发展废塑料回收设备,保证回收生产的现代化、环保化。

(3)大力研发废塑料共混改性技术,提高质量和经济效益。

(4)开发废塑料的下游系列化产品,使之适合使用、物有所值。

3. 无害化:可环境消纳

对于不易回收的、回收对环境有害的、无回收价值的塑料制品,应采用可环境消纳塑料材料生产,它是实现塑料环境无害化的辅助手段。但必须指出我国塑料"白色污染"治理的根本出路在于增强人们的环保意识,即使是可环境消纳塑料制品,也不能随地随意丢弃,必须建立与之配套的管理体系。

4. 清洁化和节能化:可进行清洁生产

塑料行业是最有条件实现清洁生产和降低能耗的行业。特别对废塑料的回收利用更要强调"清洁生产"。减少废气、废水、废渣、噪声以及生产的产品和副产品对周边环境及生态平衡结构的影响,就是通常所说的"清洁生产原则"。

清洁生产应包括:

(1)生产原料的采购、运输、投料;

(2)产品的生产、检测、销售、使用及废弃;

(3)副产品的再转化或妥善利用;

(4)"三废"的治理等各个过程都应是对生产人员健康无害(安全生产措施、职业病防治措施)、周边环境及人员无伤害,还包括产品使用者无伤害、废弃后对环境无污染。

三、塑料行业清洁生产

塑料是由石油化工衍生的原料制成,目前它的产量如果以体积计算,已超过金属材料的产量。除了极少数塑料管、板材以外,90%左右的塑料制品使用寿命只有1~2年,造成了废塑料数量的急剧增加。对塑料行业的清洁生产侧重于它的回收、再生和综合利用。主要的方法有以下几种。

（一）废塑料的再生利用

废塑料的再生利用主要分为前处理、熔融混炼和成型三个步骤。

1. 前处理

将回收的废塑料除去异物，并按其种类加以分选，可根据它们的外观特征采用人工分选或采用比重分选、风力分选、静电分选等方法进行分选。分选后的废塑料要进行清洗，一般先用碱水清洗，然后用清水清洗。洗涤后需要干燥，并粉碎成小片或小块。

2. 熔融混炼

熔融混炼过程及所使用的机械和原塑料熔融混炼完全一样，即将预处理后的废塑料加入适量的改性剂在一定的温度下熔融混炼即可。

3. 成型

成型的主要方法有四种：压铸成型、注射成型、压延成型和挤出成型。通过成型可以直接得到棒、板、片材或各种成型品，也可制成粒状作为生产各种类型的塑料制品的原料使用。

塑料的再生方法又可分为单纯再生和复合再生两类。单纯再生的原料是塑料生产厂和加工厂的废料，是单一树脂，可以和树脂加工方法一样进行加工造粒再利用。复合再生是利用不同种类的树脂的混合物为原料来制造再生制品。

再生加工所得的塑料制品保留不少原有塑料的特性，它的优点是具有一定的耐久性、耐腐蚀性和强韧性，但膨胀系数大，负载大时可能产生弯曲。

废塑料的再生利用目前仍然是废塑料综合利用的主要方式，并开发出许多较为成熟的技术。例如，日本塑料处理促进协会与朋东铁工所共同成功地开发了比较经济的废农用PE膜的干法处理技术。该工艺的基本过程为：先将废农膜破碎为50 mm左右的碎片，然后分两次将其干燥，在干燥装置中设置磁铁以除去铁屑或铁片，并经振动筛、筛选机分离除去土砂等杂质。再将已干净的片状薄膜进一步粉碎成8 mm左右即可熔融造粒，然后可作为原料加工成各种制品。

（二）废塑料的改性利用

利用某些填料对废塑料进行改性以增大它的应用范围也是近年来进展较快的一项工作。目前常用的填料有两大类——无机填料和有机填料。无机填料主要有碳酸钙、滑石粉、硅灰石、赤泥、粉煤灰等。有机填料主要选择木材加工废料木粉、锯屑以及农副产品稻壳、玉米秆、麦秆等。这些惰性材料均需进行表面活化处理，才能与废塑料很好地复合。改性后的填料具有良好的填充性，并可提高塑料制品的稳定性和具有一定的增强效果。

以木屑为填充料所制成的塑料材料也称"合成木材"，这种材料密度小、强度高、耐腐蚀、耐热，可以像木材一样使用，可锯、可钉、可钻，广泛用于建筑、家具、车辆及包装等方面。我国于20世纪80年代就开发出了锯木屑与废塑料经高温混炼而制成的"合成木材"。

（三）废塑料在其他方面利用的新进展

无论在国内还是国外,废塑料的回收和综合利用都还处于起步阶段,但经过技术人员的努力,已取得许多可喜的成绩。

废塑料通过过滤、精选、分级、破碎、造粒、出膜等几道工序还可生产农用地膜,河南周口农膜厂这一项研究早在 1994 年就已获得很大的进展。

废塑料的裂解转化近年来也取得了一定的进展。美国阿莫科化学公司最近开发出一项新工艺,它的技术特点是先将收集的废塑料清洗,然后溶解于热的精炼油中进行加工。该公司已在试验装置中处理了很多不同的废塑料,使它们得到回收利用。例如,聚苯乙烯(PS)裂解后得到高收率的芳烃石蜡油;聚丙烯(PP)裂解后得到脂肪烃石蜡油;聚乙烯(PE)则裂解成轻质石油气和石蜡油。日本的工业开发实验室和富士循环应用工业公司开发了将废塑料转化为汽油、煤油和柴油的技术。该法的工艺过程是将聚烯烃塑料(PE、PP、PS)或某些氯化塑料粉碎,通过两台反应器,在合成沸石 ZSM-5 的催化作用下进行气相催化转化,冷却后可得到低沸点的油品,每千克塑料可生产 0.5 L 汽油、0.5 L 柴油和煤油,目前正在建造的实验设备每小时可处理 50 kg 塑料,生产 30 kg 汽油。

荷兰国家公路研究中心正在进行利用废塑料作铺路原料的研究,将废塑料粉碎、加热、溶剂化处理后添加到沥青中用来铺路,所铺成的道路更具有弹性,与车轮摩擦的噪声也更小。这种废塑料沥青已在两段公路上试验成功。

美国得克萨斯州立大学开发的专用技术可将废塑料制成混凝土。该技术采用黄沙、石子、液态聚酯(PET)和固体剂为原料,生产混凝土。其中由废软饮料瓶的 PET 加工成的液态 PET 可取代普通水泥中的水和泥浆,从而大大降低了混凝土的生产成本。

（四）塑料废渣的资源化

污染物的回收利用和物料的循环利用是清洁生产的重要部分。因为就目前科学技术的发展水平,工业原料经过加工后全部变成产品而不产生废料,还难以普遍实现。下面简单介绍塑料废渣的资源化处理。

塑料废渣属于废弃的有机物质,主要来源于树脂生产过程、塑料的制造加工过程和包装材料。根据塑料的物理和化学性质,经过预分选后,处理和利用塑料废渣的途径大致有以下几种:再生处理法、热分解法、焚烧法、湿式氧化法和化学氧化法等。

再生处理法是对不同的塑料废渣进行分选,然后聚类粉碎、洗涤、干燥、挤出造粒或成型。焚烧法是一种传统的处理方法。但由于很多塑料含有氯,在焚烧时会产生氯化物排入大气,产生二次污染,而且对焚烧设备腐蚀尤其严重,因此在使用时应慎重考虑。

热分解法是通过加热等方法将塑料高分子化合物的链断裂,使之变成低分子化合物单体、燃烧气或油类等,再加以有效的利用。其热分解技术还包括熔融液槽法、流化床法、螺旋加热挤压法、管式加热法。

湿式氧化法是在一定的温度和压力条件下,使塑料废渣在水溶液中进行氧化,转化成不会造成污染危害的物质,而且可以回收能源。湿式氧化法处理塑料废渣与焚烧法相比较,具有操作温度低,无火焰生成,不会造成二次污染等优点。一般塑料废渣在 40 kg/cm^2 的压力和 120～370 ℃温度下,均可在水溶液中进行氧化反应。

化学氧化法是一种利用塑料废渣的化学性质,将其转化为无害的最终产物的方法。最普遍采用的是酸碱中和、氧化还原和混凝等方法。这是一种很有发展前途的方法,可以直接变有害物质为有用物质。例如,将某些塑料废渣通过加氢反应制得燃料等。

四、聚丙烯塑料循环利用

PP 可循环利用的前提是回收后的可使用性,单纯从回收考虑,可以采用机械回收、化学回收和焚烧三种方法,具体采用其中哪一种,取决于基础设施状况、政策法规要求以及回收后的使用价值等多种因素。对 PP 进行低成本或无成本回收,是一项非常复杂的工程,必须满足以下主要条件:

(1) 对回收物有一定市场需求;

(2) 有收集设施,它可以在生产商和最终用户之间建立起一个经济纽带;

(3) 对长期回收要求已进行立法,以促使改变;

(4) 有一个贸易协会,它可以支持回收商品的发展。

聚丙烯塑料一般可以从以下三种方式实现再利用。

(一) 简单再生

该方法主要用于回收塑料生产及加工过程中产生的边角料、下脚料等,也用于那些易清洗和挑选的一次性废弃品,主要用于加工制作对外观、性能要求不高的制品,如土工材料、填充母料的载体等,如将回收 PP 用于制取填埋于地下的土工格栅、护坡植草的绿网、建筑材料、防水材料等。

用回收 PP 制取的填充母料价格低廉,与 PP 相容性好,按一定比例掺入 PP 制取扁丝时,不但降低了生产成本,还可以提高扁丝的强度,同时降低延伸性。

(二) 降解成丙烯单体

通过降解进行回收充分利用了 PP 受热或在过氧化物作用下易于分解的特性,在成本中也有较大优势。降解的方法包括热裂解、氧化降解、催化降解和溶解降解等,但主要是热裂解。很多人在这方面进行了研究,以最大限度地产生所需的低分子产物,如丙烯、烷烃、石蜡、润滑油等。在生产丙烯的研究中,最高产率接近 30%。

(三) 作为燃料使用或用于生产燃料

PP 作为碳氢化合物,具有较高的燃烧热能。在美国和日本,已大力推广废塑料制取垃圾固形燃料(RDF)发电技术,不但减少了环境污染,还可以提高发电效率及输出蒸汽温度。

另一种作为燃料的方式是将废塑料制成适宜粒度的颗粒,直接喷入高炉代替焦炭或粉煤灰,这种方法可使废塑料的利用率达到 80%,排放量仅及焚烧方法的 0.1%～1.0%。

此外,还可以将 PP 等废塑料转化为燃料油。通常可分为高温裂解和催化裂解 2 种方法。日本东北大学、东北电力公司、三菱重工公司均开发出用超临界水解分解 PP 等废塑料的转化技术,燃料油收率可达 80%;日本富士循环工业公司投资 700 万美元,于 1997 年建成一套可使 PE、PP 废塑料转化为汽油的装置,每年处理量为 5 000 t,可生产汽油 2 500 m³以上。

由于回收塑料已使用过一次,并经受过环境的作用,这就要求转化过程更加严格。例如,为了分散、混合得更好,加工中通常采用双螺杆挤出机而不是单螺杆挤出机,另外,脱灰和熔体过滤等净化步骤对某些回收过程也是必需的,加工过程对整个转化成本有非常大的影响。另一个影响成本的主要因素是相容剂的加入,通常加入 5% 的相容剂会增加大约 10% 的成本。

五、聚苯乙烯的清洁生产工艺

清洁工艺是指既能提高经济效益,又能减少环境问题的工艺技术。即指在生产工艺中尽量少用、不用有毒有害的原料;使用无毒,无害的中间产品;减少生产过程中的各种危险因素;使用少废、无废的工艺和高效的设备;注重物料的再循环(厂内、厂外);运用简便、可靠的操作和控制及完善的管理。

聚苯乙烯是由单体苯乙烯聚合而成,苯乙烯生产分两步进行。第一步以苯与乙烯为原料,在催化剂(氯乙烷和氯化铝)作用下,发生烷基化反应,生成乙苯。第二步再以乙苯脱氢制取苯乙烯。合成乙苯时,应除去烷基化反应的副产品和杂质,在常规处理中是用氨中和后,经水洗、碱洗再水洗,废水用絮凝沉降处理分出污泥后排放。干法除杂工艺,不改变原来基本的乙苯生成的工艺和设备,烷基化反应后的产物同样用氨中和,但中和后即进行絮凝沉淀,沉淀物经分离后用真空干燥法制取固体粉末,这种固体粉末可用来生成肥料,因此可作为副产品看待。干法工艺消除了废水的处理和排放,无其他废弃物排放。

清洁生产这种全新的发展思路已经在实践中证明了它的可实施性和产生的巨大经济效益。以北京化工三厂为例,它是我国生产助剂产品的重点企业之一,主要生产增塑剂、抗氧剂、多元醇、光稳定剂、热稳定剂、有机溶剂等 6 大系列共 40 多种产品,年工业总产值 2.192 亿元,该厂 10 年来环保固定资产投资占全厂固定资产投资的 10% 以上,每年环保费用达 200 万元。1993 年,该厂选择了多元醇类季戊四醇车间作为清洁生产审计重点,该车间 COD 排放量占全厂总量的 40%,通过清洁生产审计,寻找清洁生产机会,共提出了 20 多种清洁生产方案,其中有 9 个方案属于无废或低废技术方案,实施后不仅提高了生产效率,减少了原材料和水的使用量,每年可节约 24 万元,还产生了另外几项优化的清洁生产方案。如对真空系统改造、制冷系统改造等污染削减措施的可行性分析表明:总投资需求为 316.73 万元,而年经济效益 408.6 万元,偿还期 0.8 年;环境效益方面,项目实施后,每年削减 COD 占全厂排放总量的 34.2%,规划筹建的污水处理厂可减少投资 200 万元。

总之,清洁生产是一条协调生产发展和环境问题的最佳途径。每个化工企业应以最少的投资获得最大的减污增效成果,积极推进化工清洁生产,减少和控制化工污染,为实现我国经济的可持续发展作出应有的贡献。

第五模块　清洁生产审核

模块重点

本章重点是清洁生产审核的定义和审核思路的三个层次;清洁生产审核思路中八个方面分析问题;审核的流程及审核技巧等方面。

模块目标

知识目标,使学生了解和掌握清洁生产审核的定义和思路;能力目标,通过案例法教学,培养学生分析问题、独立解决问题的能力,同时通过启发式引导,激发学生的科研兴趣和学习理论课的积极性。

模块框架

单元序列	名　　称	内　　容
单元一	清洁生产审核思路	审核的 3 个层次、8 条途径、7 个阶段和 35 个步骤工作开展
单元二	清洁生产审核流程	清洁生产审核流程包括 7 个阶段:筹划与组织、预评估、评估、方案产生与筛选、方案可行性分析、方案实施、持续清洁生产。其中,预评估阶段确定审核重点,并针对审核重点设置清洁生产目标。评估阶段实测,建立物料平衡,分析废弃物产生原因,制订审核重点的清洁生产方案等
单元三	清洁生产审核技巧	清洁生产审核开展过程中,各个阶段的工作技巧,从理论到实践操作过程中的注意事项
单元四	快速清洁生产审核	多种快速清洁生产审核方法的介绍和对比,便于今后工作的开展和选取

知识拓展

国内外清洁生产审核的发展动态。该模块建议进行分组查阅资料,以一个具体企业清洁生产审核案例基础分析其审核思路;分组进行讨论,模拟进行化工厂清洁生产审核的工作开展及报告撰写。

单元一　清洁生产审核思路

[单元目标]

　　1. 了解清洁生产审核概念。

　　2. 掌握清洁生产审核基本思路。

　　3. 掌握常用清洁生产指标体系内容。

[单元重点难点]

　　1. 清洁生产审核的思路的三个层次。

　　2. 清洁生产审核思路中八个方面分析问题。

一、清洁生产审核概述

(一)清洁生产审核的目的

　　清洁生产审核主要目的是判定出企业不符合清洁生产要求的地方和做法,并提出解决方案,达到节能、降耗、减污和增效的目的。

(二)清洁生产审核应把握的三项基本原则

1. 坚持以企业为主体、外部咨询机构协助的原则

　　清洁生产审核的对象是企业,即对企业生产全过程的每个环节、每道工序可能产生的污染物进行定量的监测和分析,找出高物耗、高能耗、高污染的原因,有的放矢地提出对策,制定切实可行的方案,防止和减少污染的产生。清洁生产审核可以帮助企业找出按照一般方法难以发现或者容易忽视的问题,通过解决这些问题常会使企业获得经济效益和环境效益,帮助企业树立良好的社会形象,进而提高企业的竞争力。清洁生产审核的所有工作都是围绕企业来进行的,离开了企业,所有工作都无法开展。当然外部咨询机构要有坚实的力量和丰富的实践经验,方能帮助企业解决实际问题。

2. 自愿与强制相结合的原则

　　《中华人民共和国清洁生产促进法》对企业指导性的要求和自愿性的规定较多,有关强制性的要求较少,突出了本法律的特点。根据本法律规定,为了加快推行清洁生产的步

伐,应鼓励所有企业开展清洁生产审核。对污染物排放达到国家和地方规定的排放标准以及当地人民政府核定的污染物排放总量控制指标的企业,可自愿开展清洁生产审核,并应以自愿开展为主体,尽量少干预行政力量。

对于那些污染严重,可能对环境造成极大危害的企业,即污染物排放超过国家和地方规定的排放标准或者超过经有关地方人民政府核定的污染物排放总量控制指标的企业,以及使用有毒、有害原料进行生产或者在生产中排放有毒、有害物质的企业,应依法强制实施清洁生产审核。

3. 因地制宜、注重实效、逐步开展的原则

我国地域辽阔,企业众多,各地区经济发展很不均衡,不同地区、不同行业的企业工艺技术、资源消耗、污染排放情况千差万别,在实施清洁生产审核时应结合本地的实际情况,因地制宜地开展工作。此外,我国全面开展清洁生产审核工作刚刚起步,作为企业实施清洁生产的一种主要技术方法,只有帮助企业找到切实可行的清洁生产方案,企业实施相应的方案后能够取得实实在在的效益,才能引导企业将开展清洁生产审核作为自觉行为。

二、清洁生产审核基本思路

(一)清洁生产审核过程

《清洁生产审核暂行办法》指出,清洁生产审核是按照一定程序,对生产和服务过程进行调查与诊断,找出能耗高、物耗高、污染重的部位与原因,提出相应减少有毒有害物料的使用、产生,降低能耗、物耗以及废弃物产生量的方案,通过对所提方案进行环境、经济与技术分析,最终选定可行的清洁生产方案并予以实施的过程。

《中华人民共和国清洁生产促进法》释义,清洁生产审核也称清洁生产审计(cleaner production audit,CPA),是一套对正在运行的生产过程进行系统分析和评价的程序;是通过对组织(企业、公司、工厂等)的具体生产工艺、设备和操作的诊断,找出能耗高、物耗高、污染重的原因,掌握废弃物的种类、数量以及产生原因的详尽资料,提出如何减少有毒和有害物料的使用、产生以及废弃物产生的方案,经过对备选方案的技术经济及环境可行性分析,选定可供实施的清洁生产方案的分析过程。

清洁生产审核的核心工作在于找出组织所存在的问题,并提出可行的清洁生产实施方案。因此,清洁生产审核定义可简单地概括为:组织(一般为企业、公司、工厂等)运用文件支持的一套系统化的程序方法,进行生产全过程评价、污染预防机会识别、清洁生产方案筛选的综合分析活动过程。

目前,清洁生产审核方法主要针对单一企业,并侧重于以生产过程及其运行管理改进为特征的污染预防活动。如将基于生命周期环境影响的产品评价融入清洁生产审核过程中,将会极大地促使清洁生产审核向着深层次发展,深化组织的清洁生产过程。

清洁生产审核只是实施清洁生产的一种主要技术方法,而不是唯一的方法,这种方法能够为企业提供技术上的便利,但对于一些生产过程相对简单的企业,清洁生产审核方法就显得过于繁琐。因此,是否需要进行清洁生产审核应当由企业根据自己的实际需要决定。

（二）清洁生产审核的主要意图

通过清洁生产审核,可达到以下五个目的。

（1）全面评价企业生产全过程及其各个过程单元或环节的运行与管理现状,掌握生产过程的原材料与产品、能源与资源、废弃物（污染物）的输入与产出状况。

（2）分析识别影响资源、能源有效利用,造成废弃物产生,以及制约企业生态效率的原因或影响企业生产的"瓶颈"问题。

（3）产生并确定企业从原材料、产品、技术工艺、生产运行管理以及废弃物循环利用等多途径进行综合污染预防的机会与方案,并予以实施。

（4）企业管理者与广大职工的广泛参与,不断提高其清洁生产意识,促进清洁生产在企业的持续改进,体现清洁生产的可持续特征。

（5）通过减降（减少与降低）废弃物的产生与增强产品品质,提高企业的经济效益。

因此,清洁生产审核适用于第一、二、三产业的所有类型组织。

（三）清洁生产审核类型

清洁生产审核分为自愿性审核和强制性审核两种。

自愿清洁生产审核:污染物排放达到国家或者地方排放标准、生产过程中不使用（也不产生）有毒/有害原材料（或物质）,以及非高能耗的企业,可以自愿组织实施清洁生产审核,提出进一步节约资源、削减污染物排放量的目标。

强制清洁生产审核:有下列情况之一的,应当实施强制性清洁生产审核。

（1）"双超"型企业:污染物排放超过国家和地方排放标准,或者污染物排放总量超过地方人民政府核定的排放总量控制指标的企业,亦称"双超"型企业。

（2）"双有"型企业:使用有毒有害原材料进行生产或者在生产中排放有毒有害物质的企业,亦称"双有"型企业。

（3）高能耗企业:即《2010年国民经济和社会发展统计报告》中确认的六大高耗能行业,包括化学原料及化学制品制造业、非金属矿物制品业、黑色金属冶炼及压延加工业、有色金属冶炼及压延加工业、石油加工炼焦及核燃料加工业、电力热力的生产和供应业。

注:有毒有害原材料或者物质主要指《危险货物品名表》（GB 12268）《危险化学品名录》《国家危险废弃物名录》和《剧毒化学品目录》中规定的剧毒、强腐蚀性、强刺激性、放射性（不包括核电设施和军工核设施）、致癌变、致畸形、致突变等物质。

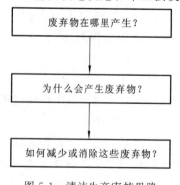

图 5-1　清洁生产审核思路

（四）清洁生产审核的思路

清洁生产审核思路可用一句话概括,即判明废弃物产生的部位,分析废弃物产生的原因,提出方案以减少或消除废弃物产生。图 5-1 表述了清洁生产审核的具体思路。

废弃物在哪里产生（Where）?

——通过现场调查和物料平衡找出废弃物产生的部位并确定其产生量,或发现影响企业生产效率的"瓶颈"环节与部位。

为什么产生废弃物(Why)？

——具体分析产品生产过程的每一个环节,深入了解,并熟知产生这些废弃物或影响企业生产效率"瓶颈"的原因。

如何减少或消除这些废弃物(How)？

——针对每一个废弃物产生原因或具体影响企业生产效率"瓶颈"的原因,通过聘请行业专家,考察同行业国内外先进企业,提出相应的解决办法。这些方案可无/低费,也可中/高费,方案可以是一个、几个甚至几十个,主要依据企业的规模、生产工艺的繁简而异。通过实施这些方案来减少或消除废弃物的产生,并提高生产效率。

审核思路中提出要分析污染物产生的原因和提出预防或减少污染产生的方案,这两项工作该如何去做呢？为此需要分析生产过程中污染物产生的主要途径与重点部位,这是清洁生产与末端治理的重要区别之一。末端治理重点在污染物产生后,通过相应的治理手段、方法、技术来消除污染物对环境的危害。

图 5-2 概括了企业生产与服务过程的共性,一个生产和服务过程可抽象成 8 个方面,即原辅材料和能源、技术工艺、设备、过程控制、管理、员工等 6 个方面的输入,得出产品和废弃物两个方面的输出。不得不产生的废弃物,要优先采用回收和循环使用措施,剩余部分才向外界环境排放。

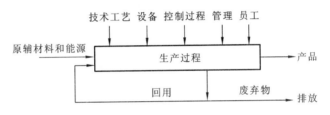

图 5-2　生产过程框架

清洁生产审核的一个重要内容就是通过提高能源、资源利用效率,减少废弃物的产生量,达到实现环境与经济的"双赢"。当然,这 8 个方面的划分并非独立,它们存在相互交叉、重叠与渗透。例如,先进的技术工艺就决定了过程控制的现代与设备的先进,必然需要先进的现代管理,更需要高素质的员工队伍,因此,其产品必然拥有高的质量与品质。8 个方面各有侧重点,原因分析时应归结到主要原因与根本问题上。每一个污染源都要从这 8 个方面进行原因分析,并针对原因提出相应的解决方案,但并非每个污染源都存在八个方面的原因。

(五)清洁生产审核工作程序

清洁生产审核是一套科学的、系统的和操作性很强的程序。如前所述,这套程序由三个层次(即废弃物在哪里产生 Where、为什么会产生废弃物 Why、如何减少或消除这些废弃物 How,即三个 W)、8 条途径(原辅材料和能源、技术工艺、设备、过程控制、管理、员工、产品、废弃物)、7 个阶段和 35 个步骤组成。这套程序的原理可概括为逐步深入原理、分层嵌入原理、反复迭代原理、物质守恒原理、穷尽枚举原理。根据国家环境保护总局《清洁生产审核暂行办法》以及《企业清洁生产审核手册》的规定,结合企业开展清洁生产审核实际情况,工作流程见图 5-3。

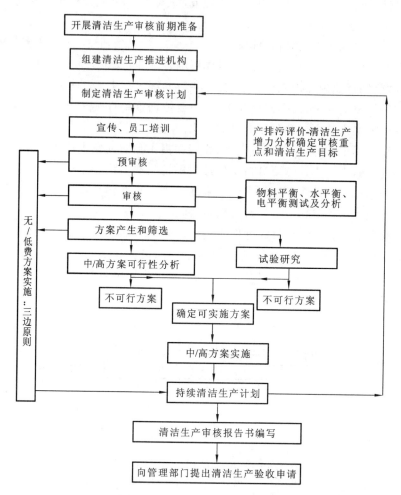

图 5-3　清洁生产审核工作流程

　　清洁生产是一项全员参与的工作,设计到企业的各个生产、管理等环节,同时清洁生产审核方案的产生也需多方面积极配合,共同思考,方能形成。因此,清洁生产审核工作的投入与产出的工作程序如图 5-4 所示。

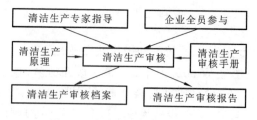

图 5-4　清洁生产审核工作程序

三、工业企业常用的清洁生产指标体系

根据工业行业的清洁生产内容,可以将工业清洁生产的指标体系概括成原辅材料与能源控制、清洁工艺技术与过程控制和清洁产品与包装控制三个方面。

(一)原辅材料与能源控制指标

原辅材料和能源是生产过程的主要消耗品,其利用水平不仅影响工业生产成本,而且影响生产过程的废物产生和排放,进而影响环境质量。因此,应从经济技术、环境和管理等方面设置原辅材料和能源的清洁生产指标。

(1)原辅材料与能源的经济技术指标。原辅材料与能源的经济技术指标主要包括:原材料的种类、原材料消耗总量、单位产品原料消耗量、原材料利用率、能源(煤、油、气、电、蒸汽、热水等)消费量、单位产品单项能耗、单位产品综合能耗、清洁能源使用率、单位产品水耗、水的重复利用率、能源节约经济效益、原材料节约经济效益等。

(2)原辅材料与能源的环境指标。原辅材料与能源的环境指标主要包括:无毒无害原材料使用率;有毒有害原材料使用率;易降解和易处理原材料使用率;原材料在获取、运输和使用过程中的废物产生率;能源使用的废物产生率;水资源供应方等。

(3)原辅材料与能源的管理指标。原辅材料与能源的管理指标主要包括:原料运输方式、原料储存方式、原料投入装置配备与维护、能源运输方式、能源储存方式、能源投入装置配备与维护等。

(二)清洁工艺技术与过程控制指标

清洁工艺技术与过程控制指标,可以进一步划分为过程控制指标、循环和回收利用指标、废物处理处置指标及劳动安全和卫生指标,且每类指标又可以从经济技术、环境和管理三个方面进行细化。

1.过程控制指标

(1)过程控制的经济技术指标。企业清洁生产过程控制的经济技术指标主要包括:清洁生产过程中各种投入的费用、清洁生产中节约的费用、清洁生产获得的附加效益、环境保护投资数量、技术改革投资数量、生产技术先进性指标、污染治理设备利用率、污染治理设备处理效率等。

(2)过程控制的环境指标。企业清洁生产过程控制的环境指标主要包括:废水产生量(率)和排放量、废水处理量(率)和处理达标率、废水中污染物含量和浓度、废水中污染物的毒性、废气产生量(率)和排放量、废气处理量(率)和处理达标率、废气中污染物含量和浓度、废气中污染物的毒性、固体废物产生量(率)和排放量、固体废物中各污染物数量、固体废物中各污染物毒性、噪声水平和达标率、环境意外事件的数量、生产过程对周围社区和环境的影响等。

(3)过程控制的管理指标。企业清洁生产过程控制的管理指标主要包括:"跑、冒、滴、漏"情况,环境投诉数量,环境规章建立和执行情况,环境计划指标达标率,考核计划指标完成率,生产现场布局合理性,操作合理性和规范性等。

2. 循环和回收利用指标

(1)循环和回收利用的经济技术指标。企业清洁生产的循环和回收利用的经济技术指标主要包括:物料循环利用率、动力循环利用率、热能回收率、回收利用工程的合理性、回收利用技术工艺的先进性等。

(2)循环和回收利用的环境指标。企业清洁生产的循环和回收利用的环境指标主要包括:固体废物综合利用率、可回收物质的毒性和有害性、二次利用的环境影响。

(3)循环和回收利用的管理指标。企业清洁生产的循环和回收利用的管理指标主要包括:原地回收利用的管理方式、不可在原地回收利用物料的运输和回收利用情况、登记和分类管理等。

3. 废物处理处置指标

(1)废物处理处置的经济技术指标。企业废物处理处置的经济技术指标主要包括废物处理处置技术水平和废物处理处置方式等。

(2)废物处理处置的环境指标。企业废物处理处置的环境指标主要包括:废物产生量,废物占地面积,废物累积存量,固体废物处置率,废物弃置对地表水、地下水、大气、土壤和生态环境的破坏等。

(3)废物处理处置的管理指标。企业废物处理处置的管理指标主要包括废弃过程的监督管理等。

4. 劳动安全和卫生指标

(1)劳动安全和卫生的经济技术指标。企业清洁生产的劳动安全和卫生的经济技术指标主要包括劳动安全设备的技术水平、防毒防尘、改善劳动条件专门拨款数量、事故损失额、事故赔款总额等。

(2)劳动安全和卫生的环境指标。企业清洁生产的劳动安全和卫生的环境指标主要包括:职业健康影响等级、职业危险等级、单位产出人员伤亡率、单位产出人员发病率、特定职业病发病率等。

(3)劳动安全和卫生的管理指标。企业清洁生产的劳动安全和卫生的管理指标主要包括:现场清洁卫生指标、现场安全状况、劳动安全和卫生管理措施实施情况、职工出勤率、设备事故率、设备监测和监督情况、监测和监督人员配备情况等。

(三)清洁产品与包装控制指标

(1)清洁产品与包装的经济技术指标。企业的清洁产品与包装的经济技术指标主要包括:产品的体积和重量、产品结构和功能的复杂性、产品使用寿命、产品所用原材料的种类、产品回收利用率、产品废物回收利用产值和利润、包装废物回收利用产值和利润、包装材料可回收利用率等。

(2)清洁产品与包装的环境指标。企业的清洁产品与包装的环境指标主要包括:产品运输、储存、销售、使用的健康风险,产品运输、储存、销售、使用的环境风险,产品使用中的材料消耗,产品使用中的能耗,产品废物的生态降解能力,产品废物的毒性和有害性,包装材料的生态降解能力,包装废物最小化指标,包装材料毒性指标等。

(3)清洁产品与包装的管理指标。企业的清洁产品与包装的管理指标主要包括:产品的设计与开发、产品的运输与销售、与产品相关的服务、产品的环境与生态标志、原地回收利用的管理方式、不可在原地回收利用的产品或包装的运销等。

单元二　清洁生产审核流程

[单元目标]

1. 了解清洁生产审核流程的 7 个阶段。
2. 掌握在预评估阶段确定审核重点。
3. 掌握审核重点清洁生产目标的设置。

[单元重点难点]

1. 评估阶段实测,建立物料平衡,分析废弃物产生原因。
2. 审核重点的清洁生产方案的制订。

国家环境保护总局在参照联合国和其他国家提出的清洁生产审核程序的基础上,提出了适合我国国情的企业清洁生产审核组织程序,将整个审核过程分解为具有可操作性的 7 个阶段(筹划和组织、预评估、评估、方案产生和筛选、方案可行性分析、方案实施、持续清洁生产)。为了使清洁生产审核报告更具完整,建议在筹划与组织阶段前增加前言与企业简介两部分内容,在持续清洁生产环节之后增加本轮清洁生产审核总结阶段。

前言部分主要阐述清洁生产与清洁生产审核的含义,清洁生产的来源,我国清洁生产发展历程,该行业的清洁生产发展状况,该企业对清洁生产审核的态度,本轮清洁生产审核所取绩效概括(如节能、降耗、污染物减排情况、效益增加情况),报告编制依据(主要法律、法规、制度及企业相关资料)等内容。此部分内容主要对本轮清洁生产审核企业进行全面的介绍,主要内容涉及企业基本情况、企业的地理位置、企业周边环境状况(环境敏感点)、厂区平面布置情况、企业近三年的生产与销售情况,以及企业内部组织结构、企业现有环境管理模式与水平等。后面我们将分单元重点阐述 7 个阶段的工作。

一、筹划与组织

筹划和组织是企业进行清洁生产审核工作的第一个阶段,撰写报告的第二部分。目的是通过清洁生产宣讲使企业的领导和职工对清洁生产有一个初步的、比较正确的认识,消除思想上和观念上的障碍;了解企业清洁生产审核的工作内容、要求及其工作程序。

本阶段工作的重点是取得企业高层领导的支持和参与,组建清洁生产审核小组,制订审核工作计划和宣传清洁生产理念和思想,达到明确任务目标和统一思想认识的目的。

(一)取得领导支持

清洁生产审核是一项综合性很强的工作,涉及企业的各个部门,而且随着审核工作阶段的变化、参与审核工作的部门和人员可能也会变化。只有取得企业高层领导的支持和参与，由高层领导动员并协调企业各个部门和全体职工积极参与，审核工作才能顺利进行。高层领导的支持和参与还是审核过程中提出的清洁生产方案符合实际、容易实施的关键。

了解清洁生产审核可能给企业带来的巨大好处，是企业高层领导支持和参与清洁生产审核的动力和重要前提。清洁生产审核可能给企业带来经济效益、环境效益、无形资产的提高和推动技术进步等诸多方面的好处，从而增强企业的市场竞争能力。

1. 宣讲效益

1）经济效益

（1）由于减少废弃物所产生的直接经济效益、间接经济效益或综合经济效益；

（2）无/低费方案的实施所产生的经济效益的现实性。

2）环境效益

（1）对企业实施更严格的环境要求是国际国内大势所趋；

（2）提高环境形象是当代企业的重要竞争手段；

（3）清洁生产是国内外大势所趋；

（4）清洁生产审核尤其是无/低费方案可以很快产生明显的环境效益。

3）无形资产

（1）无形资产有时可能比有形资产更有价值；

（2）清洁生产审核有助于企业由粗放型经营向集约型经营过渡；

（3）清洁生产审核是对企业领导加强本企业管理的一次有力支持；

（4）清洁生产审核是提高劳动者素质的有效途径。

4）技术进步

（1）清洁生产审核是一套包括发现和实施无/低费方案，以及产生、筛选和逐步实施技改方案在内的完整程序，鼓励采用节能、低耗、高效的清洁生产技术；

（2）清洁生产审核的可行性分析，使企业的技改方案更加切合实际并充分利用国内外最新信息。

2. 阐明投入

清洁生产审核需要企业的一定投入，包括：管理人员、技术人员和操作工人必要的时间投入；监测设备和监测费用的必要投入；编制审核报告的费用；可能的聘请外部专家的费用等。但与清洁生产审核可能带来的效益相比，这些投入是很小的。重点阐明无/低费方案能带来的经济效益、环境效益和社会效益等。

（二）组建审核小组

计划开展清洁生产审核的企业，首先要在本企业内组建一个有权威的审核小组，这是顺利实施企业清洁生产审核的组织保证。

1. 推选组长

审核小组组长是审核小组的核心，一般情况下，最好由企业高层领导人兼任组长，或由企业高层领导任命一位具有如下条件的人员担任，并授予必要权限。

（1）具备企业的生产、工艺、管理与新技术的知识和管理经验。

（2）掌握污染防治的原则和技术，并熟悉有关的环保法律、法规。

（3）了解审核工作程序，熟悉审核小组成员情况。

（4）具备领导和组织工作的才能，并善于和其他部门合作。

（5）积极带头支持清洁生产工作等。

2. 选择成员

审核小组的成员数目应根据企业的实际情况来定，一般情况下专职成员由 3～5 人组成，兼职成员可根据需要确定，审核小组成员应包含企业每个部门的主要成员。小组成员的条件如下：

（1）具备企业清洁生产审核的知识或工作经验；

（2）掌握企业的生产、工艺、管理等方面的情况及新技术信息；

（3）熟悉企业的废弃物产生、治理和管理情况以及国家和地区环保法规和政策等；

（4）具有宣传、组织工作的能力和经验。

如有必要，审核小组的成员在确定审核重点的前后应及时调整。审核小组必须有一位成员来自本企业的财务部门。该成员不一定专职投入审核，但要了解审核的全部过程，不宜中途换人。

3. 明确任务

审核小组的任务包括：

（1）制订工作计划；

（2）开展宣传教育；

（3）确定审核重点和目标；

（4）组织和实施审核工作；

（5）编写审核报告；

（6）总结经验，负责清洁生产审核的评估与验收工作；

（7）在清洁生产审核验收后制订详细的持续清洁生产的建议和计划。

来自企业财务部门的审核成员，应该介入审核过程中一切与财务计算有关的活动，准确计算企业清洁生产审核的投入和收益，并将其详细地单独列账。中小型企业和不具备清洁生产审核技能的大型企业，其审核工作要取得外部专家的支持。如果审核工作有外部专家的帮助和指导，本企业的审核小组还应负责与外部专家的联络，研究外部专家的建议并尽量吸收其有用的意见。

审核小组成员职责与投入时间等应列表说明，表中要列出审核小组成员的姓名、在小组中的职务、专业、职称、应投入的时间、具体职责和工作内容等。

（三）制订工作计划

制订一个比较详细的清洁生产审核工作计划，有助于审核工作按一定的程序和步骤进行，组织好人力与物力，各司其职，协调配合，审核工作才会获得满意的效果，企业的清洁生产目标才能逐步实现。

审核小组成立后,要及时编制审核工作计划表,该计划表应包括审核过程的所有主要工作,包括这些工作的序号、内容、进度、负责人姓名、参与部门名称、参与人姓名以及各项工作的产出等。

(四) 开展宣传教育

广泛开展宣传教育活动,争取企业内各部门和广大职工的支持,尤其是现场操作工人的积极参与,是清洁生产审核工作顺利进行和取得更大成效的必要条件。

1. 确定宣传的方式和内容

高层领导的支持和参与固然十分重要,没有中层干部和操作工人的实施,清洁生产审核仍很难取得重大成果。当企业上下都将清洁生产思想自觉地转化为指导本岗位生产操作实践的行动时,清洁生产审核才能顺利持久地开展下去,清洁生产审核才能给企业带来更大的经济和环境效益,推动企业技术进步,更大程度地支持企业高层领导的管理工作。

宣传可采用下列方式:

(1) 利用企业现行各种例会;

(2) 下达开展清洁生产审核正式文件;

(3) 企业内部广播和网站;

(4) 电视、录像;

(5) 黑板报和宣传手册;

(6) 组织报告会、研讨班、培训班;

(7) 开展各种咨询等。

宣传教育的一般内容:

(1) 技术发展、清洁生产以及清洁生产审核的概念;

(2) 清洁生产与末端治理的内容及其利与弊;

(3) 国内外该行业清洁生产审核的成功实例,重点宣传成功带来的对企业的好处;

(4) 清洁生产审核中的障碍及其克服的可能性;

(5) 清洁生产审核工作的内容与要求;

(6) 本企业鼓励清洁生产审核的各种措施;

(7) 本企业各部门已取得的审核效果以及他们的具体做法等。

宣传教育的内容要随审核各工作阶段的变化而作相应调整。

2. 障碍存在调查

企业开展清洁生产审核往往会遇到不少障碍,不克服这些障碍则很难达到企业清洁生产审核的预期目标。各个企业可能有不同的障碍,必须调查摸清存在的障碍,以便于对症开展工作。在企业内部推行清洁生产,有部分激励因素,如各种奖励措施,但同时也存在着不少潜在的障碍,这些障碍的克服有利于推动实施清洁生产审核工作。

为了解企业在清洁生产审核中存在的障碍,审核小组在审核初期在全厂范围内开展清洁生产审核障碍调查,并针对调查的结果进行统计和分析,提出了障碍解决方法。调查内容及结果见表5-1。

表 5-1　清洁生产审核障碍调查表

序　号		障　碍　表　现	是	否
1	思想障碍	了解清洁生产概念吗？ 清洁生产就是清洁卫生？ 清洁生产就是环保治理？ 清洁生产是企业环保部门的事情？ 清洁生产需要投入而没有经济效应？ 本厂区或者岗位没有清洁生产潜力？		
2	管理障碍	清洁生产审核工作程序复杂会影响生产吗？ 企业各部门独立性强，协作困难？ 现有的管理考核制度和清洁生产的理念不一致？ 尚未建立清洁生产管理制度，无激励措施？		
3	技术障碍	生产过程的物耗、能耗、废弃物无法获得确切数字吗？ 缺乏清洁生产技术？ 有些清洁生产技术往往给习惯于传统作业的工人带来麻烦，不易于 　贯彻实施？		
4	经济障碍	企业没有资金来实施需投资较大的清洁生产工艺或更新设备？ 现有设备已经落后，不更新现有设备和工艺无法实施清洁生产？ 清洁生产会提高企业的生产成本，降低企业竞争力？		
5	政策法规	不了解清洁生产促进法和当地有关促进清洁生产的政策？ 当地环保部门是否对你们进行过清洁生产的宣传 当地无清洁生产激励政策？		

注：你认为还有其他清洁生产障碍或建议吗？如有，请写在空白处。

3. 障碍克服办法

在阻碍克服宣传中，发现职工存在思想问题，针对这些问题，公司领导和审核小组应采取一系列的方法解决员工的认识和思想问题。存在的主要思想问题和解决问题的方法归纳汇总见表 5-2。

表 5-2　清洁生产思想障碍及解决办法一览表

	障碍表现	解决办法
思想障碍	了解清洁生产概念吗？	与一线员工进行面对面的交谈，使人人参与的观念深入每一位员工的生产活动，强调企业清洁生产审核的核心思想是"从我做起、从现在做起"。
	清洁生产就是清洁卫生？	
	清洁生产就是环保治理？	
	清洁生产是企业环保部门的事情？	
	清洁生产需要投入而没有经济效应？	讲清审核的工作量和它可能带来的各种效益之间的关系。
	本厂区或者岗位没有清洁生产潜力？	从清洁生产的八个方面分析清洁生产潜力。

续表

	障碍表现	解决办法
管理障碍	清洁生产审核工作程序复杂会影响生产吗？	讲清审核的工作量和它可能带来的各种效益之间的关系。
	企业各部门独立性强，协作困难？	建立协调统一的清洁生产管理制度。
	现有的管理考核制度和清洁生产的理念不一致？	建立与清洁生产理念一致的管理考核制度。
	尚未建立清洁生产管理制度，无激励措施？	建立清洁生产管理制度和激励措施。
技术障碍	生产过程的物耗、能耗、废弃物无法获得确切数字吗？	完善计量设施，建立先进的考核制度。
	缺乏清洁生产技术？	聘请并充分向外部清洁生产审核专家咨询，参加培训班、学习有关资料等。
	有些清洁生产技术往往给习惯于传统作业的工人带来麻烦，不易于贯彻实施？	尽可能选择易于实施的清洁生产方案，并定期给操作工人作技能培训。
经济障碍	企业没有资金来实施需投资较大的清洁生产工艺或更新设备？	企业内部挖潜力，与当地环保，经贸等部门协调解决部分资金问题，先筹集审核所需资金，再由审核效益中返还。
	现有设备已经落后，不更新现有设备和工艺无法实施清洁生产？	逐步改善工艺设备，在现有设备工艺条件下发掘清洁生产潜力。
	清洁生产会提高企业的生产成本，降低企业竞争力？	以各行业的清洁生产成功实例证明清洁生产会提高企业竞争力，降低生产成本。
政策法规	不了解清洁生产促进法和当地有关促进清洁生产的政策？	将清洁生产促进法和当地清洁生产政策纳入清洁生产宣传。
	当地环保部门是否对你们进行过清洁生产的宣传？	
	当地无清洁生产激励政策？	

二、预评估

预评估是清洁生产审核工作的第二阶段，撰写报告的第四部分，目的是对企业全貌进行调查分析，分析和发现清洁生产的潜力和机会，从而确定本轮审核的重点。工作重点是评价企业的产污排污状况，确定审核重点，并针对审核重点设置清洁生产目标。预评估要从生产全过程出发，对企业现状进行调研和考察，摸清污染现状和产污重点并通过定性比较或定量分析，从而确定出审核重点。

（一）进行现状调研

本阶段收集的资料，是全厂的和宏观的，主要内容如下。

1）企业概况

（1）企业发展简史、规模、产值、利税、组织结构、人员状况和发展规划等；

（2）企业所在地的地理、地质、水文、气象、地形和生态环境等基本情况。

2）企业的生产状况

（1）企业主要原辅料、主要产品、能源及用水情况，要求以表格形式，列出总耗及单耗，并列出主要车间或分厂的消耗情况，分析得出主要能耗、物耗等的主要环节；

（2）企业的主要工艺流程。以框图表示主要工艺流程，要求标出主要原辅料、水、能源及废弃物的流入、流出和去向；

（3）企业设备水平及维护状况，如设备安装率、完好率，泄漏率等。

3）企业的环境保护状况

（1）主要污染源及其排放情况，包括状态、数量、污染物毒性等级等；

（2）主要污染源的治理现状，包括处理方法、效果、问题及废弃物处理费等；

（3）"三废"的循环（综合）利用情况，包括方法、效果、效益以及存在的问题；

（4）企业涉及的有关环保法规与要求，如排污许可证，区域总量控制，行业排放标准等；

4）企业的管理状况

包括从原料采购和库存、生产及操作直到产品出厂的全面管理水平。

（二）进行现场考察

随着生产的发展，一些工艺流程、装置和管线可能已做过多次调整和更新，这些可能无法在图纸、说明书、设备清单及有关手册上反映出来。此外，实际生产操作和工艺参数控制等往往和原始设计及规程不同。因此，需要进行现场考察，以便对现状调研的结果加以核实和修正，并发现生产中的问题。同时，通过现场考察，在全厂范围内发现明显的无/低费清洁生产方案。

1. 现场考察内容

（1）对整个生产过程进行实际考察，即从原料开始，逐一考察原料库、生产车间、成品库以及"三废"处理设施。

（2）各产污、排污环节，水耗和（或）能耗大的环节，设备事故多发的环节、部位或车间等。

（3）实际生产管理状况，如岗位责任制执行情况，工人技术水平及实际操作状况，车间技术人员及工人的清洁生产意识等。

2. 现场考察方法

（1）核查分析有关设计资料和图纸，工艺流程图及其说明，物料衡算、能（热）量衡算的情况，设备与管线的选型与布置等；另外，还要查阅岗位记录、生产报表（月平均及年平均统计报表）、原料及成品库存记录、废弃物报表、监测报表等。

（2）与工人和工程技术人员座谈，了解并核查实际的生产与排污情况，听取意见和建议，发现关键问题和部位，征集无/低费方案。

（三）评价产污排污状况

在对比分析国内外同类企业产污排污状况的基础上，对本企业的产污原因进行初步分析,并评价执行环保法规情况。

1. 对比国内外同类企业产污排污状况

在资料调研、现场考察及专家咨询的基础上,汇总国内外同类工艺、同等装备、同类产品先进企业的生产、消耗、产污排污及管理水平,与本企业的各项指标相对照,并列表说明。

2. 初步分析产污原因

(1)对比国内外同类企业的先进水平,结合本企业的原料、工艺、产品、设备等实际状况,确定本企业的理论产污、排污水平。

(2)调查汇总企业目前的实际产污、排污状况。

(3)从影响生产过程的 8 个方面出发,对产污、排污的理论值与实际状况之间的差距进行初步分析,并评价在现状条件下,企业的产污、排污状况是否合理。

3. 评价企业环保执法状况

评价企业执行国家及当地环保法规及行业排放标准的情况,包括达标情况、缴纳排污费及处罚情况等。

4. 作出评价结论

对比国内外同类企业的产污、排污水平,对企业在现有原料、工艺、产品、设备及管理水平下,其产污、排污状况的真实性、合理性及有关数据的可信度,予以初步评价。

(四)确定审核重点

通过前面三步的工作,已基本探明了企业现存的问题及薄弱环节,可从中确定出本轮审核的重点。审核重点的确定,应结合企业的实际综合考虑。

此处内容主要适用于工艺复杂的大中型企业,对工艺简单、产品单一的中小企业,可不必经过备选审核重点阶段,而依据定性分析,直接确定审核重点。

1. 确定备选审核重点

首先根据所获得的信息,列出企业主要问题,从中选出若干问题或环节作为备选审核重点。企业生产通常由若干单元操作构成。单元操作指具有物料的输入、加工和输出功能完成某一特定工艺过程的一个或多个工序或工艺设备。原则上,所有单元操作均可作为潜在的审核重点。根据调研结果,综合考虑企业的财力、物力和人力等实际条件,选出若干车间、工段或单元操作作为备选审核重点。

备选审核重点的原则:

(1)污染严重的环节或部位;

(2)消耗大的环节或部位;

(3)环境及公众压力大的环节或问题;

(4)有明显的清洁生产机会的应优先考虑作为备选审核重点。

备选审核重点的方法是:将所收集的数据,进行整理、汇总和换算,并列表说明,以便为后续步骤"确定审核重点"服务。填写数据时,应注意:

（1）消耗及废弃物量应以各备选重点的月或年的总发生量统计；

（2）能耗一栏根据企业实际情况调整，可以是标煤、电、油等能源形式。表 5-3 给出了某厂备选审核重点情况汇总表。

表 5-3　备选审核重点情况汇总表

序号	备选审核重点名称	废弃物量/(t/月)		主要能耗							环保费用					
				原料消耗		水耗		能耗		费用小计/万元	末端治理费/万元	处理处置费/万元	排污费/万元	罚款/万元	其他/万元	费用小计/万元
		水	渣	总量/(t/月)	费用/万元	总量/(t/月)	费用/万元	标煤总量/(tce/月)	费用/(万元/月)							
1	工段 1	800	6	1 000	30	10	20	500	6	56	40	20	60	15	5	140
2	工段 2	600	2	2 000	50	25	50	1 500	18	118	20	0	40	0	0	60
3	工段 3	400	0.2	800	40	20	40	750	9	89	5	0	10	0	0	15

2. 确定审核重点

采用一定方法把备选审核重点排序，从中确定本轮审核的重点，同时为下一步的清洁生产审核提供优选名单。本轮审核重点的数量取决于企业的实际情况，一般一次选择一个审核重点。

确定审核重点的方法有以下几种。

（1）简单比较法。根据备选重点的废弃物排放量和毒性及消耗等情况，进行对比、分析和讨论，通常污染最严重、消耗最大、清洁生产机会最明显的部位定为第一轮审核重点。

（2）权重总和计分排序法。工艺复杂、产品品种和原材料多样的企业，往往难以通过定性比较确定出重点。此外，简单比较一般只能提供本轮审核的重点，难以为下一步的清洁生产提供足够的依据。为提高决策的科学性和客观性，采用半定量方法进行分析。常用方法为权重总和计分排序法。

根据我国清洁生产的实践及专家讨论结果，在筛选审核重点时，通常考虑下述几个因素，对各因素的重要程度，即权重值（W），可参照以下数值：

废弃物量 $W=10$

主要消耗 $W=7\sim9$

环保费用 $W=7\sim9$

市场发展潜力 $W=4\sim6$

车间积极性 $W=1\sim3$

注意：①上述权重值仅为一个范围，实际审核时每个因素必须确定一个数值，一旦确定，在整个审核过程中不得改动；②可根据企业实际情况增加废弃物毒性因素等；③统计废弃物量时，应选取企业最主要的污染形式，而不是把水、气、渣累计起来；④除主要污染形式外，可根据实际增补，如 COD 总量等项目。

审核小组或有关专家，根据收集的信息，结合有关环保要求及企业发展规划，对每个备选重点,就上述各因素,按备选审核重点情况汇总表(类似于表 5-4)提供的数据或信息打分,分值(R)从 1 至 10,以最高者为满分(10 分)。将打分与权重值相乘($R \times W$),并求所有乘积之和$\left[\sum(R \times W)\right]$,即为该备选重点总得分,再按总分排序,最高者即为本次审核重点,余者类推。

如某造纸厂生产车间为备选重点(表 5-4)。厂方认为废水为其最重要污染形式,其数量依次为工段 I 为 1000 t/a,工段 II 为 60 t/a,工段 III 为 400 t/a。因此,废弃物量一工段最大,定为满分(10 分),乘权重值后为 100;工段 II 废弃物量是工段 I 的 6/10,得分即为 60,工段 III 则为 40,其余各项得分依次类推,把得分相加即为该工段的总分。

表 5-4　权重总和排序法确定审核重点分析表

因素	权重值 W (1~10)	备选审核重点得分					
		工段 I		工段 II		工段 III	
		R(1~10)	$R \times W$	R(1~10)	$R \times W$	R(1~10)	$R \times W$
废弃物量	10	10	100	6	60	4	40
主要消耗	9	5	45	10	90	8	72
环保费用	8	10	80	4	34	1	8
废弃物毒性	7	4	28	10	70	5	35
市场发展潜力	5	6	30	10	50	8	40
车间积极性	2	5	10	10	20	7	14
总分 $\sum(R \times W)$			293		322		209
排序			2		1		3

打分时应注意:①严格根据数据打分,以避免随意性和倾向性;②没有定量数据的项目,集体讨论后打分;③讨论时应将审核小组成员集中进行讨论,必要时可扩大讨论范围面。

(五)设置清洁生产目标

设置定量化的硬性指标,才能使清洁生产真正落实,并能据此检验与考核,达到通过清洁生产预防污染的目的。

1. 设置原则

清洁生产目标是针对审核重点的定量化、可操作并有激励作用的指标。要求不仅有减污、降耗或节能的绝对量,还要有相对量指标,并与现状对照。指标要具有时限性,分近期和远期,近期一般指到本轮审核基本结束并完成审核报告时为止,远期一般指对照行业标杆确定的长期奋斗目标(以 3~5 年的设定时间为妥),见表 5-5。

表 5-5 某造纸厂清洁生产目标一览表

序号	项目	现状	近期目标(2010 年年底)		远期目标(2013 年)	
			绝对量	相对量	绝对量	相对量
1	多元醇 A 得率	68%	—	增加 1.8%	—	增加 3.2%
2	废水排放量	15 万 t/a	削减 3 万 t/a	削减 20%	削减 6 万 t/a	削减 40%
3	COD 排放量	1 200 t/a	削减 250 t/a	削减 20.8%	削减 600 t/a	削减 50%
4	固体废弃物排放量	80 t/a	削减 20 t/a	削减 25%	削减 80 t/a	削减 100%

2. 设置依据

(1) 根据外部的环境管理要求,如达标排放,限期治理等。

(2) 根据本企业历史最高水平。

(3) 参照国内外同行业、类似规模、工艺或技术装备的厂家的水平。

(六) 提出和实施无/低费方案

预评估过程中,在全厂范围内各个环节发现的问题,有相当部分可迅速采取措施解决。对这些无需投资或投资很少,容易在短期(如审核期间)见效的措施,称为无/低费方案。

预评估阶段的无/低费方案,是通过调研,特别是现场考察和座谈,而不必对生产过程作深入分析便能发现的方案,是针对全厂的;在评估阶段的无/低费方案,是必须深入分析物料平衡结果才能发现的,是针对审核重点的。

1. 目的

贯彻清洁生产边审核边实施的原则,以及时取得成效,滚动式地推进审核工作。

2. 方法

座谈、咨询、现场察看、散发清洁生产建议表,及时改进、及时实施、及时总结,对于涉及重大改变的无/低费方案,应遵循企业正常的技术管理程序实施。

3. 常见无/低费方案

1) 原辅料及能源

(1) 采购量(库存量)尽量与实际需求量相匹配。

(2) 加强原料质量(如纯度、水分、特征物含量等)的控制措施。

(3) 根据生产操作调整包装的大小及包装形式,尽量做到包装物的重复利用等。

2) 技术工艺

(1) 改进备料方法。

(2) 增加捕集装置,减少物料或成品损失。

(3) 改用易于处理处置的清洗剂。

3) 过程控制

(1) 选择在最佳配料比下进行生产。

（2）增加检测计量仪表。

（3）校准检测计量仪表。

（4）改善过程控制及在线监控。

（5）调整优化反应的参数,如温度、压力等。

4）设备

（1）改进并加强设备定期检查和维护,减少"跑、冒、滴、漏"。

（2）及时修补完善输热、输汽管线的隔热保温。

5）产品

（1）改进包装及其标志或说明。

（2）加强库存管理。

6）管理

（1）清扫地面时改用干扫法或拖地法,以取代水冲洗法。

（2）减少物料溅落并及时收集。

（3）严格岗位责任制及操作规程。

7）废弃物

（1）冷凝液的循环利用。

（2）现场分类收集可回收的物料与废弃物。

（3）余热利用。

（4）清污分流。

8）员工

（1）加强员工技术与环保意识的培训。

（2）采用各种形式的精神与物质激励措施。

三、评估

评估阶段是企业清洁生产审核工作的第三阶段。其目的是通过对审核重点环节的物料进行平衡测试与分析,发现其物料流失的环节与部位,找出废弃物产生的原因,查找物料储运、生产运行、管理以及废弃物排放等方面存在的问题。寻找本行业与国内外先进企业生产水平的差距,找到企业生产发展瓶颈的本质,为清洁生产方案的产生提供依据。本阶段工作重点是实测输入、输出物流,建立物料平衡(含物料平衡、水平衡、能源平衡、特征污染物平衡等),并分析废弃物产生原因。

（一）准备审核重点资料

收集审核重点及其相关工序或工段的有关资料,绘制工艺流程图。

1. 收集资料

1）工艺资料

（1）工艺流程图,工艺流程图并非越细越好,而是收集的能用于物料监测的流程图。

（2）工艺设计的物料、热量平衡数据,重点核对实际情况,而非设计原始数据。

（3）工艺操作手册和说明,重点查看可能导致物料流失的环节与部位。

（4）设备技术规范和运行维护记录,重点查看现场的实际记录。

（5）管道系统布局图。

（6）车间内平面布置图。

2）原材料和产品及生产管理资料

（1）产品的组成及月、年度产量表。

（2）物料消耗统计表。

（3）产品和原材料库存记录。

（4）原料进厂检验记录。

（5）能源费用。

（6）车间成本费用报告。

（7）生产进度表。

3）废弃物资料

（1）年度废弃物排放报告。

（2）废弃物（水、气、渣）分析报告。

（3）废弃物管理、处理和处置费用。

（4）排污费。

（5）废弃物处理设施运行和维护费。

4）国内外同行业资料

（1）国内外同行业单位产品原辅料消耗情况（审核重点）。

（2）国内外同行业单位产品排污情况（审核重点）。

（3）列表与本企业情况比较。

6）现场调查

（1）补充与验证已有数据。

（2）不同操作周期的取样、化验。

（3）现场提问。

（4）现场考察、记录;追踪所有物流;建立产品、原料、添加剂及废弃物等物流记录。

2. 编制审核重点的工艺流程图

为了更充分和较全面地对审核重点进行实测和分析,首先应掌握审核重点的工艺过程和输入、输出物流情况。工艺流程图以图解的方式整理、标示工艺过程及进入和排出系统的物料、能源以及废弃物流的情况。图 5-5 是审核重点工艺流程示意图。

3. 编制单元操作工艺流程图和功能说明表

当审核重点包含较多的单元操作,而一张审核重点流程图难以反映各单元操作的具体情况时,应在审核重点工艺流程图的基础上,分别编制各单元操作的工艺流程图（标明进出单元操作的输入、输出物流）和功能说明表。图 5-6 为对应图 5-5 单元操作 1 的工艺流程示意图。表 5-6 为某啤酒厂审核重点（酿造车间）各单元操作功能说明表。

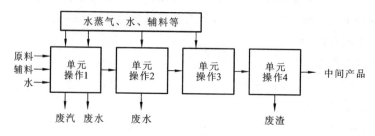

图 5-5　审核重点工艺流程示意图

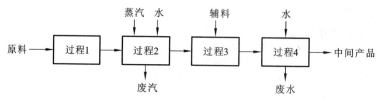

图 5-6　工艺流程示意图

表 5-6　单元操作功能说明表

单元操作名称	功　能　简　介
粉碎	将原辅料粉碎成粉、粒,以利于糖化过程物质分解
糖化	利用麦芽所含酶,将原料中高分子物质分解制成麦汁
麦汁过滤	将糖化醪中原料溶出物质与麦糟分开,得到澄清麦汁
麦汁煮沸	灭菌、灭酶、蒸出多余水分,使麦汁浓缩至要求浓度
旋流澄清	使麦汁静置,分离出热凝固物
冷却	析出冷凝固物,使麦汁吸氧、降到发酵所需温度
麦汁发酵	添加酵母,发酵麦汁成酒液
过滤	去除残存酵母及杂质,得到清亮透明的酒液

4. 编制工艺设备流程图

工艺设备流程图主要是为实测和分析服务。与工艺流程图主要强调工艺过程不同,它强调的是设备和进出设备的物流。设备流程图要求按工艺流程,分别标明重点设备输入、输出物流及监测点。图 5-7 给出一套催化裂化装置工艺设备流程图示例。

（二）实测输入输出物流

为在评估阶段对审核重点做更深入更细致的物料平衡和废弃物产生原因分析,必须实测审核重点的输入、输出物流。

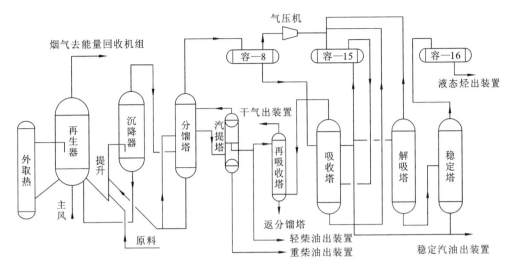

图 5-7　一套催化裂化装置工艺设备流程示例

1. 准备及要求

1）准备工作内容

（1）制订现场实测计划；确定监测项目、监测点；确定实测时间和周期。

（2）校验监测仪器和计量器具。

（3）实测工作要求。

2）监测项目

应对审核重点全部的输入、输出物流进行实测，包括原料、辅料、水、产品、中间产品及废弃物等。物流中组分的测定根据实际工艺情况而定，有些工艺应测（如电镀液中的 Cu、Cr，铅酸蓄电池生产工艺中的污染物 Pb 等），有些工艺则不一定都测（如炼油过程中各类烃的含量及类型等），原则是监测项目应满足对废弃物流的初步统计与分析。

（1）监测点：监测点的设置须满足物料衡算的要求，即主要的物流进出口要监测，但对因工艺条件所限无法监测的某些中间过程，可用理论计算数值代替。

（2）实测时间和周期：对周期性（间歇）生产的企业，按正常一个生产周期（即一次配料由投入到产品产出为一个生产周期）进行逐个工序的实测，而且至少实测三个周期。对于连续生产的企业，应连续（跟班）监测 72 h。

（3）同步性：即输入、输出物流的实测要注意在同一生产周期内完成相应的输入和输出物流的实测。

（4）实测的条件：正常工况，按正确的检测方法进行实测。

（5）现场记录：边实测边记录，及时记录原始数据，并标出测定时的工艺条件（温度、压力等）。

（6）数据单位：数据收集的单位要统一，并注意与生产报表及年、月统计表的可比性。

（7）间歇操作的产品，采用单位产品进行统计，如 t/t、t/kg 等，连续生产的产品，可用单位时间产量进行统计，如 t/a、t/月、t/d 等。

2．实测

（1）实测输入物流。输入物流指所有投入生产的输入物，包括进入生产过程的原料、辅料、水、汽以及中间产品、循环利用物等。应包括数量、组分（应有利于废弃物流分析）、实测时的工艺条件。

（2）实测输出物流。输出物流指所有排出单元操作或某台设备、某一管线的排出物，包括产品、中间产品、副产品、循环利用物以及废弃物（废气、废渣、废水等）。应包括数量、组分（应有利于废弃物流分析）、实测时的工艺条件。

3．汇总数据

（1）汇总各单元操作数据。将现场实测的数据经过整理、换算并汇总在一张或几张表上，具体可见表5-7。

表 5-7 各单元操作数据汇总

单元操作	输　入　物					输　出　物					去向
	名称	数量	成分			名称	数量	成分			
			名称	浓度	数量			名称	浓度	数量	
单元操作 1											
单元操作 2											
单元操作 3											

注：①数量按单位产品的量或单位时间的量填写；

　　②成分指输入和输出物中含有的贵重成分或（和）对环境有毒有害成分。

（2）汇总审核重点数据。在单元操作数据的基础上，将审核重点的输入和输出数据汇总成表，使其更加清楚明了，表的格式可参照表5-8。对于输入、输出物料是不能简单加和的，可根据组分的特点自行编制类似表格。

表 5-8 审核重点输入、输出数据汇总（单位：）

输　入		输　出	
输入物	数量	输出物	数量
原料 1		产品	
原料 2		副产品	
辅料 1		废水	
辅料 2		废气	
水		废渣	
⋮		⋮	
合计		合计	

（三）建立物料平衡

建立物料平衡,旨在准确地判断审核重点的废弃物流,定量地确定废弃物的数量、成分以及去向,从而发现过去无组织排放或未被注意的物料流失,并为产生和研制清洁生产方案提供科学依据。从理论上讲,物料平衡应满足公式:输入＞输出。

1. 进行预平衡测算

根据物料平衡原理和实测结果,考察输入、输出物流的总量和主要组分达到的平衡情况。一般说来,如果输入总量与输出总量之间的偏差在5％以内,则可以用物料平衡的结果进行随后的有关评估与分析,但对于贵重原料、有毒成分等的平衡偏差应更小或应满足行业要求;反之,则须检查造成较大偏差的原因,可能是实测数据不准或存在无组织物料排放等情况,这种情况下应重新实测或补充监测。

2. 编制物料平衡图

物料平衡图是针对审核重点编制的,即用图解的方式将预平衡测算结果标示出来。但在此之前须编制审核重点的物料流程图,即把各单元操作的输入、输出标在审核重点的工艺流程图上。图5-8和图5-9分别为某啤酒厂审核重点(酿造车间)的物料流程图和物料平衡图。当审核重点涉及贵重原料和有毒成分时,物料平衡图应标明其成分和数量,或每一成分单独编制物料平衡图。

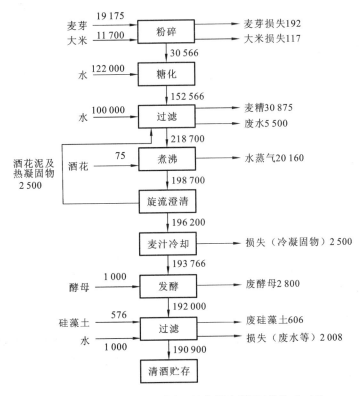

图5-8　审核重点(酿造车间)的物料流程图(单位:kg/d)

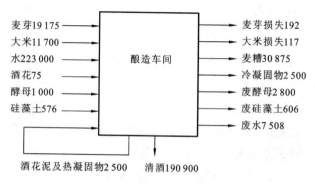

图 5-9　审核重点(酿造车间)的物料平衡图(单位：kg/d)

物料流程图以单元操作为基本单位,各单元操作用方框图表示,输入画在左边,主要的产品、副产品和中间产品按流程标示,而其他输出则画在右边。

物料平衡图以审核重点的整体为单位,输入画在左边,主要的产品、副产品和中间产品标在右边,气体排放物标在上边,循环和回用物料标在左下角,其他输出则标在下边。

从严格意义上说,水平衡是物料平衡的一部分。水若参与反应,则是物料的一部分,但在许多情况下,它并不直接参与反应,而是作为清洗和冷却之用。在这种情况下,当审核重点的耗水量较大时,为了了解耗水过程,寻找减少水耗的方法,应另外编制水平衡图。

注意:有些情况下,审核重点的水平衡并不能全面反映问题或水耗在全厂占有的重要地位,可考虑就全厂编制一个水平衡图。

3. 阐述物料平衡结果

在实测输入、输出物流及物料平衡的基础上,寻找废弃物及其产生部位,阐述物料平衡结果,对审核重点的生产过程作出评估。主要内容如下:

(1) 物料平衡的偏差;

(2) 实际原料利用率;

(3) 物料流失部位(无组织排放)及其他废弃物产生环节和产生部位;

(4) 废弃物(包括流失的物料)的种类、数量和所占比例以及对生产和环境的影响部位。

(四) 分析废弃物产生原因

对每一个物料流失、废弃物产生部位的每一种物料以及废弃物进行分析,找出它们产生的原因。分析可从影响生产过程的 8 个方面来进行。

1. 原辅料和能源

原辅料指生产中主要原料和辅助用料(包括添加剂、催化剂、水等);能源指维持正常生产所用的动力源(包括电、煤、蒸汽、油等)。因原辅料及能源而产生废弃物主要有以下几个方面的原因。

(1) 原辅料不纯或(和)未净化。

（2）原辅料储存、发放、运输的流失。

（3）原辅料的投入量和（或）配比的不合理。

（4）原辅料及能源的超定额消耗。

（5）有毒、有害原辅料的使用。

（6）未利用清洁能源和二次能源。

2. 技术工艺

因技术工艺而产生废弃物主要有以下几个方面的原因。

（1）技术工艺落后，原料转化率低。

（2）设备布置不合理，无效传输线路过长。

（3）反应及转化步骤过长。

（4）连续生产能力差。

（5）工艺条件要求过严。

（6）生产稳定性差。

（7）需使用对环境有害的物料。

3. 设备

因设备而产生废弃物主要有以下几个方面的原因。

（1）设备破旧、漏损。

（2）设备自动化控制水平低。

（3）有关设备之间配置不合理。

（4）主体设备和公用设施不匹配。

（5）设备缺乏有效维护和保养。

（6）设备的功能不能满足工艺要求。

4. 过程控制

因过程控制而产生废弃物主要有以下几个方面的原因。

（1）计量检测、分析仪表不齐全或监测精度达不到要求。

（2）某些工艺参数（如温度、压力、流量、浓度等）未能得到有效控制。

（3）过程控制水平不能满足技术工艺要求。

5. 产品

产品包括审核重点内生产的产品、中间产品、副产品和循环利用物。因产品而产生废弃物主要有以下几个方面的原因。

（1）产品储存和搬运中的破损、漏失。

（2）产品的转化率低于国内外先进水平。

（3）不利于环境的产品规格和包装。

6. 废弃物

因废弃物本身具有的特性而未加利用导致产生废弃物主要有以下几个方面的原因：

（1）对可利用废弃物未进行再次使用和循环使用。

（2）废弃物的物理化学性状不利于后续的处理和处置。

（3）单位产品废弃物产生量高于国内外先进水平。

7. 管理

因管理而产生废弃物主要有以下几个方面的原因。

（1）有利于清洁生产的管理条例、岗位操作规程等未能得到有效执行。

（2）现行的管理制度不能满足清洁生产的需要：①岗位操作规程不够严格；②生产记录（包括原料、产品和废弃物）不完整；③信息交换不畅。

④缺乏有效的奖惩办法。

8. 员工

因员工而产生废弃物主要有以下几个方面的原因。

（1）员工的素质不能满足生产需求：①缺乏优秀管理人员；②缺乏专业技术人员；③缺乏熟练操作人员；④员工的技能不能满足本岗位的要求。

（2）缺乏对员工主动参与清洁生产的激励措施。

（五）提出和实施无/低费方案

主要针对审核重点，根据废弃物产生原因分析，提出并实施无/低费方案。

四、方案产生和筛选

方案产生和筛选是企业进行清洁生产审核工作的第四个阶段。本阶段的目的是通过方案的产生、筛选、研制，为下一阶段的可行性分析提供足够的中/高费清洁生产方案。本阶段的工作重点是根据评估阶段的结果，制订审核重点的清洁生产方案；在分类汇总基础上（包括已产生的非审核重点的清洁生产方案，主要是无/低费方案），经过筛选确定出两个以上中/高费方案供下一阶段进行可行性分析；同时对已实施的无/低费方案实施效果进行核定与汇总；最后编写清洁生产中期审核报告。

（一）产生方案

清洁生产方案的数量、质量和可实施性直接关系到企业清洁生产审核的成效，是审核过程的一个关键环节，因而应广泛发动群众征集、产生各类方案。

1. 广泛采集，创新思路

在全厂范围内利用各种渠道和多种形式，进行宣传动员，鼓励全体员工提出清洁生产方案或合理化建议。通过实例教育，克服思想障碍，制定奖励措施以鼓励创造性思想和方案的产生。

2. 根据物料平衡和针对废弃物产生原因分析产生方案

进行物料平衡和废弃物产生原因分析的目的就是要为清洁生产方案的产生提供依据。因而方案的产生要紧密结合这些结果，只有这样才能使所产生的方案具有针对性。

3. 广泛收集国内外同行业先进技术

类比是产生方案的一种快捷、有效的方法。应组织工程技术人员广泛收集国内外同行业的先进技术，并以此为基础，结合本企业的实际情况，制订清洁生产方案。

4. 组织行业专家进行技术咨询

当企业利用本身的力量难以完成某些方案的产生时，可以借助于外部力量，组织行业专家进行技术咨询，这对启发思路、畅通信息将会很有帮助。

5. 全面系统地产生方案

清洁生产涉及企业生产和管理的各个方面，虽然物料平衡和废弃物产生原因分析将大大有助于方案的产生，但是在其他方面可能也存在着一些清洁生产机会，因而可从影响生产过程的八个方面全面系统地产生方案。

（1）原辅材料和能源替代。

（2）技术工艺改造。

（3）设备维护和更新。

（4）过程优化控制。

（5）产品更换或改进。

（6）废弃物回收利用和循环使用。

（7）加强管理。

（8）员工素质的提高以及积极性的激励。

（二）分类汇总方案

对所有的清洁生产方案，不论已实施的还是未实施的，不论是属于审核重点的还是不属于审核重点的，均按原辅材料和能源替代、技术工艺改造、设备维护和更新、过程优化控制、产品更换或改进、废弃物回收利用和循环使用、加强管理、员工素质的提高以及积极性的激励等8个方面列表简述其原理和实施后的预期效果。

（三）筛选方案

在进行方案筛选时可采用两种方法，一是用比较简单的方法进行初步筛选，二是采用权重总和计分排序法进行筛选和排序。

1. 初步筛选

初步筛选是要对已产生的所有清洁生产方案进行简单检查和评估，从而分出可行的无/低费方案、初步可行的中/高费方案和不可行方案三大类。其中，可行的无/低费方案可立即实施；初步可行的中/高费方案供下一步进行研制和进一步筛选；不可行的方案则搁置或否定。

1）确定初步筛选因素

可考虑技术可行性、环境效果、经济效益、实施难易程度以及对生产和产品的影响等几个方面。

（1）技术可行性：主要考虑该方案的成熟程度，例如是否已在企业内部其他部门采用过或同行业其他企业采用过,以及采用的条件是否基本一致,若在同行业有类似的使用,可安排企业进行实地考察以进一步落实本方案的技术可行性等。

(2) 环境效果:主要考虑该方案是否可以减少废弃物(主要为 COD、BOD_5、SO_2、NH_3-N 及 TSP 等)的数量和废弃物的毒性,是否能改善工人的操作环境等。

(3) 经济效果:主要考虑投资和运行费用能否承受得起,是否有经济效益,能否减少废弃物的处理处置费用,以及该方案实施后能带来的经济效益等。

(4) 实施的难易程度:主要考虑是否在现有的场地、公用设施、技术人员等条件下即可实施或稍作改进才可实施,实施的时间长短等。

(5) 对生产和产品的影响:主要考虑方案的实施过程中对企业正常生产的影响程度以及方案实施后对产量、质量的提升等影响。

2)进行初步筛选

在进行方案初步筛选时,可采用简易筛选方法,即组织企业领导和工程技术人员进行讨论来决策。方案的简易筛选方法基本步骤如下:第一步,参照前述筛选因素的确定方法,结合本企业的实际情况确定筛选因素;第二步,确定每个方案与这些筛选因素之间的关系,若是正面影响关系,则打"√",若是反面影响关系,则打"×";第三步,综合评价,得出结论。具体见表 5-9。

表 5-9 方案简易筛选方法

筛选因素	方 案 编 号				
	F1	F2	F3	···	Fn
技术可行性	√	×	√	···	√
环境效果	√	√	√	···	×
经济效果	√	√	×	···	√
⋮				⋮	
结论	√	×	×	···	×

2. 权重总和计分排序

权重总和计分排序法适合于处理方案数量较多或指标较多相互比较有困难的情况,一般仅用于中/高费方案的筛选和排序。

方案的权重总和计分排序法基本同第 3 章审核重点的权重总和计分排序法,只是权重因素和权重值可能有些不同。权重因素和权重值的选取可参照以下执行。

(1) 技术可行性,权重值 $W=6\sim8$。

主要考虑技术是否成熟、先进;能否找到有经验的技术人员;国内外同行业是否有成功的先例;是否易于操作、维护等。

(2) 环境效果,权重值 $W=8\sim10$。

主要考虑是否减少对环境有害物质的排放量及其毒性;是否减少了对工人安全和健康的危害;是否能够达到环境标准等。

（3）经济可行性,权重值 $W=7\sim10$。

主要考虑费用效益比是否合理。

（4）可实施性,权重值 $W=4\sim6$。

主要考虑方案实施过程中对生产的影响大小;施工难度,施工周期;工人是否易于接受等。具体方法见表 5-10。

表 5-10　方案的权重总和计分排序

权重因素	权重值(W)	方案得分							
		方案 1		方案 2		方案 3		方案 4	
		R	$R\times W$	R	$R\times W$	R	$R\times W$	R	$R\times W$
环境效果									
经济可行性									
技术可行性									
可实施性									
总分$\sum(R\times W)$									
排序									

3. 汇总筛选结果

按可行的无/低费方案、初步可行的中/高费方案和不可行方案,列表汇总方案的筛选结果。

（四）研制方案

经过筛选得出的初步可行的中/高费清洁生产方案,因为投资额较大,而且一般对生产工艺过程有一定程度的影响,因而需要进一步研制,主要是进行一些工程化分析,从而提供两个以上方案供下一阶段做可行性分析。

1. 内容

方案的研制内容包括以下四个方面。

（1）方案的工艺流程详图。

（2）方案的主要设备清单。

（3）方案的费用和效益估算。

（4）编写方案说明。

对每一个初步可行的中/高费清洁生产方案均应编写方案说明,主要包括技术原理、主要设备、主要的技术及经济指标、可能的环境影响等。

2. 原则

一般筛选出来的每一个中/高费方案进行研制和细化时都应考虑以下几个原则。

（1）系统性。考察每个单元操作在一个新的生产工艺流程中所处的层次、地位和作用以及与其他单元操作的关系,从而确定新方案对其他生产过程的影响,并综合考虑经济效益和环境效果。

（2）闭合性。尽量使工艺流程对生产过程中的载体（如水、溶剂等）实现闭路循环。

（3）无害性。清洁生产工艺应该是无害（或至少是少害）的生态工艺，要求不污染（或轻污染）空气、水体和地表土壤；不危害操作工人和附近居民的健康；不损坏风景区、休憩地的美学价值；生产的产品要提高其环保性，使用可降解原材料和包装材料。

（4）合理性。合理性旨在合理利用原料，优化产品的设计和结构，降低能耗和物耗，减少劳动量和劳动强度等。

（五）继续实施无/低费方案

实施经筛选确定的在预评估和评估阶段产生的，并经分析表明可行的无/低费方案，其目的是体现清洁生产审核过程的"边实施、边见效、边改进"。

（六）核定并汇总无/低费方案实施效果

对已实施的无/低费方案，包括在预评估和评估阶段所实施的无/低费方案，应及时核定其效果并进行汇总分析。核定及汇总内容包括方案序号、名称、实施时间、投资、运行费、经济效益和环境效益。这里的经济效益和环境效益只是初步估算，若能应进行精确计算。

（七）编写清洁生产中期审核报告

清洁生产中期审核报告在方案产生和筛选工作完成之后进行，是对前面所有工作的总结。具体编写方法见单元四"清洁生产审核报告基本框架"内容。

五、方案可行性分析

可行性分析是企业进行清洁生产审核工作的第五个阶段。本阶段的目的是对筛选出来的中/高费清洁生产方案进行分析和评估，以选择最佳的、可实施的清洁生产方案。本阶段工作重点是，在结合市场调查和收集一定资料的基础上，进行方案的技术、环境、经济的可行性分析和比较，从中选择和推荐最佳的可行方案。

最佳的可行方案是指该项投资方案在技术上先进适用、在经济上合理有利又能保护环境的最优方案。

（一）进行市场调查

清洁生产方案涉及以下情况时，需首先进行市场调查，为方案的技术与经济可行性分析奠定基础，进行市场调查一般基于以下原因。

（1）拟对产品结构进行调整。

（2）有新的产品（或副产品）产生。

1. 调查市场需求

（1）国内同类产品的价格、市场总需求量。

（2）当前同类产品的总供应量。

（3）产品进入国际市场的能力。

（4）产品的销售对象（地区或部门）。

（5）市场对产品的改进意见。

2. 预测市场需求

（1）国内市场发展趋势预测。

（2）国际市场发展趋势分析。

（3）产品开发生产销售周期与市场发展的关系。

3. 确定方案的技术途径

通过市场调查和市场需求预测，对原来方案中的技术途径和生产规模可能会作相应调整。在进行技术、环境、经济评估之前，要最后确定方案的技术途径。每一方案中应包括 2～3 种不同的技术途径，以供选择，其内容应包括以下几个方面。

（1）方案技术工艺流程详图。

（2）方案实施途径及要点。

（3）主要设备清单及配套设施要求。

（4）方案所达到的技术经济指标。

（5）可产生的环境、经济效益预测。

（6）方案的投资总费用。

（二）进行技术评估

技术评估的目的是研究项目在预定条件下，为达到投资目的而采用的工程是否可行。技术评估应着重评价以下几个方面。

（1）方案设计中采用的工艺路线、技术设备在经济合理的条件下的先进性、适用性。

（2）与国家有关的技术政策和能源政策的相符性。

（3）技术引进或设备进口要符合我国国情，引进技术后要有消化吸收能力。

（4）资源的利用率和技术途径合理。

（5）技术设备操作上安全、可靠。

（6）技术是否成熟（如国内有实施的先例）。

[案例分析]

下面是某中高费方案——"HPP 大厦部分照明改造 LED 灯"的技术可行性分析。

1. LED 节能灯概念

LED 即半导体发光二极管，LED 节能灯是用高亮度白色发光二极管产生光源，光效高、耗电少，寿命长、易控制、免维护、安全环保；是新一代固体冷光源，光色柔和、艳丽、丰富多彩、低损耗、低能耗、绿色环保；适用于家庭、商场、银行、医院、宾馆、饭店等其他各种公共场所长时间照明。此外，LED 节能灯采用无频闪直流电，对眼睛起到很好的保护作用，是台灯、手电的最佳选择。

2. LED 的主要构成

50 年前人们已经了解半导体材料可产生光线的基本知识,第一个商用二极管产生于 1960 年。发光二极管(light emitting diode,LED)的基本结构是一块电致发光的半导体材料,置于一个有引线的架子上,然后四周用环氧树脂密封,起到保护内部芯线的作用。

LED 主要结构因为用途的不同,其主要结构也有所变动。其主要结构如下:

(1) 配光系统——由 LED 灯板(发光源)/导热板、均光罩/灯壳等结构组成。

(2) 散热系统——由导热板(柱)、内外散热器等结构组成。

(3) 驱动电源——由高频恒流源、线性恒流源构成,输入为市电交流电。

(4) 机械/防护结构——由散热器/外壳、灯头/绝缘套、均光罩/灯壳等结构组成。

此外,按照两者总体的结构特点,又可以分为:

(1) 白炽灯泡——单一整体式。

(2) LED 灯泡——整体式/分裂式/多头组合式等多种形式。

3. LED 的工作原理

发光二极管的核心部分是由 p 型半导体和 n 型半导体组成的晶片,在 p 型半导体和 n 型半导体之间有一个过渡层,称为 p-n 结。在某些半导体材料的 p-n 结中,注入的少数载流子与多数载流子复合时会把多余的能量以光的形式释放出来,从而把电能直接转换为光能。p-n 结加反向电压,少数载流子难以注入,故不发光。这种利用注入式电致发光原理制作的二极管称为发光二极管(LED)。当它处于正向工作状态时(即两端加上正向电压),电流从 LED 阳极流向阴极时,半导体晶体就发出从紫外到红外不同颜色的光线,光的强弱与电流有关。

4. LED 灯的显著优点

(1) 高节能。节能能源无污染即环保。直流驱动,超低功耗(单管 $0.03 \sim 0.06$ W)电光功率转换接近 100%,相同照明效果比传统光源节能 80% 以上。

(2) 寿命长。LED 光源也被称为长寿灯,意为永不熄灭的灯。LED 光源为固体冷光源,用环氧树脂封装,灯体内也没有松动的部分,不存在灯丝发光易烧、热沉积、光衰等缺点,使用寿命可达 6 万~10 万小时,比传统光源寿命长 10 倍以上。

(3) 多变幻。LED 光源可利用红、绿、蓝三基色愿理,在让算机技术控制下使三种颜色具有 256 级灰度并任意混合,即可产生 $256 \times 256 \times 256 = 16\ 777\ 216$ 种颜色,形成不同光色的组合变化多样,可实现丰富多彩的动态变化效果及各种图像。

(4) 利环保。LED 光源的环保效果更佳。光谱中没有紫外线和红外线,既没有热量,也没有辐射,眩光小,而且废弃物可回收,没有污染,不含汞元素;冷光源,可以安全触摸,属于典型的绿色照明光源

(5) 高新尖。与传统光源单调的发光效果相比,LED 光源是低压微电子产品,其成功融合了计算机技术、网络通信技术、图像处理技术、嵌入式控制技术等,所以也是数字信息化产品,是半导体光电器件高新尖技术,具有在线编程、无限升级、灵活多变的特点。

(6) 体积小。LED 基本上是一块很小的芯片被封装在环氧树脂里,所以它非常小、非常轻。

（7）高亮度、低热量。

5.中国 LED 灯的发展

中国 LED 产业起步于 20 世纪 70 年代。经过 30 多年的发展,中国 LED 产业已初步形成了包括 LED 外延片的生产、LED 芯片的制备、LED 芯片的封装以及 LED 产品应用在内的较为完整的产业链。在"国家半导体照明工程"的推动下,形成了上海、大连、南昌、厦门、深圳、扬州和石家庄七个国家半导体照明工程产业化基地。长三角、珠三角、闽三角以及北方地区则成为中国 LED 产业发展的聚集地。

目前,中国半导体照明产业发展向好,外延芯片企业的发展尤其迅速,封装企业规模继续保持较快增长,照明应用取得较大进展。2007 年,中国 LED 应用产品产值已超过300 亿元,已成为 LED 全彩显示屏、太阳能 LED、景观照明等应用产品世界最大的生产和出口国,新兴的半导体照明产业正在形成。国内在照明领域已经形成一定特色,其中户外照明发展最快,已有上百家 LED 路灯企业并建设了几十条示范道路,但国内在大尺寸LED 背光和汽车前照灯方面仍显落后。

2008 年,北京奥运会对 LED 照明的集中展示让人们对 LED 有了全新的认识,有力推动了中国半导体照明产业的发展。当前中国半导体产业大而不强,核心竞争力仍有待于进一步提升。对国内企业而言,壮大规模、提高产品质量与技术水平是首要任务,提高未来取得大厂专利授权时的要价能力,或逐步通过研发突破核心专利是企业发展的重要途径。

6.国外 LED 灯的应用

世界多个国家都已公布淘汰白炽灯的时间表。作为世界第一个计划禁止白炽灯的国家,澳大利亚今年已经全面实行使用节能灯;欧盟通过一项法案自 2009 年起用 4 年的时间逐步淘汰白炽灯;日本在 2012 年已全面禁用白炽灯;美国新的照明节能标准也在 2012年正式生效。美国克里(Cree)公司,在北卡罗来纳州的公司的办公楼,大厦的大堂、会议室、停车场和入口通道全部更换成了 LED 照明灯,见图 5-10。

荷兰皇家飞利浦电子公司总部向人们展示了 LED 灯的潜力(图 5-11),飞利浦设计的照明系统优雅柔和。灯具被安装到建筑物的仿天花板上,LED 射灯用于照亮走廊。该灯具为高功率 LED,每个 LED 灯额定功率 2.6 W。LED 灯市场每年增长速率在 30% 左右。

图 5-10 美国 LED 灯的使用案例

图 5-11 荷兰 LED 灯的使用案例

图 5-12　西班牙 LED 灯使用案例

西班牙一处写字楼的地下车库的 LED 改造工程。利用原有停车诱导系统电缆架安装 LED 照明灯,见图 5-12。

就目前国内外使用结果来看,LED 室内照明具有以下显著特点:

(1) 节能。采用高品质的 LED 光源,在同样的电能下 1 W 发的光相当于白炽灯的 4～5 倍,是节能灯的 2 倍以上。

(2) 环保。LED 是半导体材料,无任何有害物质,可回收利用,因为属于固态,不易碎。

(3) 寿命长。LED 灯具寿命正常使用下寿命普遍为节能灯的 5 倍以上。

(4) 光色纯正。LED 显色指数(RA)比传统灯具要高,普遍达到 75 以上,传统灯大约是 40～50。

(5) 可以工作在高速状态。节能灯如果频繁的启动或关断灯丝就会发黑,很快坏掉,LED 属于半导体,可工作在高速开关状态。

表 5-11 比较了常规 T8 电感日光灯和 LED 灯的优劣性。

表 5-11　T8 电感镇流日光灯与 LED 日光灯的优劣比较分析

	常规 T8 电感日光灯	LED 日光灯	结　论
节能	T8 灯具总功率在 40～48 W,能耗高(以 T8 36 W 日光灯为例)	无需镇流器、启辉器等耗电附件,其总功率只有 18～20 W	节电即省钱,有效降耗增效,降低营运成本,提高竞争力
显色指数	显色指数 RA=64	显色指数 RA>80	LED 灯下被照物的色彩鲜艳,明亮,明显优于 T8
寿命	T8 日光灯使用寿命为 3 000 h	LED 灯使用寿命可达 30 000 h 以上	使用寿命大大提高
环保相关问题比较	1. 有频闪,长期在这种灯光下工作,对视力有伤害 2. 有噪声,发热量大,功耗高 3. 含汞量 8～10 mg,对环境有污染,有辐射 4. 光衰期短,新灯使用 3 个月左右就会出现照明强度明显下降	1. 无频闪,接近自然光照明,眼睛不易疲劳 2. 无噪声,功耗低 3. 采用固体发光二极管,无染污,无辐射 4. 一般在二年后才转入光衰期	使用 LED 日光灯可实现真正的绿色环保

可见,从上面的分析来看,LED 灯与其他类型的灯比较,不存在技术上的问题,实际应用上国内外也有相应的案例,因此更换 LED 灯在技术上是可行的。

7. 结论

对某一个中/高费方案进行技术分析,一般从以下几个方面进行。

（1）提出的方案中有无新鲜的概念,若有,先对概念进行简单的介绍和解释。

（2）介绍方案主体的组成部分。

（3）介绍提出方案(设备)的工作原理。

（4）说明你提出的方案的优点(或说明别人方案的缺点,这样从侧面说明你提出的方案的可行性)。

（5）你提出的方案、技术在国内外的应用现状,即别人有没有用过,若没用过,别人不敢用;若用过,应举出具体的案例,这样,企业才会相信和采纳。

（6）关键时候可列表比较,举出一系列图片等,这样更具有说服力。

（三）进行经济评估

本阶段所指的经济评估是从企业的角度,按照国内现行市场价格,计算出方案实施后在财务上的获利能力和清偿能力。

经济评估的基本目标是要说明资源利用的优势。它是以项目投资所能产生的效益为评价内容,通过分析比较,选择效益最佳的方案,为投资决策提供依据。

1. 清洁生产经济效益的统计方法

清洁生产既有直接的经济效益也有间接的经济效益,要完善清洁生产经济效益的统计方法,独立建账,明细分类。

清洁生产的经济效益包括直接效益和间接效益,如图 5-13 所示。

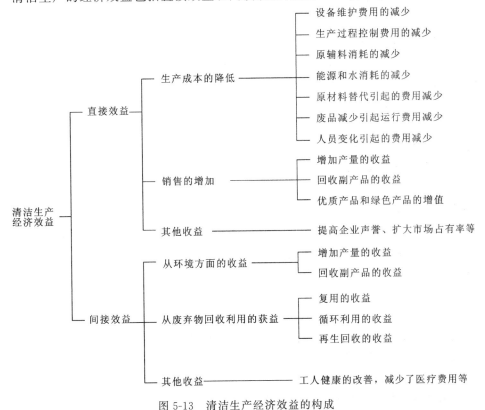

图 5-13　清洁生产经济效益的构成

2. 经济评估方法

经济评估主要采用现金流量分析和财务动态获利性分析方法。主要经济评估指标如下：

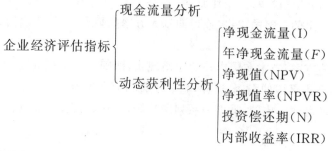

3. 经济评估指标及其计算

1）总投资费用（I）

总投资费用（I）＝总投资－补贴

2）年净现金流量（F）

从企业角度出发，企业的经营成本、工商税费和其他税金以及利息支付都是现金流出。销售收入是现金流入，企业从建设总投资中提取的折旧费可由企业用于偿还贷款，故也是企业现金流入的一部分。

净现金流量是现金流入和现金流出的差额，年净现金流量就是一年内现金流入和现金流出的代数和。

年净现金流量（F）＝销售收入－经营成本－各类税＋年折旧费＝年净利润＋年折旧费

3）投资偿还期（N）

这个指标是指项目投产后，以项目获得的年净现金流量来回收项目建设总投资所需的年限。可用下列公式计算：

$$N = I/F$$

式中，I 为总投资费用；F 为年净现金流量。

4）净现值（NPV）

净现值是指在项目经济寿命期内（或折旧年限内）将每年的净现金流量按规定的贴现率折现到计算期初的基年（一般为投资期初）现值之和。其计算公式为

$$NPV = \sum_{j=1}^{n} \frac{F}{(1+i)^j} - I$$

式中，i 为贴现率；n 为项目寿命周期（或折旧年限）；j 为年份。

净现值是动态获利性分析指标之一。

5）净现值率（NPVR）

净现值率为单位投资额所得到的净收益现值。

如果两个项目投资方案的净现值相同,而投资额不同时,则应以单位投资能得到的净现值进行比较,即以净现值率进行选择。其计算公式是

$$\text{NPVR} = \frac{\text{NPV}}{I} \times 100\%$$

净现值和净现值率均按规定的贴现率进行计算确定,它们还不能体现出项目本身内在的实际投资收益率。因此,还需采用内部收益率指标来判断项目的真实收益水平。

6) 内部收益率(IRR)

项目的内部收益率(IRR)是在整个经济寿命期内(或折旧年限内)累计逐年现金流入的总额等于现金流出的总额,即投资项目在计算期内,使净现值为零的贴现率。可按下式计算

$$\text{NVP} = \sum_{j-1}^{n} \frac{F}{(1+\text{IRR})^{j}} - I = 0$$

计算内部收益率(IRR)的简易方法可用试差法。

$$\text{IRR} = i_1 + \frac{\text{NPV}_1 (i_2 - i_1)}{\text{NPV}_1 + |\text{NPV}_2|}$$

式中,i_1 为当净现值 NPV_1 为接近于零的正值时的贴现率;i_2 为当净现值 NPV_2 为接近于零的负值时的贴现率;NPV_1、NPV_2 分别为试算贴现率 i_1 和 i_2 时,对应的净现值。i_1 与 i_2 可查表获得,i_1 与 i_2 的差值不应当超过 $1\% \sim 2\%$。

4. 经济评估准则

(1) 投资偿还期(N)应小于定额投资偿还期(视项目不同而定)。

定额投资偿还期一般由各个工业部门结合企业生产特点,在总结过去建设经验统计资料基础上,统一确定的回收期限,有的也是根据贷款条件而定。一般中费项目 $N < 2 \sim 3$ 年;较高费项目 $N < 5$ 年;高费项目 $N < 10$ 年。

投资偿还期小于定额偿还期,项目投资方案可接受。

(2) 净现值为正值:$\text{NPV} \geqslant 0$。

当项目的净现值大于或等于零时(即为正值),则认为此项目投资可行;如净现值为负值,就说明该项目投资收益率低于贴现率,则应放弃此项目投资;在两个以上投资方案进行选择时,则应选择净现值最大的方案。

(3) 净现值率最大。

在比较两个以上投资方案时,不仅要考虑项目的净现值大小,而且要求选择净现值率最大的方案。

(4) 内部收益率(IRR)应大于基准收益率或银行贷款利率:$\text{IRR} \geqslant i$。

内部收益率(IRR)是项目投资的最高盈利率,也是项目投资所能支付贷款的最高临界利率,如果贷款利率高于内部收益率,则项目投资就会造成亏损。因此,内部收益率反映了实际投资效益,可用以确定能接受投资方案的最低条件。

5. 推荐可实施方案

汇总列表比较各投资方案的技术、环境、经济评估结果,确定最佳可行的推荐方案。

[案例分析]

"LED 灯更换普通节能灯"的经济可行性分析

（1）用 12 W LED 筒灯替换 32 W 普通节能筒灯：

① 按电价 1.00 元/(kW·h)为例，地下商场营业照明时间每天 9 h，1 支筒灯每天电费如下

普通节能筒灯：32 W×9 h×1(灯数)÷1 000 W/kW＝0.288 kW·h/天

LED 筒灯：12 W×9 h×1(灯数)÷1000 W/kW＝0.108 kW·h/天

改造后每支筒灯每天节约电费：0.288－0.108＝0.18 kW·h/天·支

② 节电率为 62.5%，节电费为 0.18 元/天·支。

（2）用 1 只 19 W LED 筒灯替换 26 W×2 只的普通节能筒灯：

① 按电价 1.00 元/kw·h 为例，地下商场营业照明时间每天 9 h，1 支筒灯每天电费如下

普通节能筒灯：52 W×9 h×1(灯数)÷1 000 W/kW＝0.468 kw·h/天

LED 筒灯：19 W×9 h×1(灯数)÷1 000 W/kW＝0.171 kw·h/天

改造后每支筒灯每天节约电费：0.468－0.171＝0.297 kw·h/天·支

② 节电率为 63.5%，节电费为 0.297 元/天·支。

（3）静态节能及收益分析：

现改造数量约计 60 000 支，其中 32 W 计 30 000 支，26 W 计 30 000 支，即改造后使用 LED 筒灯的数量为 12 W 计 30 000 支，19 W 计 15 000 支。

投资分析

DL-12 W LED 筒灯：150 元/支(含灯具、电源)

DL-19 W LED 筒灯：210 元/支(含灯具、电源)

上述投资共计：150×30 000＋210×15 000＝765 万元。

节能分析

节能改造前全年原耗电：(30 000 支×0.288＋15 000 支×0.468)×365＝5 715 900 kW·h

节能改造后全年原耗电：(30 000 支×0.108＋15 000 支×0.171)×365＝2 118 825 kW·h

即：全年节约用电 5 715 900－2 118 825＝3 597 075(kW·h)，节电率为 63%。

节能收益分析：每天节电费：30 000×0.18＋15 000 支×0.297＝9 855 元，

每年节电费用：30 000×0.18＋15 000 支×0.297×365＝3 597 075(元)≈360 万元。

将上述方案按经济分析的十项指标进行计算，结果如表 5-12 所示。

表 5-12　普通节能灯换 LED 灯的经济分析结果

投资总费用 I	765 万元	年运行费用总节省 P	360 万元
年增加现金流量 F	325.96 万元	应税利润	283.7 万元
新增设备年折旧费 D	76.3 万元	净利润	249.66 万元
净现值 NPV	1524.38 万元	投资偿还期 N	2.35 年
净现值率 NPVR	199.27%	内部收益率 IRR	41.26%
NPV＞0，项目可接受		IRR＞ic(项目基准收益率 15%)，项目可接受	

注：设备终期残值为 2 万元，贴现率为 7%，设备折旧年限为 10 年

（四）进行环境评估

任何一种清洁生产方案都应有显著的环境效益,环境评估是方案可行性分析的核心。环境评估应包括以下内容。

（1）资源的消耗与资源可永续利用要求的关系。

（2）生产中废弃物排放量的变化。

（3）污染物组分的毒性及其降解情况。

（4）污染物的二次污染。

（5）操作环境对人员健康的影响。

（6）废弃物的重复利用、循环利用和再生回收。

［案例分析］

"LED 灯更换普通节能灯"的环境可行性分析

首先,应分析该方案的实施会不会带来新的环境问题。若没有,直接分析该方案的实施带来了哪些环境方面的分析,如节电、节水等方面。由上文 32 W 30 000 支、26 W 30 000 支普通节能灯,改造为 12 W 30 000 支、19 W 计 15 000 支 LED 灯后,可节能 359.71×10^4 kW·h/年,按 10^4 kW·h 电 1.229 t 标煤计算,相当于节约标煤 442 t/年。然后按 442 t 标煤燃烧带来的环境问题进行分析,相当于减排 SO_2 5.4 t/年,CO_2 1 105 t/年,减排煤渣 265 t/年。

六、方案实施

方案实施是企业清洁生产审核的第六个阶段。目的是通过推荐方案(经分析可行的中/高费最佳可行方案)的实施,使企业实现技术进步,获得显著的经济和环境效益;通过评估已实施的清洁生产方案成果,激励企业推行清洁生产。本阶段工作重点是:总结前几个审核阶段已实施的清洁生产方案的成果,统筹规划推荐方案的实施。

（一）组织方案实施

推荐方案经过可行性分析,在具体实施前还需要周密准备。

1. 统筹规划

需要筹划的内容:

（1）筹措资金;

（2）设计;

（3）征地、现场开发;

（4）申请施工许可;

（5）兴建厂房;

（6）设备选型、调研、设计、加工或订货;

（7）落实配套公共设施;

（8）设备安装;

（9）组织操作、维修、管理班子；

（10）制定各项规程；

（11）人员培训；

（12）原辅料准备；

（13）应急计划（突发情况或障碍）；

（14）施工与企业正常生产的协调；

（15）试运行与验收；

（16）正常运行与生产。

统筹规划时建议采用甘特图形式制定实施进度表。表 5-13 是企业"采用微震布袋除尘器回收立窑烟尘"中/高费方案的实施进度表。

表 5-13　企业某中/高费方案的实施进度表

方案名称	采用微震布袋除尘器回收立窑烟尘												责任单位
实施内容	2010 年月份												
	1	2	3	4	5	6	7	8	9	10	11	12	
1.设计	■	■	■										专业设计院
2.设备考察			■										环保科
3.设备选型、订货				■									环保科
4.落实公共设备服务				■									电力车间
5.设备安装						■	■						专业安装队
6.人员培训						■							烧成车间
7.试车								■	■				环保科
8.正常生产										■	■	■	烧成车间

2. 筹措资金

资金的来源有两个渠道：

（1）企业内部自筹资金：企业内部资金包括两个部分，一是现有资金，二是通过实施清洁生产无/低费方案，逐步积累资金，为实施中/高费方案做好准备。

（2）企业外部资金，包括：国内借贷资金，如国内银行贷款等；国外借贷资金，如世界银行贷款等；其他资金来源，如国际合作项目赠款、环保资金返回款、政府财政专项拨款、发行股票和债券融资等。

若同时有数个方案需要投资实施时，则要考虑如何合理有效地利用有限的资金。在方案可分别实施且不影响生产的条件下，可以对方案实施顺序进行优化，先实施某个或某几个方案，然后利用方案实施后的收益作为其他方案的启动资金，使方案滚动实施。

3. 实施方案

推荐方案的立项、设计、施工、验收等，按照国家、地方或部门的有关规定执行。无/低费方案的实施过程也要符合企业的管理和项目的组织、实施程序。

（二）汇总已实施的无/低费方案的成果

已实施的无/低费方案的成果有两个主要方面：环境效益和经济效益。通过调研、实测和计算，分别对比各项环境指标，包括物耗、水耗、电耗等资源消耗指标以及废水量、废气量、固废量等废弃物指标在方案实施前后的变化，从而获得无/低费方案实施后的环境效果；分别对比产值、原材料费用、能源费用、公共设施费用、水费、污染控制费用、维修费、税金以及净利润等经济指标在方案实施前后的变化，从而获得无/低费方案实施后的经济效益，最后对本轮清洁生产审核中无/低费方案的实施情况作一阶段性总结。

（三）评价已实施的中/高费方案的成果

对已实施的中/高费方案成果，进行技术、环境、经济和综合评价。

1．技术评价

主要评价各项技术指标是否达到原设计要求，若没有达到要求，则提出改进措施等。

2．环境评价

环境评价主要对中/高费方案实施前后各项环境指标进行追踪并与方案的设计值相比较，考察方案的环境效果以及企业环境形象的改善。

通过方案实施前后的数字，可以获得方案的环境效益，又通过方案的设计值与方案实施后的实际值的对比，即方案理论值与实际值进行对比，可以分析两者差距，相应地可对方案进行完善。

3．经济评价

经济评价是评价中/高费清洁生产方案实施效果的重要手段。分别对比产值、原材料费用、能源费用、公共设施费用、水费、污染控制费用、维修费、税金以及净利润等经济指标在方案实施前后的变化以及实际值与设计值的差距，从而获得中/高费方案实施后所产生的经济效益情况。

4．综合评价

通过对每一中/高费清洁生产方案进行技术、环境、经济三方面的分别评价，可以对已实施的各个方案成功与否做出综合、全面的评价结论。此评价一定是方案实施后实际的评价，而不是前期的预计评价，因此，该评价更多的是注重实实在在的结果的核对与总结。

（四）分析总结已实施方案对企业的影响

无/低费和中/高费清洁生产方案经过征集、设计、实施等环节，使企业面貌有了改观，有必要进行阶段性总结，以巩固清洁生产成果。

1．汇总环境效益和经济效益

将已实施的无/低费和中/高费清洁生产方案成果汇总成表，内容包括实施时间、投资运行费、经济效益和环境效果，并进行分析。

2．对比各项单位产品指标

虽然可以定性地从技术工艺水平、过程控制水平、企业管理水平、员工素质等众多方面考察清洁生产带给企业的变化,但最有说服力、最能体现清洁生产效益的是考察审核前后企业各项单位产品指标的变化情况。

一方面,通过定性、定量分析,企业可以从中体会清洁生产的优势,总结经验以利于在企业内推行清洁生产;另一方面也要利用以上方法,从定性、定量两方面与国内外同类型企业的先进水平,进行对比,寻找差距,分析原因以利改进,从而在深层次上寻求清洁生产的机会。

3. 宣传清洁生产成果

在总结已实施的无/低费和中/高费方案清洁生产成果的基础上,组织宣传材料,在企业内广为宣传,为继续推行清洁生产打好基础。

七、持续清洁生产

持续清洁生产是企业清洁生产审核的最后一个阶段。目的是使清洁生产工作在企业内长期、持续地推行下去。本阶段工作重点是建立推行和管理清洁生产工作的组织机构、建立促进实施清洁生产的管理制度、制订持续清洁生产计划以及编写清洁生产审核报告。

(一)建立和完善清洁生产组织

清洁生产是一个动态的、相对的概念,是一个连续的过程,因而须有一个固定的机构、稳定的工作人员来组织和协调这方面工作,以巩固已取得的清洁生产成果,并使清洁生产工作持续地开展下去。

1. 明确任务

企业清洁生产组织机构的任务有以下四个方面。
(1)组织协调并监督实施本次审核提出的清洁生产方案。
(2)经常性地组织对企业职工的清洁生产教育和培训。
(3)选择下一轮清洁生产审核重点,并启动新的清洁生产审核。
(4)负责清洁生产活动的日常管理。

2. 落实归属

清洁生产机构要想起到应有的作用,及时完成任务,必须落实其归属问题。企业的规模、类型和现有机构等千差万别,因而清洁生产机构的归属也有多种形式,各企业可根据自身的实际情况具体掌握。可考虑以下几种形式。
(1)单独设立清洁生产办公室或部门,直接归属厂长领导(或管生产技术的副总经理管理)。
(2)在安全环保部门中设立清洁生产机构。
(3)在管理部门或技术部门中设立清洁生产机构。

不论是以何种形式设立的清洁生产机构,企业的高层领导要有专人直接领导该机构的工作,因为清洁生产涉及生产、环保、技术、管理等各个部门,必须有高层领导的协调才能有效地开展工作。

3. 确定专人负责

为避免清洁生产机构流于形式,确定专人负责是很有必要的。负责人须具备以下能力。

(1)熟练掌握清洁生产审核知识。

(2)熟悉企业的环保情况。

(3)了解企业的生产和技术情况。

(4)较强的工作协调能力。

(5)较强的工作责任心和敬业精神。

(二)建立和完善清洁生产管理制度

清洁生产管理制度包括把审核成果纳入企业的日常管理轨道、建立激励机制和保证稳定的清洁生产资金来源。

1. 把审核成果纳入企业的日常管理轨道

把清洁生产的审核成果及时纳入企业的日常管理轨道,是巩固清洁生产成效、防止走过场的重要手段,特别是通过清洁生产审核产生的一些无/低费方案,如何使它们形成制度显得尤为重要。

(1)把清洁生产审核提出的加强管理的措施文件化,形成制度。

(2)把清洁生产审核提出的岗位操作改进措施,写入岗位的操作规程,并要求严格遵照执行。

(3)把清洁生产审核提出的工艺过程控制的改进措施,写入企业的技术规范。

2. 建立和完善清洁生产激励机制

在奖金、工资、分配、提升、降级、上岗、下岗、表彰、批评等诸多方面,充分与清洁生产挂钩,建立清洁生产激励机制,以调动全体职工参与清洁生产的积极性。

3. 保证稳定的清洁生产资金来源

清洁生产的资金来源可以有多种渠道,如贷款、集资等,但是清洁生产管理制度的一项重要作用是保证实施清洁生产所产生的经济效益,全部或部分地用于清洁生产和清洁生产审核,以持续滚动地推进清洁生产。建议企业财务对清洁生产的投资和效益单独建账。

(三)制订持续清洁生产计划

清洁生产并非一朝一夕就可完成,因而应制订持续清洁生产计划,使清洁生产有组织、有计划地在企业中进行下去。持续清洁生产计划应包括以下几点。

(1)清洁生产审核工作计划:指下一轮的清洁生产审核。新一轮清洁生产审核的启动并非一定要等到本轮审核的所有方案都实施以后才进行,只要大部分可行的无/低费方案得到实施,取得初步的清洁生产成效,并在总结已取得的清洁生产经验的基础上,即可开始新的一轮审核。

(2)清洁生产方案的实施计划:指经本轮审核提出的可行的无/低费方案和通过可行性分析的中/高费方案。

（3）清洁生产新技术的研究与开发计划：根据本轮审核发现的问题，研究与开发新的清洁生产技术。

（4）企业职工的清洁生产培训计划。

公司自开展清洁生产审核工作以来，在企业高层、全体员工的共同努力下，对企业的生产经营体系进行了清洁生产审核。企业实施了一批清洁生产方案，取得了一定的环境效益和经济效益。同时，通过清洁生产审核活动，培养了一批清洁生产审核工作骨干。本阶段就本轮清洁生产审核工作进行总结并提出若干建议，主要内容包含以下几个方面：①企业清洁生产水平现状评价；②本轮清洁生产审核目标完成情况；③方案实施对企业的节能降耗成果总结；④本轮清洁生产审核污染物减排效果。

单元三　清洁生产审核技巧

［单元目标］

1. 了解清洁生产审核总体要求和思路。

2. 掌握清洁生产机会识别方法。

3. 掌握清洁生产各阶段技巧。

［单元重点难点］

1. 清洁生产审核的机会识别。

2. 清洁生产审核各审核阶段的技巧。

一、总体要求与思路

清洁生产审核技巧的总体要求与思路有以下几方面。

（1）清洁生产是全员性、长期性的工作，要求充分发动群众，调动全体员工的参与积极性。

（2）贯彻"边审核、边实施、边见效"的方针，并及时在组织中总结推广。

（3）在第四阶段，即"方案产生和筛选"完成后，通常需要编写清洁生产中期审核报告，以便及时总结经验、找出差距，确保进入"可行性分析"的清洁生产备选方案的准确性和有效性。

（4）注意把清洁生产审核成果及时纳入组织的日常管理轨道，以巩固清洁生产成效。

（5）对所取得的清洁生产效果，无论是环境效果还是经济效果，均应进行详细的统计分析，并编入最终的清洁生产审核报告中。

二、清洁生产机会识别

（一）清洁生产机会产生来源

"机会"的理解：抓住才是硬道理，机会是一种可能性，从机会到方案还需要系统化的综合考虑和完善（限制条件、可行性等），主要体现在以下几个方面。

（1）从 8 个方面进行分析。

（2）着重源削减、循环利用。

（3）通用清洁生产机会。

（4）行业清洁生产机会。

各行各业的组织都存在着大量的清洁生产机会,但有些是共性的,如良好的内部管理等。在审核时可充分利用检查清单的形式对组织中存在的清洁生产机会进行系统发掘。

在"预评估"和"评估"的现场考察时,可对照检查清单,提出初步的清洁生产无/低费方案建议,体现清洁生产审核"边审核,边实施"的特点。

（二）清洁生产方案产生技巧

清洁生产方案产生想法需要个人的创造性,主要有以下四种有助于产生创造性清洁生产方案的技巧。

1. 头脑风暴法

几个在不同学科有专长的人聚集到一块,设法对这个组织自身提出的问题给出一个答案。在自己创造力或其他人所提及的思路的启示下,每个成员可以畅所欲言,一个人负责记录,在没有人再做补充时,评估这个问题的答案并做出选择。

头脑风暴法是一个很容易的技巧,但它并不能解决所有问题。头脑风暴能做到的是收集关于问题,尤其对于复杂问题的不同方面的信息。然后在以后开会时不断补充新的信息。头脑风暴法是一种学习技巧,解决一个问题通常要开几次会。

2. 书面交流

头脑风暴法有许多变化,其中之一是书面交流,其做法是几乎不进行交谈,但参加者将想法写在或画在纸上。"635 方法"是一个著名的例子。这种方法要求六个参与者每人在纸上写出三个想法。5 min 后,这些想法传递给下一个参加者。第二个人看了这些方案并依次想出三个主意。在很短的时间内(30 min 内完成一个循环)就产生 108 个想法,然后评估这些想法,结果反馈给整个小组。最后整个小组决定应该怎么做,以及这些想法如何使用或改进。

3. 检查清单

在头脑风暴法这一大类产生想法的技巧中,检查清单是一个对产品和工艺设计很有用的工具。该清单通过提供几个思考路线而动员设计者对问题提出一些新的设计思想或新的解决方案。举例来说,对该清单提出关于替代、合并、重组、改善、扩大、收缩、消除或给出一种新产品的一种新用途等问题。

4. 借喻(类比)

最后一组创造性技巧是借喻,借喻意味着借用其他领域的想法。借喻可能存在于工业的不同领域,但也可能存在于自然界或家中。

例如,电影"洗澡"片头的例子,把电脑洗车移植到洗澡中,就很有想象力。

（三）内部管理检查清单

内部管理检查清单见表 5-14。

表 5-14　内部管理检查清单

良好操作	内　容
废弃物分离	1. 防止有害废弃物与无害废弃物的混合 2. 恰当分组存放材料 3. 将不同类溶剂分开 4. 将液体废弃物同固体废弃物分开
预防性维护计划	1. 建立设备履历卡，注明设备所在位置、特性及维护情况 2. 建立总体预防性维护进度表 3. 将制造厂发的设备维护手册置于手边 4. 建立人工或计算机操作的设备修理履历档案
培训和意识树立的计划	1. 提供下属培训 2. 设备操作，将能源使用及材料浪费减至最低限度 3. 妥善地搬运物料，减少浪费和溅洒 4. 阐明有害材料的生成和处置在经济和环境方面的影响，强调污染预防的重要性 5. 查明并减少产生在空气、土地和水中的物料损失 6. 发生事故时尽量减少物料损失的紧急措施
有效监督	1. 领导层承诺一项积极的污染预防计划 2. 严密监管可提高生产率并减少无意中产生的废弃物 3. 集中废弃物管理，各部门指定一位安全及废弃物管理负责人
职工参与	1. 将组织各方面和各部门都组合到污染预防工作中来 2. "质量小组"（职工和检验人员之间的自由座谈会）可确定减少废弃物的途径 3. 征求并奖励职工对减少废弃物的建议
生产进度计划	1. 尽量增大批量，以减少消除废弃物 2. 将设备用于一种单一产品 3. 变更批量次序以降低清除频率（如由浅浴至深浴次序）
成本会计、费用分配	1. 将空气、地面和水中的全部排放物的直接和间接成本均计入特定的产品加工中 2. 将废弃物处理和处置费用分摊到产生废弃物的操作中 3. 将水、电费摊入规定的产品加工中 4. 凡涉及化学性应用或排放的资金和财产购置计划，均须经事先批准

（四）通用检查清单

通用检查清单见表15-15～表15-17。

表5-15　通用检查清单（一）

废弃物来源	废弃物类型	污染预防和回收利用方法
材料验收	① 容器底部沉积物不符合规格材料 ② 过剩材料 ③ 汇漏残渣 ④ 泵、阀、罐管道渗漏物 ⑤ 受损容器 ⑥ 空容器	1.采用"即时"订货制(对原材料采用"即需即订"的办法) 2.建立集中采购计划 3.指定专人负责订货、检查、粘贴标签(注明采购日期、内装何物)和负责发放有害物料 4.指定专人验收化学样品,并向供货方退回未用的样品 5.按确定需要数量订购化学试剂 6.鼓励化学品供货方成为负责的合作者(如接受退还过期的供货) 7.建立库存控制计划,以便自始至终跟踪化学物品 8.循环使用库存化学物品 9.实行先进先出的物料使用方针 10.研究一项同其他部门使用留滞化学物品的流动库存办法 11.物品验收前,要进行检验/试验 12.审核物料采购规格说明 13.在容器上注明采购日期,优先使用旧存 14.确认库存搁置失效日期 15.试验过期物料的有效性 16.对稳定的化合物不做库存搁置寿命要求 17.定期检查库存物品 18.采用计算机辅助工厂存货管理制度 19.实行定期物料跟踪 20.所有容器均应粘贴标签 21.建立管理制度以改善化学物品和收集废弃物 22.在可能条件下,对泄漏物采用干湿清除法代替湿式清除法(如用扫帚而不用软管) 23.采购纯净的材料 24.为不合规格物料寻找合适的不太重要的用途(否则只能加以处置) 25.成批采购物料,并成批存放 26.改为使用低害原料 27.使用同出厂说明书相一致的高性能、耐耗的原材料(如油类) 28.减少化学物品不同牌号、等级的数目 29.使用一种多功能溶剂或化学清洗剂,而不用多种不同的溶剂 30.在可能情况下,采用能提供新物料,也能接受已用过材料进行回收的供货商的供货 31.使用已回收及可回收的产品 32.使用可清洗或可回用的桶容器

表 5-16 通用检查清单(二)

废弃物来源	污染预防和回收利用方法
	1. 制订防止、控制和对付泄漏的计划(SPCC)
	2. 带有标记的罐体、容器等只能用于指定目的
	3. 全部罐体、容器均应装置溢流报警器
	4. 保持所有罐体、容器外形完整
	5. 液体储存罐应装置泄漏探测系统
	6. 对所有装、卸、运输作业均应规定书面操作程序
	7. 设置辅助库区
	8. 教育操作人员未经授权不得跨越连锁点、警戒线或重要转运点
	9. 隔离有泄漏或处于工作状态的设备或生产线
	10. 使用无密封泵
	11. 使用波纹管密封阀
	12. 使用重力栓塞或泵,在运送液体物料时防止泄漏
	13. 转运液体时,使用喷嘴或漏斗
	14. 使用滴漏捕集器
	15. 可能条件下,使用干式泄漏清除法
	16. 记录所有泄漏以供将来采取预防措施
	17. 实验全面物料平衡,并估算物料在数量和金额上的损失
	18. 使用双密封浮顶罐,进行 VOC 的控制
	19. 在固定顶罐体上做保护孔
原材料及 产品储存	20. 应用蒸汽回流系统(保持蒸汽平衡)
	21. 将产品存放于能保持其搁置寿命的场所或条件下
	22. 保持容器的盖、塞等处的密封(即使是空容器)
	23. 存放容器时,用肉眼观察其有无腐蚀、泄漏
	24. 存放容器时,减少倾斜、穿刺、破裂的机会
	25. 妥善存放包装物等,防止损坏、污染,保护室外存放物品免受高温、低温、雨、雪、风等的侵蚀
	26. 防止将通等搬离垫板而受潮(即水泥地"出汗")
	27. 建立物料安全资料册,确定泄漏的处理
	28. 存放场地要有充分照明
	29. 运输区路面应清洁、平整
	30. 保持通道畅通无阻
	31. 性质不相容的化学物品要保持距离
	32. 不同类型的化学物品要保持距离,以防止交互污染
	33. 避免将容器堆靠在加工设备上
	34. 搬运、使用无物料时,要遵守制造厂的说明书
	35. 电气线路要有妥善绝缘,定期检查腐蚀和潜在的打火可能
	36. 可能条件下,对批量物料的存储,要使用大量的容器
	37. 使用高度和直径相等的容器,以减少受潮面积
	38. 塞紧和盖紧容器(不论空、实)
	39. 清洗或处置前,要将桶和容器彻底防空
	40. 碎纸可用作笔记本;回收纸张

表 5-17　通用检查清单（三）

废弃物来源	废弃物类型	污染预防和回收利用方法
实验室	①试剂 ②不合规格化学物品样品 ③空样品和化学物品容器	1.应用微量或半微量分析技术 2.增大使用仪器容积 3.试验室实验中减少或消除高度有害化学品的使用 4.重用或回用已用过的溶剂 5.从催化剂中回收金属 6.作为实验最后一步,处理或销毁有害废弃物 7.将有害废弃物流加以分离,将有害与无害废弃物分开,将可回用与不可回用的废弃物分开 8.确保所有化学物品和废弃物在所装容器上清楚地加以标明 9.调查研究汞的回收和利用
操作和加工变更	①溶剂 ②清洗剂 ③脱脂油泥 ④喷砂废弃物 　苛性物 　金属碎屑 ⑤油类 ⑥设备清洗后的油脂	1.提高设备的利用率 2.清洗前用橡皮滚子回收产品上的剩余液体 3.应用密封式储存和运输系统 4.要使液体有足够的排干时间 5.合理安排设备流水线,减少液体阻塞 6.采用避免或减少使用溶剂的清洗系统,且只在需要时进行清洗 7.采用两级清洗,或在清洗前先用碎布擦拭污处,以延长溶剂寿命 8.采用逆流清洗法 9.采用就地清洗系统 10.设备使用后,立即清洗 11.重复使用净化后溶剂 12.将净化后溶剂再加工为有用产品 13.利用不同类型溶剂分离废弃物 14.将溶剂的使用标准化 15.用蒸馏法回收溶剂 16.合理安排生产以降低清洗频率 17.采用样品小型试验,而不是在生产过程中进行
	热交换器清洗后的污泥和废酸	1.在调节时用旁路控制或加压再循环以保持湍流状态 2.使用光滑的热交换面 3.使用"在线"的清洗技术 4.在可能的情况下,使用高压水清洗,以代替化学物质清洗 5.使用低压流

三、各审核阶段技巧

（一）筹划和组织:为清洁生产审核打基础

清洁生产审核的成功依赖于筹划与组织,而启动清洁生产最关键的一条是领导的支持和参与,重点把握以下几个原则。

(1)法规要求,如现行或将来的地方和国家有关环保法律、法规等。

(2)公司的目标或社会对公司的期望,如公司希望能拥有在环保方面的领先地位,公司未来发展到什么水准等。

(3)高投入的末端治理,重点通过清洁生产如何能解决或避免高投入的末端治理,举例说明清洁生产带来的经济效益。

(4)降低成本产生的经济效益。

(5)提高现有设备的生产能力,取得经济效益。

(6)消费者对组织环境保护及绿色产品的需求。

主要内容如下。

(1)取得企业最高层次领导的支持和参与。

(2)建立审核小组:①最好是董事长或者总经理当组长;②组员要涉及各个部门,大公司可分为领导小组和审核小组;(3)制定审核工作计划。

第一和第二阶段一个月,第三阶段一个月,第四阶段一个月,第五阶段一个月,第六和第七阶段一个月。一般按照六个月的时间定计划。

(4)宣传培训:培训内容、培训方式、培训效果。

具体方法如下:①组织中高层管理和技术负责人到管理先进、技术先进或清洁生产工作成效显著的组织参观取经;②培训清洁生产内审员及其他人员,为企业下一轮清洁生产审核做准备;③收集清洁生产有关的录像节目,组织员工观看,通过别的企业的清洁生产效果逐步导入清洁生产意识。

(二)预评估:摸清企业的现状

(1)现状调查与分析:废弃物特征表,工艺流程,原材料及产品,标准选用,"三同时",污染物治理设施,国内外清洁生产水平对比。

(2)确定审核重点:为什么要选重点,一定要选重点吗? 如何选重点?

(3)设置清洁生产目标:为什么要设置清洁生产目标? 应该设置那些参数?

(4)提出和实施无费/低费方案:边审核,边提方案,边实施,边见效。

(三)评估阶段

(1)编制审核重点的工艺流程图。

(2)实测物料输入、输出以及排污状况:实测计划,实测周期,原始数据记录,实测数据的汇总表。

(3)建立物料平衡图和主要污染因子平衡图:物料平衡,水平衡,特征物质的平衡,特征污染物平衡,蒸汽平衡,电力消耗图。

(4)废弃物产生原因分析:针对平衡图等数据,从图中发现问题,分析污染物产生的原因。

(5)提出和实施无费/低费方案:边审核,边提方案,边实施,边见效(方案的多少和质量体现了清洁生产审核的成果大小)。

（四）方案的产生

（1）方案的产生：如何产生更多更好的清洁生产方案，从聘请行业专家、公司内部全方位进行方案征集、与企业一线员工交谈、与企业高管进行技术交流、同行业横向比较等5个方面进行，可系统全面的产生方案。

（2）方案汇总和分类：清洁生产方案一定要具体，投资、经济效益、环境效益等要明确。

（3）方案筛选。

（4）继续实施无费/低费方案：边审核，边提方案，边实施，边见效。

（五）方案可行性分析：为中/高费方案的实施的可行性提供数据依据

（1）技术可行性分析：从目前清洁生产审核实际情况来看，技术可行性分析得不够，很多技术方案停留在表面，未能真正地切入到技术层面。

（2）环境可行性分析：大多数清洁生产审核报告能较全面地分析清洁生产方案的环境可行性。

（3）经济可行性分析：投资偿还期、净现值、内部收益率等十项指标要全面分析，对投资特别大（超过300万元）的方案要聘请专门的财务人员参与经济可行性分析，要列出专门的财务相关指标。

（4）方案推荐。

（六）方案实施：为企业取得更大的经济效益和环境效益

（1）推荐方案的实施：实施方案要有具体的实施计划。

（2）无费/低费方案的实施：总结无/低费方案的实施效果。

（3）总结已实施方案的效果：总结中/高费方案的实施效，总结清洁生产工作对企业的影响。

（七）持续清洁生产：确保清洁生产审核工作在企业长期持续开展下去

（1）建立和完善清洁生产组织（组织保障）。

（2）建立和完善清洁生产管理制度。

（3）制订持续清洁生产计划。

计划要具体，开展完成一轮清洁生产审核后，就应该立刻进行下一轮的清洁生产审核工作。

四、清洁生产审核需把握的几个问题

（一）注意行业特点

行业的主要污染物、特征污染物，是否有国家颁布的清洁生产标准。

（二）咨询机构的责任

（1）指导企业开展清洁生产和审核。

（2）负责清洁生产审核知识培训。

（3）负责请行业专家。

（4）负责清洁生产报告的把关,指导企业建立清洁生产审核档案。

（三）企业的责任

（1）企业是清洁生产和审核的主体,也是受益的主体。

（2）积极配合咨询机构,学会清洁生产原理和审核方法。

（3）负责对清洁生产审核工作的组织和实施,编写清洁生产报告。

（4）负责对清洁生产审核报告中的技术数据核实。

（四）审核报告的质量评价

（1）从审核程序上符合有关政策法规规定。

（2）清洁生产报告编写规范,档案材料齐全。

（3）清洁生产方案真实可行,实施的多,取得经济效益和环境效益大。

（4）根据国家清洁生产标准,各种指标接近国内先进水平。

（五）工艺分析步骤

应详细绘制工艺流程图。免费的或低成本的输入,像水、空气、沙等是非常重要的,因为它们常作为主要的废物源。为了理解该过程,在必须的地方,应以化学方程式来补充工艺流程图。偶尔使用的原料或不出现在输出流中的物料（如催化剂、冷却油等）也应标出。

弄清楚步骤是周期性的、按批的还是连续的。详细且正确的工艺流程图的绘制是整个分析的关键步骤,是形成编制物料和能量平衡的基础。

对清洁生产来说,物料和能量平衡是重要的,因为物料和能量平衡使识别和量化以前未知的泄漏和排放成为可能。这两个平衡对监测预防程序所取得的进展和评估成本与收益来说是有用的。

为了避免过高或过低计算物料流和能量流的错误,应仔细建立物料和能量平衡。分析数据和工艺测量的准确性是很重要的。尤其在大量流入和流出的生产过程中,这些测量上的绝对偏差比实际上的废物流、排放或使用的能量要多。

建立物料平衡时,时间间隔也是重要的。为了更接近平衡,在较短的时间内建立的物料平衡需要更准确和更经常的流体监测。在一个完整的生产周期内进行的物料平衡是最容易建立的而且准确的。

建立物料和能量平衡后,可进行原因分析,指出废物产生的原因。这些原因实际上是开发清洁生产测量的工具。可能有许多废物产生的原因,从简单的内部管理缺陷到复杂的技术原因。

五、清洁生产审核过程中存在的问题

（一）企业的领导和员工存在思想障碍

长期以来，人们总是错误地认为，环境保护工作就是一项往里投钱的活儿，作为企业领导，更是认为企业搞环保就是帮着企业花钱。其实不然，企业做清洁生产审核，就相当于企业诊断。企业在生产过程中，由于某种原因导致某些环节出现能耗、物耗高及污染严重现象，而这种现象的持续将给企业自身及整体社会环境带来巨大的风险和隐患，通过清洁生产审核找出产生这些现象的原因，进行分析，最后找到适当地解决办法，使企业自身能够达到节能、降耗、减污和增效的目的。也就是说，如果企业领导能够重视并且认真地做好审核工作，不仅能够解决当前企业确实存在的隐患，而且能给企业带来一定的经济效益。

（二）企业对法律法规及一些相关政策意识的淡薄

在审核的过程中，我们发现，相当一部分企业对有关清洁生产方面的法律法规的认识很模糊，有些甚至不知道，这就无形中加大了审核顺利进行的难度。审核中方案的实施，皆需要相当一部分资金投入，如果企业的领导对发改委和工信委出台的一些专项政策稍加关注，就不难发现，也许可以争取一些专项资金用于开展审核工作。

（三）由于地区差异性，相对技术工艺及管理水平较为落后

由于某些地区的经济支柱最初以农牧业为主，近几年才开始经济转型，这样，多数企业的员工整体素质不高，相对工艺技术水平较为落后，企业缺少实测仪表，造成审核所需数据缺失，增加审核难度，使审核期拖延较长。

（四）中介机构的人员投入不足，审核没有彻底脱离末端处理

实际审核中，我们发现，清洁生产审核咨询机构仅有专搞清洁生产审核的人员是不够的，对于不同行业的企业，应同时聘请1～2位不同行业的行业专家，只有该行业的行业专家通过现场考察，比对本企业的生产工艺、生产资源与能源的消耗、污染物的产生与排放情况等，才能准确地找到该企业的问题所在，从而提出合理有效的解决办法，而不是一味地停留在增减除尘器这些末端处理的解决办法上。

（五）法律法规制定得不严密，有机可乘

很显然，以上提到的几点正是说明了有关清洁生产方面的法律法规的制定仍然存在着很多漏洞，使得部分企业和中介机构有机可乘。

单元四　快速清洁生产审核

[单元目标]

1. 了解快速清洁生产的定义。

2. 掌握快速清洁生产适用对象和方法。

3. 掌握快速清洁生产审核基本要求。

[单元重点难点]

1. 快速清洁生产审核的定义。

2. 快速清洁生产审核的五种方法。

一、快速清洁生产审核定义及适用对象

(一) 快速清洁生产审核定义

清洁生产审核通常需要严格按照筹划和组织、预评估、评估、方案产生和筛选、可行性分析、方案实施、持续清洁生产等 7 个环节 35 个步骤实施,需要 8~12 个月时间。快速清洁生产审核则是充分依靠企业内部技术力量,借助外部专家的成熟、快速的审核方法和程序,在最短的时间内以尽可能少的投入对企业的生产现状和污染源状况(产排污节点)进行分析与诊断,针对问题产生最佳的解决方案,使企业快速取得较明显的清洁生产效益的审核过程。快速清洁生产审核是在清洁生产审核的基础上以短时间完成审核的过程,通常只需 3~5 个月时间,最长不超过一年时间。

(二) 快速清洁生产审核适用对象

由于快速清洁生产审核的特殊性,快速清洁生产审核通常适用于以下情况:

(1) 企业通过了一轮清洁生产审核,并取得相关部门的认可,由于行业的特殊要求,需对企业进行清洁生产复审的。

(2) 生产技术简单、工艺流程短小的小微企业。

(3) 企业环境状况好、具有良好的清洁生产基础。

(4) 原材料、产品比较单一的小微企业。

(5) 不属于《重点企业清洁生产审核程序的规定》(环发〔2005〕151 号)文件规定的重点企业。

二、快速清洁生产审核方法

快速清洁生产审核方法有扫描法、指标法、蓝图法、审核法和改进研究法等。这些方法在审核手段、审核周期和审核侧重点存在一定的差异。

（一）扫描法

扫描法是在行业专家的指导下对企业进行快速现场考察,产生清洁生产方案,使企业达到清洁生产的方法。通过专家现场查询和清单方式,易于识别企业存在环境与生产技术"瓶颈",产生方案的类型主要集中于加强现场管理、替换可行的原辅材料和简单的设备改造等方面。该方法的实施周期通常在1～2个月,其中专家与企业员工沟通和指导的时间为3～5个工作日。要求企业提供充分全面的生产工艺和环境方面的有关信息。扫描法程序见图5-14。

图 5-14　扫描法程序

该法是最简单的快速清洁生产审核方法之一,操作程序相对简便。实施过程中专家和企业组成的审核小组需要对扫描结果进行细致的分析,以产生相应的清洁生产方案,并最终确定清洁生产方案是否可行,然后迅速加以实施。专家的主要作用是提供技术或程序上的指导。

（二）指标法

指标法是利用一些行业特有的管理、技术指标对企业的生产现状进行清洁生产评估,挖掘企业在现有生产条件下存在的清洁生产潜力,以达到实现企业清洁生产的目的。该方法通过定性和定量两种途径,以行业清洁生产指标体系计算为依据进行评估。首先要明确本企业所在行业的生产效率指标,其次将企业日常的工艺参数、生产指标和指标体系中所列要求进行对比分析,确定企业提高生产效率、改进生产达到清洁生产的潜力。

指标法使用的评估工具是工艺参数和方案清单。目的是评估预测各种清洁生产机会的重要程度,并对之进行重要性排序。该方法是在已掌握成熟清洁生产方案的基础上对潜在的工作机会进行预测和评估,并与企业的潜在效益预测图表进行比较。这种方法程序简单,只对清洁生产机会进行外部评估,提高了生产过程中原辅材料和能源的利用率,但本法不适应缺乏清洁生产指标体系的相应行业。指标法程序见图5-15。

图 5-15　指标法程序

（三）蓝图法

蓝图法是在工艺蓝图技术路线图的基础上，将生产过程中每一道工序所涉及的适用清洁生产技术、工艺改进措施和管理创新方法逐一列出，从而选择出最佳的清洁生产方案。该方法使用工艺流程图和物料平衡图，采用推荐的清洁生产技术、工艺基准参数和技术评估来产生可行的清洁生产方案。该方法的重点在于工艺路线的改善、设备和技术的更新、原辅材料的替代和优化，可广泛应用于行业或企业环境发展战略制定和项目革新研究等领域。蓝图法程序见图 5-16。

绘制工艺流程图
和输入/输出物
流清单
列出能使用的清
洁生产方案清单
选择可行的清洁
生产方案清单
清洁生产方案清单

图 5-16　蓝图法程序

（四）审核法

审核法是将传统的清洁生产审核程序中的“预评估”部分作为重点，并加以细化，从而形成的一种独立的快速审核方法(图 5-17)。

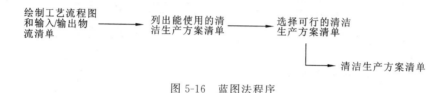

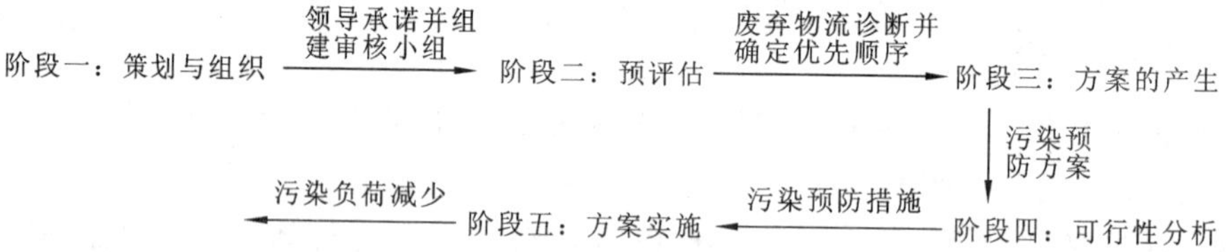
阶段一：策划与组织
领导承诺并组
建审核小组
阶段二：预评估
废弃物流诊断并
确定优先顺序
阶段三：方案的产生
污染预
防方案
阶段四：可行性分析
污染预防措施
阶段五：方案实施
污染负荷减少

图 5-17　审核法程序

该方法要求企业在对生产工艺流程进行全面的现场考察基础上，绘制流程图，诊断废弃物流、物料流，从而产生解决问题的方案，实现企业清洁生产。

（五）改进研究法

改进研究法是指利用工艺物质，尤其是物料和能源平衡来启动一项清洁生产审核。它通过完整的工艺流程图和物料平衡图对企业现状进行量化评估。依靠企业上下广泛的“头脑风暴”产生大量的清洁生产方案，同时对这些方案进行量化的技术评估。该方法的重点在于工艺改造、设备维护更新、输入原辅材料替代等。该方法要求企业员工参与数据收集、方案的产生、评估和实施等过程。程序改进研究法的执行程序，见图 5-18。

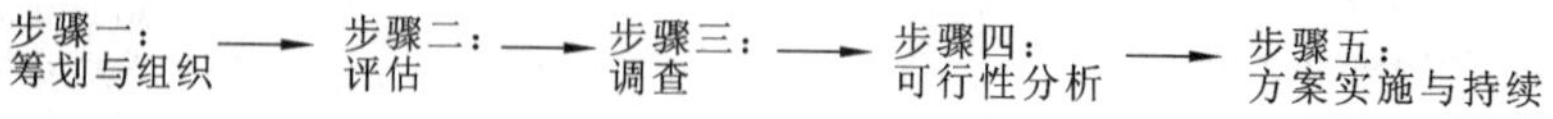
步骤一：
筹划与组织
步骤二：
评估
步骤三：
调查
步骤四：
可行性分析
步骤五：
方案实施与持续

图 5-18　改进研究法程序

对上述五种快速清洁生产审核方法进行对比,结果见表 5-18。从表 5-18 可以看出指标法所需时间最短,而且投入的外部资源最少,而改进研究法则需要较长的时间和较多的外部投入。各种快速审核的方法不管出发点如何,也不论采用何种手段,其最终的目的都是一致的,即协助企业找出最佳的、可行的清洁生产方案,从而在最短的时间内使组织获得最大的效益。

表 5-18　快速清洁生产审核方法对比一览

项目	方法				
	扫描法	指标法	蓝图法	审核法	改进研究法
评估工具	方案清单	工艺参数; 方案清单	工艺流程图; 输入/输出清单	工艺流程图; 整体物料平衡	过程中涉及的物料和能量平衡
产生方案的方法	现场考察	与指标相结合	应用清洁生产方案实例; 基准划定; 技术评估	头脑风暴(以量化的关键物料数据为基础); 应用清洁生产方案实例	头脑风暴(量化的污染源和原因诊断); 应用清洁生产方案实例; 基准划定; 技术评估
外部专家的作用	产生方案时的技术指导收集资料时的程序指导	技术指导(若有)	技术指导(若有)	程序上的指导	倾向于工艺技术
重点	良好的现场管理; 可行的原辅材料替代; 相对容易的设备改造	良好的现场管理; 可行的原辅材料替代; 设备改造	改革工艺/操作; 设备和技术更新; 输入原辅材料替代; 产品改进	良好的现场管理; 现场考察发现; 技术改造; 产品改进	工艺改造; 设备更新; 输入原辅材料替代; 产品改进
可能的应用范围	确定最明显的清洁生产方案; 确定环境瓶颈问题; 为完整全面的清洁生产项目进行准备	量化清洁生产可能产生的经济和环境效益; 确定最明显的清洁生产方案; 为完整全面的清洁生产项目进行准备	制定行业或企业环境战略; 开发扩大能力和/或革新项目; 为研究开发工作定向	制定清洁生产行动计划要求附有投资建议书	对明显和潜在清洁生产方案的详细评估; 开发扩大能力和/或革新项目
实施周期	1 个月	1 周	2～4 个月	2～4 个月	6～9 个月
必要的外部指导时间	2～5 个工作日	0～2 个工作日	10 个工作日	10～20 个工作日	20～50 个工作日
要求	组织提供已有的工艺环境资料	定性和定量的关键工艺数据; 适当的指标	技术评估和基准参数	组织员工参加与数据的收集和方案的产生、评估和实施	组织员工参与数据收集和方案的产生、评估和实施

三、快速清洁生产审核基本要求

快速清洁生产审核的手段多种多样,并不必拘泥一种特定的模式。

(1)经过一轮清洁生产快速审核,组织60%的职工了解清洁生产的概念和组织开展清洁生产的意义,并具有清洁生产的意识。

(2)经过一轮清洁生产快速审核,组织至少提出15项清洁生产方案,其中中/高费方案2项,无/低费方案13项,75%的无/低费方案得到实施,100%中/高费方案完成可行性分析,为可行方案且制定出中/高费方案实施时间计划表,中/高费方案实施率达到50%以上。

(3)经过一轮清洁生产快速审核,组织通过实施无/低费方案,获得明显的经济效益、环境效益和社会效益。

(4)经过一轮清洁生产快速审核,组织按照要求进行快速清洁生产审核,并完成一份快速清洁生产审核报告。

四、快速清洁生产审核报告基本框架

第1章企业情况(2~3页)

主要包括:组织名称和联系人;生产情况(实际的和设计的);原辅材料、能源的年消耗数字;主要设备(只需介绍较大的设备);职工人数和管理层;销售收入(人民币),利税,固定资产;目前总体环境状况(COD、BOD、固体废弃物、废气、废水等)。

第2章预评估(6~8页)

主要包括:对各个部门(车间)简短描述其具体数字(消耗、环境影响、成本等);分析选择审核重点。

第3章评估(8~10页)

主要包括:审核重点的流程图(包括实测点、列出所有的排放物等);审核重点实地考察(积极性、后勤等);回顾流程;设备调查(维护、运行状况、停工等);审核重点物料平衡(最好有实测);分析(效率指标等)。

第4章方案产生(10~15页或更多)

主要包括:列出清洁生产方案,包括方案描述,预期效益(经济效益和环境效益);技术可行性的筛选;行动计划。

结论部分(1~2页)

以上要求只是一个基本框架,其中页数要求并不是绝对的,审核报告以有效总结审核为目的。

参 考 文 献

巴奇.2004.化工行业清洁生产管理研究[D].长春:吉林大学.

白保柱,邓明,罗涛,等.2001.清洁生产分析与评价实践[J].环境科学与技术,5:36-39.

白少伟.2005.绿色化学理念及其在新教材中的体现[J].化学教育(7):14-15.

卞春玲.2006.中小企业清洁生产审计初步研究[D].长春:东北师范大学.

蔡炽柳.2008.氢能及其应用前景分析[J].能源与环境(5):39-41.

曹邦威.2008.制浆造纸工业的环境治理[M].北京:中国轻工业出版社.

曹英耀,曹曙,李志坚.2009.清洁生产理论与实务[M].广州:中山大学出版社.

常杰.2003.生物质液化技术的研究进展[J].现代化工,23(9):13-18.

车轩,刘小强,张同刚,等.2012.实现清洁生产走可持续发展道路[A]//河北省环境科学学会六届三次
    常务委员会暨贯彻落实清洁生产促进法提升清洁生产审核能力和质量研讨会论文集[C]:23-25.

陈冠益,高文学,颜蓓蓓.2006.生物质气化技术研究现状与发展[J].煤气与热力,26(7):20-26.

陈洪渊,郭子建,黄晓华.2004.能源化学[M].北京:化学工业出版社.

陈金龙,陈茹玉.1999.精细化工清洁生产工艺技术[M].北京:中国石化出版社.

陈中元,钱晓忠,胡静,等.2005.利用废聚苯乙烯泡沫塑料制备改性乳液型胶粘剂[J].包装工程,26(3):
    35-37.

崔兆杰,张凯.2008.循环经济的理论和方法[M].北京:科学出版社.

戴宏民,戴佩燕,周均.2013.产品生态设计的关键技术及方法[J].包装学报,5(2):45-51.

丁湘跃.2014.探究分析风能发电的现状和未来发展趋势[J].价值工程,18:56-57.

法律出版社法规中心.2002.清洁生产促进法及其关联法规[M].北京:法律出版社.

范丽,李光军.2004.清洁生产实施障碍及政策手段浅析[J].科技与法律,2:114-118.

冯钰,高金森,徐春明.2002.清洁汽油生产技术现状及发展趋势[J].石化技术,9(4):238-242.

高东峰,林翎,付允,等.2014.工业产品生态设计研究进展[J].标准科学(7):9-12.

高东峰,林翎,王秀腾,等.2013.加快工业产品生态设计标准体系建设[J].中国科技投资,15:27-31.

龚莉娟.2005.江苏油田实施清洁生产审核中存在的问题及其对策[J].油气田环境保护,15(3):14-16.

龚艳.2010.风能发电:最具开发潜力的新能源[J].沪港经济,3:40-41.

郭斌,刘恩志.2005.清洁生产概论[M].北京:化学工业出版社.

郭斌,庄源益.2003.清洁生产工艺[M].北京:化学工业出版社.

郭立新,刘天元,董晨阳.2004.对在我国实施清洁生产必要性的几点认识[J].长春理工大学学报,17
    (1):108-110.

国家环境保护局.1996.企业清洁生产审计手册[M].北京:中国环境科学出版社.

国家清洁生产审核师培训教材[M].北京:环境保护部清洁生产中心,2009.

郝国强,张德贤,张存善.2002.非晶硅太阳能电池的新进展[J].飞通光电子技术,2(4):190-193.

郝瑞霞,程水源,白天雄.1998.聚乙烯塑料催化裂解原料油的研究[J].河北化工(4):48-50.

胡常伟,李贤均.2006.绿色化学原理和应用[M].北京:中国石化出版社.

环境保护部清洁生产中心.2008.最新清洁生产审核技术与验收标准及典型案例实用手册[M].北京:中国环境出版社.

黄根龙.2001.塑料发展与环境问题对策研究现状和发展趋势[J].上海化工(3/4):14-16.

黄山秀,马名杰,沈玉霞.2010.我国型煤技术现状及发展方向[J].中国煤炭,36(1):84-87.

黄双喜,范玉顺.2004.产品生命周期管理研究综述[J].计算机集成制造系统—CIMS,10(1):1-9.

黄亚继,张旭.2003.氢能开发和利用的研究[J].能源与环境(2):33-35.

黄震,乔信起,张武高.2008.二甲醚发动机与汽车研究[J].内燃机学报(6):115-125.

姜金龙.2005.生命周期评价的技术框架和研究进展[J].兰州理工大学学报,31(4):23-26.

景伟,成林虎.2012.生物质气化技术概况与展望[J].科技视界,17(6):50-53.

肯佩曼 A J B.2005.双极膜技术手册[M].徐铜文,傅荣强,译.北京:化学工业出版社.

蕾切尔·卡森.2005.寂静的春天[M].吕瑞兰,李长生,译.上海:上海译文出版社.

李峰,李念周.2005.真空转鼓过滤机的改造设计及应用[J].有色设备(5):16-17.

李海红,吴长春,同帜.2009.清洁生产概论[M].西安:西北工业大学出版社.

李佳宁,郭键,李庆海.2006.清洁生产审核中审核师的导向作用[J].油气田环境保护,16(2):9-11.

李建平.2006.基于产品全生命周期的绿色设计一般理论和方法[J].重庆职业技术学院学报(5):44-46.

李立峰,张树深.2003.清洁生产定量评价方法的研究与应用[J].化工装备技术,24(1):49-53.

李琴,周文建.2005.产品绿色设计的生态学补充[J].包装工程(2):166-168.

李伟.2011.清洁生产是工业可持续发展的最佳选择[J].科技传播,21:66-67.

李新辅,邓欢.2009.试论现代产品生态设计[J].商情,31:79-79.

李源,应杰.2011.论物质平衡理论对经济和环境系统的影响[J].才智(28):27-28.

林洋,王世荣.2014.风能与风力发电[J].黑龙江科学(10):111.

林跃梅.2009.制浆造纸现代节水与污水资源化技术[M].北京:中国轻工业出版社.

刘秉钺.2010.制浆造纸节能新技术[M].北京:中国轻工业出版社.

刘飞,李聪波,曹华军.2009.基于产品生命周期主线的绿色制造技术内涵及技术体系框架[J].机械工程学报,45(12):115-120.

刘玫.2009.企业清洁生产审核的标准化探讨[J].环境与可持续发展,34(4):1-3.

刘茉娥,陈欢林.1999.新型分离技术基础·二版[M].杭州:浙江大学出版社.

刘茉娥.1998.膜分离技术[M].北京:化学工业出版社.

刘荣厚,张春梅.2004.我国生物质热解液化技术的现状[J].可再生能源,115(3):11-14.

刘蕊.2006.可持续发展与清洁生产关系的研究[J].中国西部科技,12:90-91.

刘忠.2012.制浆造纸概论[M].北京:中国轻工业出版社.

卢声超.2006.简论清洁生产及其技术[J].环境工程(2):70-75,80.

马伯文.2001.清洁燃料生产技术[M].北京:中国石化出版社.

马岩,曹磊,周才华,等.2011.产品生态设计研究进展[J].环境科学与管理,36(3):187-190.

马振荣,张裕卿.2005.废聚苯乙烯泡沫塑料的资源化再利用[J].化学工业与工程,22(4):319-321.

苗泽华.2003.工业企业的清洁生产与产品生态设计初探[J].地质技术经济管理,25(3):49-52.

倪桂才.2009.快速清洁生产审核方法[J].石油化工安全环保技术,25(6):54-56.

彭国富,张玲芝.2001.清洁生产与可持续发展的控制[M].北京:中国计量出版社.

彭晓春,谢武明.2009.清洁生产与循环经济[M].北京:化学工业出版社.

彭晓春,杨仁斌,方至.2000.建立和推广清洁生产体系,促进可持续发展[J].云南环境科学,19(3):1-3,31.

钱伯章.2003.生产清洁汽油和柴油催化技术进展[J].工业催化(3):1-6.

钱汉卿.2002.化工清洁生产及其技术实例[M].北京:化学工业出版社.

曲向荣.2012.清洁生产[M].北京:机械工业出版社.

任建新.2003.膜分离技术及其应用[M].北京:化学工业出版社.

石晓枫.1999.生命周期评价在企业清洁生产中的应用[J].环境导报(5):23-25.

石芝玲,侯晓珉,包景岭,等.2004.清洁生产理论基础[J].城市环境与城市生态,17(3):38-39,42.

宋晓岚,詹益兴.2005.绿色化工技术与产品开发[M].北京:化学工业出版社.

孙超,周飞.2013.浅谈基于产品生命周期思想的工业设计[J].艺术科技,26(4):207-207.

孙德智,张立秋,齐飞,等.2012.制浆造纸行业全过程降污减排技术与评估方法[M].北京:中国环境科学出版社.

孙晓轩,王晓东.2008.世界二甲醚应用开发现状[J].中外能源,13(2):16-22.

邰玲.2011.绿色化学应用与发展[M].北京:国防工业出版社.

田海宏.2004.中国型煤技术特点及发展动向[J].应用能源技术,87(3):1-3.

万端极,徐国念.2006.轻工清洁生产[M].北京:中国环境科学出版社.

王凤,王福尧,邱宝冲,等.2007.可持续发展理论与实践研究和创新[J].高科技与产业化(7):66-69.

王福安.2002.绿色过程工程引论[M].北京:化学工业出版社.

王丽萍.2010.清洁生产理论与工艺[M].北京:中国矿业大学出版社.

王庆斌.2001.绿色包装之绿色设计[J].郑州工程学院学报(2):64-67.

王欣,段小宇,郭砚荣.2012.面向产品生命周期的设计[J].内蒙古科技与经济(17):72-74.

王旭,韩福荣.2002.我国实施清洁生产的现状及对策研究[J].中国质量(3):18-21.

王学军,何炳光,赵鹏高.2000.清洁生产概论[M].北京:中国检察出版社.

王彦斌.2000.化工环境污染与防治[M].北京:民族出版社.

王永新,迟智香,王新国.1999.可持续发展模式的理论探讨[J].科学与管理,19(3):28-28.

王湛.2000.膜分离技术基础[M].北京:化学工业出版社.

魏立安.2005.清洁生产审核与评价[M].北京:中国环境科学出版社.

席德立.1990.工业发展的新模式:无废工艺[J].环境科学,11(4):75-80,74.

谢红涛,余瑞婷.2006.绿色化学与环境保护[J].环境保护,97(8):139.

熊文强,郭孝菊,洪卫.2002.绿色环保与清洁生产概论[M].北京:化学工业出版社.

徐竞.2010.废塑料的再生利用和资源化技术[J].上海塑料(1):43-48.

徐静,孙可伟,李如燕.2004.废旧塑料的综合利用[J].再生资源研究(1):18-21.

徐李娜,付桂珍.2009.生命周期评价在清洁生产中的应用[J].广东化工,36(5):83-85.

许峰,王煤,李敏杰.2005.绿色化学与有机合成[J].化学与生物工程(5):7-8.

闫世刚.2009.基于绿色制造的产品生态设计体系研究[J].企业管理(3):217-219.

颜晓莉,史惠祥,周红艺,等.2003.废旧塑料的再生利用技术与展望[J].环境污染治理技术与设备,4(11):26-30.

杨建新,徐成,王如松.2002.产品生命周期评价方法及应用[M].北京:气象出版社:40-45.

杨建新.1999.产品生态设计的理论与方法[J].环境科学进展(2):12-15.

杨永杰.2008.环境保护与清洁生产[M].北京:化学工业出版社.

杨再鹏.2008.清洁生产的理论与实践[M].北京:中国标准出版社.

姚小利.2004.聚丙烯塑料循环利用技术[J].现代塑料加工应用,16(6):37-39.

易晓娥,卢巧辉,陈庆华.2006.生命周期评价在塑料环境协调性评价中的应用及改进[J].橡塑技术与装备(9):15-19.

于振英.2001.运用作业制管理突破清洁生产障碍[J].生态经济,12:116-118.

张光德,黄震,乔信起,等.2003.二甲醚发动机的燃烧与排放研究[J].汽车工程(2):124-127.

张继红.2007.绿色化学[M].合肥:安徽人民出版社.

张洁.2006.清洁生产审核中的模糊数学和计算机工具应用[D].重庆:重庆大学.

张凯,崔兆杰.2005.清洁生产理论与方法[M].北京:科学出版社.

张轲,刘述丽,刘明明.2011.氢能的研究进展[J].材料导报,25(5):116-119.

张天柱,石磊,贾小平.2006.清洁生产导论[M].北京:高等教育出版社.

张习志,陈刚新,杨丰科.2005.绿色化学研究进展[J].化工时刊,19(5):47-50.

张志诚,黄夫照,朱柏华,等.1993.超滤技术研究与应用[M].北京:海洋出版社.

张忠明,徐春杰,林尤栋.2004.用废聚苯乙烯泡沫塑料制备胶粘剂的研究[J].铸造技术,25(11):840-841.

赵文蓓,赵文蕾.2002.膜分离技术在水处理中的应用与发展[J].黑龙江水利科技,30(4):136-138.

赵毅红,周中平.2001.清洁生产导论[M].北京:化学工业出版社.

郑官庆.1998.试论无废生产工艺的创建.铀矿冶,17(4):239-246.

钟战铁,翟宝庆.2007.电镀行业清洁生产审核方法探讨[J].材料保护,40(1):50-50.

周涛,陆晓东,张明.2013.晶硅太阳能电池发展状况及趋势[J].激光与光电子学进展,50:1-11.

周中平,赵毅红,朱慎林.2002.清洁生产工艺及应用实例[M].北京:化学工业出版社.

朱莉.2005.产品生命周期设计[J].包装工程,26(3):184-191.

朱慎林,赵毅红,周中平.2001.清洁生产导论[M].北京:化学工业出版社.

邹建华.2006.发展风能发电,改善能源结构[J].华东电力,34(12):71-74.

GB/T 21273—2007.环境意识设计将环境因素引入电工产品的设计和开发[S].

GB/T 24256—2009.产品生态设计通则[S].

Bruce T. 2006. Encouraging industry to assess and implement cleaner production measures[J]. Journal of Cleaner Produetion,14:601-609.

Castiello,Domenico,Seqqiani M. 2008. Life cycle assessment(LCA) of the oxidative unhairing process by hydrogen peroxide[J]. Journal of the American Leather Chemists Association(1):1-6.

Chen C,Habert G,Bouzidi Y, et al. 2010. Environmental impact of cement production:Detail of the different processes and cement plant variability evaluation[J]. Journal of Cleaner Production,18(5):478-485.

Corbiere-Nicollier T,Gfeller Laban B,Lundquist L, et al. 2001. Life cycle assessment of biofibres replacing glass fibres as reinforcement in plastics[J]. Resources,Conservation and Recycling,33 (4):267-287.

Curran M A. 1996. Environmental Life-Cycle Assessment[M]. New York:Mcgraw-hill.

Dorn J D. 1997. Uses of waste and recycled material in the cement industry[J]. IEEE Transactions on Industry Applications,(6):576-580.

Garcia-Serna J,Perez-Barrigon L,Cocero M J. 2007. New trends for design towards sustainability in chemicalengineering:Green engineering[J]. Chemical Engineering Journal,133:7-30.

Göran F,Hauschild Michael Z,Ekvall T, et al. 2009. Recent developments in life cycle assessment[J]. Journal of Environmental Management,91(1):1-21.

Heijangs R. 1992. Environmental Life Cycle Assessment of Products Guide[M]. Leiden:Multicopy:5-89.

ISO 14040:Environmental Management. Life Cycle Assessment[S]. Principles and Framework,2006.

Kaczmarski K. 2007. Estimation of adsorption isot hermparameters with inverse met hode possible problem[J]. Journal of Chromatography A,1176:57-68.

Kaqqerud K H，Gundersen T. 2006. New application for process integration：Life Cycle Assessment (LCA) [C]. International congress of Chemical and Process Engineering：17-26.

Kasikowski T，Buczkowski R，Dejewska B，et al. 2004a. Utilization of distiller waste from ammonia-soda processing[J]. Journal of Cleaner Production，12(7)：759-769.

Kasikowski T，Buczkowski R，Lemanowska E. 2004b. Cleaner production in the ammonia-soda industry： An ecological and economic study[J]. Journal of Environmental Management，73(4)：339-356.

Li C P，Hui I K. 2001. Environmental impact evaluation model for industrial processes[J]. Environmental Management，27(5)：729-737.

Lockwood F C，Ou J J. 1993. Review：Burning refuse-derived fuel in a rotary cement kiln[J]. Proceedings of the Institution of Mechanical Engineers，Part A：Journal of Power and Energy，207(1)：65-70.

Mokrzycki Eugeniusz，Uliasz-Bocheńczyk Alicja，Sarna Mieczysław. 2003. Use of alternative fuels in the polish cement industry[J]. Applied Energy，74(1)：101-111.

Qian Y，Chen Y，Jiang Y B，et al. 2007. A clean production process of sodium chlorite from sodium chlorate[J]. Journal of Cleaner Production，15(10)：920-926.

Rivera A，González J S，Carrillo R，et al. 2009. Operational change as a profitable cleaner production tool for a brewery[J]. Journal of Cleaner Production，17(2)：137-142.

Ross S，Evans D. 2002. Use of life cycle assessment in environmental management[J]. Environmental Management，29(1)：132-142.

Salvador N N B，Glasson J，Piper J M. 2010. Cleaner production and environmental impact assessment：A UK perspective[J]. Journal of Cleaner Production，8(2)：127-132.

Song W，Ravindran V，Koel B E，et al. 2004. Nanofiltration of natural organic matter with H_2O_2/UV pretreatment：fouling mitigation and membrane surface characterization [J]. Jounal of Membrane Science，241：143-160.

Strazza C，del Borghi A，Gallo M，et al. 2011. Resource productivity enhancement as means for promoting cleaner production：analysis of co-incinerationin cement plants through a life cycle approach[J]. Journal of Cleaner Production，19(14)：1615-1621.

Tan T W，Hu B，Su H J. 2004. Adsorption of Ni^{2+} on amine-modified mycelium of Penicillium chrysogenum[J]. Enzyme and Microbial Technology，35(6/7)：508-513.

Walter Kloepffer. 2008. Life cycle sustainability assessment of products[J]. International Journal of Life Cycle Assessment，13(2)：89-95.

Wang T，Li H，Wang M，et al. 2007. Integrative extraction of ergosterol(1-3)-α-D-gluan and chitosan from penicillium chrysogenum mycelia[J]. Chinese Journal of chemical Engineering，15(5)：725-729.

Zamagni A. 2012. Life cycle sustainability assessment [J]. The International Journal of Life Cycle Assessment，17(4)：373-376.